독립성분분석 입문

변윤식 · 윤태성 공역

홍릉과학출판사

서문

이 책은 독립성분분석(Independent component analysis, ICA)의 핵심을 간단한 기하학적 용어들과 직관적인 예제들을 이용하여 설명한다. 이 책은 사용지침서(tutorial) 방식을 채택하였으므로 완전 기초 단계의 학습자부터 전문 연구원까지 수학지식의 편차가 큰 독자들이 두루 학습하기 적합하게 구성되어 있다.

이 책을 집필하면서 수학적인 증명이나 불필요한 수학 기호는 크게 신경을 쓰지 않았다. 왜냐하면 급속도로 발전하는 독립성분분석 분야에는 그런 설명이 이미 충분하기 때문에 이러한 접근법을 뒷받침하는 근거가 된다. 보통 공식적인 수학적 증명은 때때로 물리적으로 성립하지 않는 가설들을 필요로 한다. 아인슈타인의 글을 인용하면 다음과 같다.

> 수학의 법칙이 현실과 관계가 있으면 있을수록 그것은 확실하지 않고,
> 그것들이 확실하면 확실할수록 현실과는 관계가 없다.

가장 중요한 것은 꼭 필요한 수학적 증명만을 포함시켰을 때 독자들이 독립성분분석의 기본적인 특성을 수학적 논의와 관련된 많은 부분에서 지속적으로 더 자유롭게 탐험할 수 있을 것이라는 점이다. 앞서 언급한 독립성분분석의 사용지침 설명은 수학적인 엄밀한 증명과 기술적인 세부사항이 없음에도 불구하고 근본적으로 사실이다.

이 책에서 채택한 사용지침(tutorial) 방식은 두 가지 의미가 있다. 첫째로, 중요한 사실들이 여러 절에 걸쳐 적절히 반복된다는 사실이다. 이것은 의도된 것으로 때때로 숙달된 수학자에게는 당연한 것들이 초보자에게는 여러 번 반복이 되므로 이해를 하는데 도움이 될 것이다. 둘째로, 새로운 주제들은 "꼭 알아야 하는 것"에 기초하여 엄선하였다. 새로운 주제를 소개하는데 있어 각 새로운 주제에 대한 설명이 당면한 문제에 의해 동기부여가 잘 되고 있는지, 그리고 관련된 예제로 잘 묘사되는지에 중점을 두었다.

특정 방법의 세부사항을 이해하려는 노력의 일환으로 컴퓨터 프로그램을 이용하여 구현해 보는 것도 종종 도움이 된다. 그렇게 함으로 독자들이 교재에 명시된 수학적 알고리듬이 어떻게 컴퓨터 프로그램으로 변환되는지 알 수 있으며, 이를 위해 기본적인 데모용 컴퓨터 프로그램이 부록에 준비되어 있다. 이 프로그램과 더불어 더 자세한 정보는 다음의 웹사이트에서 다운로드 받을 수 있다. http://jim-stone.staff.shef.ac.uk/bookica.html

마지막으로 본 저자의 의도는 여러 새로운 방식에 불가피하게 수반되는 관심 있는 주제들을 상술하면서, 동시에 여러 가지 직관적인 예제를 통하여 독립성분분석의 핵심을 설명하는 데에 있다. 하지만 분명한 것은 원리를 이해함에 있어 상당한 관심을 끌만한 독립성분분석의 몇 가지 다른 변형 방법이 존재하며 이를 간단히 소개하였다.

독자들은 문의사항과 의견이 있을 경우 아래 연락처로 보내 주길 바란다.

Address: Dr. J. V. Stone, Department of Psychology, Sheffield University, Western Bank, Sheffield, S10 2UR, England.

Email: j.v.stone@sheffield.ac.uk

감사의 글

이 책을 쓰게 된 계기는 1995년 9월에 있었던 "정보 이론과 뇌"에 관한 워크숍에 참석하면서 시작되었다. 그때 Anthony Bell은 독립성분분석(independent component analysis, ICA)에 관한 논문(Bell과 Senjnowski 공동 발표)을 발표하였다. 그 이후로 독립성분분석이론을 이용하여 많은 문제들을 효율적으로 다시 표현할 수 있음을 깨달으면서 이 분야에 대한 열정과 관심이 생겼다. 북미의 두 연구소를 방문하던 시기에 이 분야에 대해 지속적으로 배우는 것이 가능했었는데, Toronto 대학에서는 Zoubin Ghahramani, Geoffrey Hinton, Mike Revow로부터 선형 모델에 대하여 비록 짧은 기간이었지만 집중적인 교육을 받았다. San Diego의 Salk 연구소에서는 Terry Sejnowski의 여러 연구원들과 함께 토의를 통해 독립성분분석의 잠재성에 대한 통찰력을 배울 수 있었다. 이 두 번의 방문은 Wellcome Mathematical Biology 장학 재단의 지원을 받아 이루어졌다.

이 책의 초고를 읽어준 사람들에게 감사의 말을 전하고 싶다: Alistair Bray, Stephen Eglen, John Frisby, Pasha Parpia, Nikos Papadakis, Ying Zheng 그리고 세 명의 검토자들: Martin McKeown과 두 명의 익명의 검토자. 특히 본 저서의 여러 초안에 대해 꼼꼼하게 의견을 피력한 Stephen Isard에 대해 특별히 고마움을 전한다. 또한 독립성분분석에 대해 좋은 의견을 준 John Porrill과 귀중한 충고를 아끼지 않은 MIT 출판사의 Barbara Murphy에게도 감사한 마음을 전한다.

마지막으로 이 책을 집필하는데 있어 늘 지지해주고 격려해 준 나의 아내 Nikki Hunkin에게 가장 큰 감사의 말을 전하고 싶다.

2004년 4월

J. V. Stone
영국 쉐필드대학 심리학과

역자 서문

독립성분분석 이론은 혼합된 신호가 관측될 때에 그것을 분리하는 방법인데, 많은 사람이 동시에 이야기를 하고 있을 때 그 중에서 특정인의 음성을 추출하는 경우, 휴대전화 등에서 다수의 전파가 혼입되어 혼선을 일으킬 때 그것을 복원하는 경우, 뇌파를 관측하여 뇌의 내부에 발생하고 있는 신호를 분리해내는 경우, 그리고 영상처리 등 다양한 신호처리 응용 분야에서 유용하게 사용되고 있다.

독립성분분석은 1980년대 중반에 프랑스의 연구자가 처음으로 생각하기 시작하였다. 임산부의 심전도를 측정하고, 이로부터 태아의 심음과 임산부의 심음을 분리하고자 하였다. 프랑스에서 처음 시작한 이 기술은 미국, 핀란드, 그리고 일본에서 독자적인 발전이 계속 이루어져 왔으며, 지금도 새로운 방법의 제안과 아이디어가 계속 논문으로 발표되고 있다.*

이 책은 영국 쉐필드대학교 심리학과 교수인 제임스 스톤교수에 의해 쓰여진 책으로 독립성분분석의 개념을 알기 쉽게 설명한 책이다. 스톤교수는 이외에도 정보이론 입문, 비젼과 뇌, 베이즈정리 입문 등 좀 어려운 개념들을 쉽게 풀어 쓰는데 탁월한 재능을 가진 분으로 알려져 있다. 특히, 관련 수식에 대한 MATLAB 코드를 부록에 제시해줌으로써 흥미를 유발시킨 점이 큰 장점으로 생각된다.

이 책을 번역하는데 있어 원고 정리를 도와준 인천대학교 조명주양과 창원대학교 박민수군, 또한 아버지와 같은 전공을 한 죄로 이 책의 원고를 여러 번 읽어보면서 지적해 준 변기범군에게 고마움을 표시하고 싶다. 그리고 이 책의 디자인과 교정을 꼼꼼히 챙겨준 편집부와 출판을 해주신 우명찬 사장님께 고마움을 표현합니다.

* [Independent Component Analysis : Hyvärinen 등 공저, John Wiley(2001) 참조]

이 책이 아무쪼록 독자들에게 독립성분분석을 공부하는데 조금이라도 도움이 된다면 그보다 더한 기쁨은 없을 것이다. 마지막으로 이 책을 번역하는데 있어 수식을 포함해서 모든 내용에 대한 번역은 원저에 있는 표시와 내용을 그대로 따랐으며, 독자들의 이해를 돕기 위해서 원저에 없는 일부 보충 내용을 네모 박스 안에 담아 제공하였음을 밝힌다.

2014. 08

변 윤 식

윤 태 성

Abbreviations(약어)

BSS	blind source separation (블라인드 신호원 분리)
cdf	cumulative density function (확률분포 함수)
CLM	central limit theorem (중심극한정리)
ICA	independent component analysis (독립성분분석)
PCA	principal component analysis (주성분분석)
pdf	probability density function (확률밀도 함수)
SVD	singular value decomposition (특이값 분해)

Mathematical Symbols(수학기호)

신호와 변수는 상호 교환적으로 사용된다. 특별히 기호에 관련된 방법들은 괄호 안에 주어진다.

기호	설명
$\vert . \vert$	벡터길이, 행렬식의 절대값
$\cdot$	벡터간 도트곱, 내적 또는 스칼라 곱으로 불린다.
$\mathbf{A}$	혼합행렬
a, b, c, d	혼합행렬 **A**의 원소
$\alpha, \beta, \gamma, \delta$	복원행렬 **W**의 원소
$\overline{C}$	혼합신호 사이에 장구간 공분산 행렬
$\hat{C}$	혼합신호 사이에 단구간 공분산 행렬
D	특이값 대각행렬(특이값 분해)
$\widetilde{D}$	행렬 D의 절단형(특이값 분해)
$E[.]$	기대값
η	학습율 정수
F	예측가능척도(1/복잡도)
$g(.)$	확률분포 함수(밀변량 혹은 다변량)
$g'(.)$	g의 제1차 도함수
$g''(.)$	g의 제2차 도함수
$H(.)$	엔트로피
$\mathbf{J}$	미분의 Jacobian 행렬
J	Jacobian(스칼라, Jacobian 행렬식)
K	첨도
λ	고유값(주성분 분석), 인자부하(인자분석), 시간 가중
M	혼합신호수
n	가능한 시행 결과수
∇f_K	함수 f_K의 기울기 벡터값
N	신호의 관찰값 수
$p(x^t)$	변수 x가 x^t값을 가지는 확률
p_i	n개의 가능 시행결과 중 i번째 확률
$p_s(.)$	s의 확률밀도 함수
$p_x(.)$	x의 확률밀도 함수
$p_{xy}(.)$	변수 x와 y의 결합 확률밀도 함수
$p_y(.)$	추출신호 y의 확률밀도 함수
$p_Y(.)$	변수 Y의 확률밀도 함수

$p_Z(.)$	변수 Z의 확률밀도 함수
$\rho(x,\ y)$	신호 x와 신호 y사이의 상관
s_i^t	i번째 원신호의 t번째 값
s	원신호들의 벡터 변수($\mathbf{W}^*$에 의해 추출)
σ	표준 편차
S	원신호 공간
S_i	원신호 공간 S에서의 i번째 축
S_i'	i번째 변환축, $S_i' = \mathbf{A}S_i$
Ψ	복원 계수
^{T}	이깨문자 T는 전치연산을 의미한다.
$\mathbf{v}_1$	혼합계수 벡터 $\mathbf{v}_1^T = (a,\ b)$
$\mathbf{v}_2$	혼합계수 벡터 $\mathbf{v}_2^T = (c,\ d)$
U	단구간 공분산 행렬(복잡도 추적), 고유벡터의 집합(특이값 분해)
U_i	i번째 신호의 단구간 분산(복잡도 추적)
$\widetilde{U}$	고유벡터 U에 근사(특이값 분해)
V	장구간 공분산 행렬(복잡도 추적), 고유벡터의 집합(특이값 분해)
V_i	i번째 신호의 장구간 분산(복잡도 추적)
$\widetilde{V}$	고유벡터 V에 근사(특이값 분해)
$\mathbf{w}_i$	$\mathbf{x}$로부터 추출한 i번째 원신호에 대한 i번째 가중벡터
$\mathbf{W}$	복원행렬, $\mathbf{y} = \mathbf{W}\mathbf{x}$
$\mathbf{W}^*$	최적 복원행렬, $\mathbf{s} = \mathbf{W}^*\mathbf{x}$
X	혼합신호 공간
X_i	혼합신호 공간 X안의 i번째 축
$\overline{x}$	신호 x의 평균값
x_i^t	i번째 혼합신호의 t번째 값
$\mathbf{x}$	혼합신호의 벡터 변수
$\widetilde{\mathbf{x}}$	$\mathbf{x}$에 특이값 분해 근사
y_i	$\mathbf{w}_i$에 의해 $\mathbf{x}$으로부터 추출된 신호
$\mathbf{y}$	행렬 $\mathbf{W}$에 의한 추출된 신호의 벡터 변수
$Y = g(y)$	확률분포 함수, 확률밀도 함수 $p_s(y)$의 적분
$\mathbf{Y}$	벡터 변수, $\mathbf{Y} = g(y)$
$\mathbf{z}$	구면 혼합물의 벡터 변수(복잡도 추적)
z_i	i번째 스칼라 변수
Z	변수
$\mathbf{Z}$	벡터 변수

차례

IV 응용

V 부록

I

독립성분분석과 블라인드 신호원 분리

정말 중요한 것은 눈에 보이지 않는다.

– 어린왕자, 생 택쥐베리(Antoine De Saint-Exupery), 1943

CHAPTER 1

독립성분분석의 개요

모든 문제는 일단 당신에게 설명하게 되면 매우 유치해진다.
– A.C. Doyle의 셜록 홈즈 단편집 중 '춤추는 사람들'에서(1905)

1.1 서론

실제로 우리가 "데이터 과부하"로 곤란을 겪을 때, 이것은 때때로 "정보 과부하"로 인해 곤란을 겪는 것으로 볼 수 있다. 문제는 유용한 정보가 아주 적게 포함된 대량의 데이터를 접근해야 한다는 것이다. 이 문제는 모든 일상생활에서 뿐만 아니라 과학적인 분야에서도 사실이다. 독립성분분석(ICA)은 데이터에서 유용한 정보를 추출하기 위한 필수적인 방법이다.

독립성분분석(ICA)은 관찰된 현상들을 기반으로 그 원인을 밝힐 수 있도록 해주기 때문에 다양한 분야의 과학자들과 엔지니어들의 관심을 받고 있다. 이러한 현상들은 뉴런 집합의 발화나 휴대폰의 신호들, 두뇌 영상(예를 들어 기능적 자기공명영상, fMRI), 주가 그리고 음성 분석들을 포함한다(그림 1.1 참조). 각각의 경우에서 신호들의 큰 집합들이 측정되고, 몇 가지 서로 다른 기본 요소들에 의해 영향을 받으며 그 기본 요소들은 측정된 신호 안에서 추진력을 제공한다고 알려져 있다. 다시 말해 각각의 측정신호는 필수적으로 이러한 기본 요소들의 혼합신호이다.

예를 들어, 런던 FTSE 지수에서 100개의 주가는 각각 다르면서 시간에 따라 변화하는 인과(causal) 요소의 작은 양(예를 들면, 최근 소매업 수치, 실업률 그리고 날씨 상황)에 의존하는 100가지 시간적으로 변하는 양의 집합을 나타낸다. 그러므로 각각의 주가는 이러한 요소의 다양한 혼합물로 볼 수 있다. 이러한 요소들이 100개의 측정된 신호로부터 추출될 수 있다면, 이 요소들은 100개의 주가 이동을 예상하는데 사용될 수 있다.

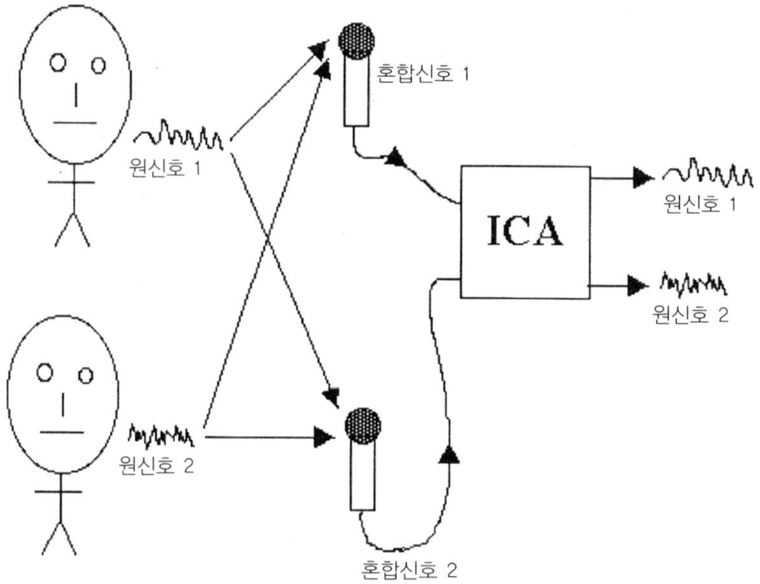

그림 1.1
ICA를 간단히 보자. 2명의 사람들이 2개 마이크로폰이 있는 방에서 동시에 말하면 각각 마이크로폰의 출력은 2개의 음성신호의 혼합물이다. 이러한 두 신호의 혼합물이 주어지면, ICA는 2가지 원음성 또는 원신호를 회복할 수 있다. 이 예제는 음성을 사용하지만, ICA는 원신호를 2개 또는 그 이상 측정된 신호 혼합물의 어떤 집합으로부터 추출할 수 있으며, 여기서 각각 신호 혼합물이 원신호의 혼합물로 구성될 것으로 추측된다.

유사하게, 뇌의 시각피질에서 100개의 뉴런 시간에 따라 변하는 출력이 측정되면, ICA는 휘도와 대비각의 방향과 일치하는 인과 요소의 작은 집합에 의존하는 모든 100개의 뉴런 범위를 시험하는데 사용될 수 있다. 이러한 요소들을 확인하면, 뉴런이 휘도 또는 모서리의 방향에 대한 부호화(coding)로써 분류될 수 있기 때문에 각각의 요소에 의존하는 각각의 개별적인 뉴런 범위를 추정하는 것이 가능할 것이다.

모든 경우에서 주요 관심사는 이러한 요소 또는 원신호이지만, 측정된 신호나 혼합신호들의 큰 집합 내에 묻히게 된다. ICA는 측정된 신호 혼합물 집합의 기본적인 원신호를 추출하는데 사용될 수 있다.

1.2 독립성분분석은 무엇인가?

ICA는 정보를 제공하는 성분의 기초가 되는 것으로 데이터를 분리하기 위한 일종의 블라인드 신호원 분리(BSS) 방법에 속하며, 여기서 그와 같은 데이터가 영상, 소리, 통신 채널

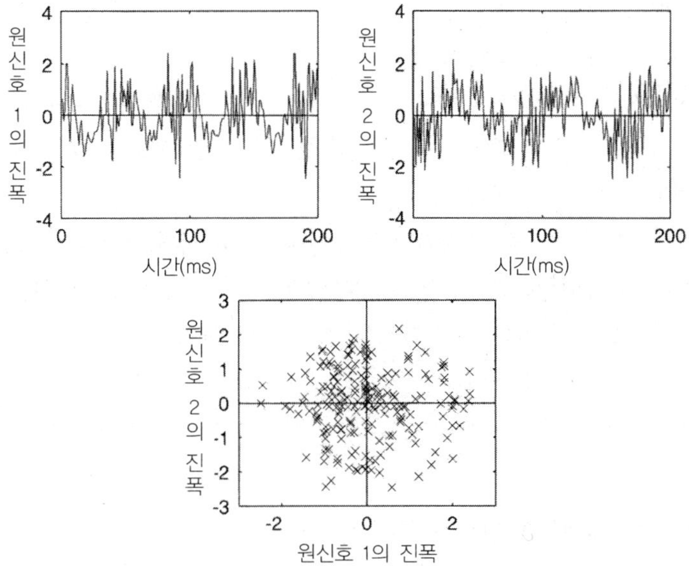

그림 1.2
ICA는 서로 다른 물리 입력신호로부터 음성과 같은 2개의 신호가 독립적이라는 사실을 이용한다. 이것은 상부 패널에 나타난 2개의 다른 소스 음성신호가 미세한 시간 척도에서 검사되면, 한 개의 음성(상단 왼쪽)의 진폭은 그 시간에 다른 음성(상단 우측)의 진폭에 관한 어떠한 정보도 제공하지 않는다는 것을 의미한다. 이것은 다른 음성(하단 패널)의 해당 진폭에 대하여 각각 시간 점에 한 개의 음성의 진폭을 표시함으로써 확인될 수 있다. 2개의 음성신호가 독립적이라고 제안하는 것이므로, 결과로서 생기는 분포의 점들은 어떤 명백한 패턴도 보여주지 않는다.

또는 주가의 형식을 취할 수 있다. "Blind"는 그와 같은 방법들이 데이터를 원신호로 분리할 수 있더라도 그 원신호의 본질에 대해 거의 알려지지 않았다는 것을 암시한다.

예로써, 그림 1.1에 표현된 것처럼 2개의 마이크가 있는 방에서 동시에 말하는 두 사람이 있다고 생각하자. 각각 음성신호가 섬세한 시간 척도(scale)에서 검사되면 적당한 때 어느 주어진 시점에 한 음성의 진폭이 그 시간에 다른 음성의 진폭과 무관하다는 것이 분명하게 된다(그림 1.2 참조). 2가지 음성의 진폭이 무관한 이유(즉, 두 명의 다른 사람들에 의해)는 무관한 두 개의 물리적 과정에 의해 생성된다는 것이다. 만약 음성들이 무관한 것을 안다면 음성 혼합물을 구성하는 음성의 구성요소로 분리하기 위한 한 가지 핵심 전략은 이러한 혼합물 내에 무관한 시변신호를 찾는 것이다. 이 전략을 이용하면 음성이 무관한 것처럼 추출신호가 무관하고, 그것이 곧 추출신호가 음성인 것이 된다. 각각 음성이 다른 것에 무관한지를 간단하게 아는 것은 음성의 혼합물로부터 개별적 음성으로 분리하기 위한 전략을 제안한다. 이 평범한 관찰법은 어떻게 ICA가 동작하는지를 이해하기 위한 전제 조건이다. 그것이 소리의 혼합물뿐만 아니라 거의 어떤 타입의 혼합물이건 분리하는데 사용될 수 있기 때문에 무관한(unrelated) 성질은 매우 중요하다.[1]

2개의 음성신호가 무관하다면, 이 비공식적 개념은 통계적 독립성의 관점으로 표현될 수 있다.[2] 2개 또는 그 이상의 신호는 서로 통계적 독립이면 한 신호의 값은 다른 신호의 값에 관해 어떠한 정보도 제공하지 않는다.

ICA가 어떻게 동작하는 지를 고려하기 전에 우리는 몇 개의 용어를 도입할 필요가 있다. 이름에서 말하다시피 독립성분분석은 신호 혼합물의 집합을 통계적 독립성분신호 또는 원신호에 상응하는 집합으로 분리한다. 혼합물은 소리, 전기신호, 예를 들어, EEG(electroencephalographic ; 뇌파) 신호 또는 영상(예를 들면, 얼굴, fMRI 데이터)일 수 있다. 추출신호의 세부 특징은 추출신호는 모든 다른 추출신호의 통계적 독립이라는 것이다.

1.3 어떻게 독립성분분석이 동작하는가?

ICA는 서로 다른 신호가 다른 물리적 과정(예를 들면, 서로 다른 사람들의 말하기)으로부터 온다면 이런 신호들이 통계적 독립이라는 단순하고 일반적이며 물리적으로 현실적인 가정을 기반으로 한다. ICA는 논리적으로 보장되지 않지만 실제로 동작하는 새로운 가정을 이끌면서 이 가정의 함축된 의미가 반전될 수 있는 사실을 이용한다. 즉, 통계적 독립신호가 혼합신호로부터 추출될 수 있다면 이러한 추출신호는 서로 다른 물리적 과정(예를 들면, 다른 사람들이 말하듯이)으로부터 오게 될 수밖에 없다. 따라서 ICA는 혼합신호를 통계적 독립신호로 분리한다. 만약 통계적인 독립의 가정이 유효하면 독립성분분석에 의해 추출된 신호들 각각은 서로 다른 물리적 과정에 의해 생성되게 될 것이며, 이는 원하는 신호가 될 것이다.

상술한 표현은 ICA에 내포되어 있는 하이레벨 전략을 나타낸다. 다음 장에서는 ICA가 어떻게 동작하는지 그것의 수학적인 기본 개념을 정확하게 설명할 것이다. 기본개념이 필요한 반면에, 독립성분분석의 꼭 필요한 물리적 근본 개념을 잡는 것은 이러한 기초를 이해하는 핵심이다.

1 실제로, 소리는 라디오와 같은 전자기 신호보다 더 어려운 분리 문제를 표현한다. 이는 소리가 서로 다른 시간에 서로 다른 센서(마이크로폰)에 도착할 정도로 충분히 천천히 이동하기 때문이다. 이 차등 지연은 실제로 극복될 수 있다(예를 들면, Lee 등이 쓴 1997년의 논문을 참조하라). 간단하게 하기 위해 여기서 고려한 음성 예제에서는 지연이 없다고 가정한다.

2 간단하게 독립성이라는 용어를 사용할 것이다.

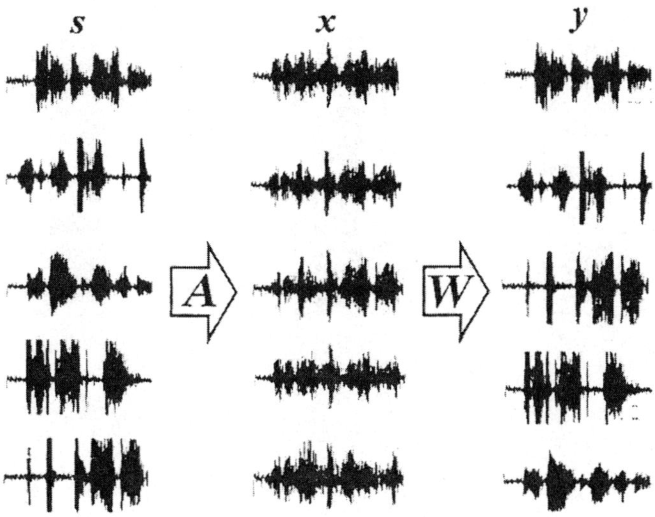

그림 1.3 음성 분리

왼 쪽 : 동시에 말하는 5명의 사람들이 각각 독립적인 음성 원신호를 생성한다. 원신호의 집합은 **s** 로 표시된다.

가운데 : 현재 5개의 마이크로폰이 있다면, 각각의 마이크로폰 출력은 5개의 독립적인 원신호(즉, 음성)의 혼합물이다. 화자(speaker)와 마이크로폰의 거리는 혼합과정 $\boldsymbol{A}$에 의해 표시된다. 혼합신호의 집합은 **x** 로 표시된다.

오른쪽 : ICA는 혼합신호의 집합으로부터 5개의 독립적인 구성요소를 추출하며 여기서 각각의 추출된 신호는 원신호(즉, 한 개의 음성) 중 하나의 추정값이다. ICA에 의해 식별된 복원 과정은 **W**로 표시되고, 추정된 원신호는 **y**로 표시된다. ICA가 추출된 신호 y_i와 원신호 s_i가 동일 행에 반드시 있을 필요가 없도록 신호를 재배치한다는 사실에 유의하라(Bell & Sejnowski, 1995).

1.4 독립성분분석과 지각

독립성분분석에 의해 해결된 블라인드 신호 분리의 문제는 모든 갓 태어난 동물들에 의해 직면하게 된 문제와 유사하다. 어떻게 지각 입력을 그들의 근본적이고 물리적인 원인으로 분해할 것인가? 예를 들어, 동물이 물체를 볼 때 각각 망막 수용체는 물체 표면의 휘도, 반사도, 비스듬함, 경사(기울기) 그리고 움직임을 포함한 여러 물리적 원인의 함수인 출력을 가지고 있다. ICA 방법은 어떻게 지각 입력의 분해가 일반적이고 물리적으로 그럴 듯한 제약(예를 들어, 통계적인 독립성과 시공간적 연속성과 같은)을 이용함으로써 학습될 수 있는지에 대해 수학적으로 엄격한 모델을 제공하기 위한 잠재력을 가지고 있다(제11장의 스테레오 시차를 이용하는 것을 참조하라). 이것은 뇌가 ICA를 구현한다고 제안하는 것이 아니라 독립성보다는 오히려 비상관성(uncorrelatedness)에 관한 이런 유형의 접근방식에 대해 단순하게 ICA와 신경계산(neuronal computation)이 기본적인 원리(Barlow(1981) 참조)의 공통집합을

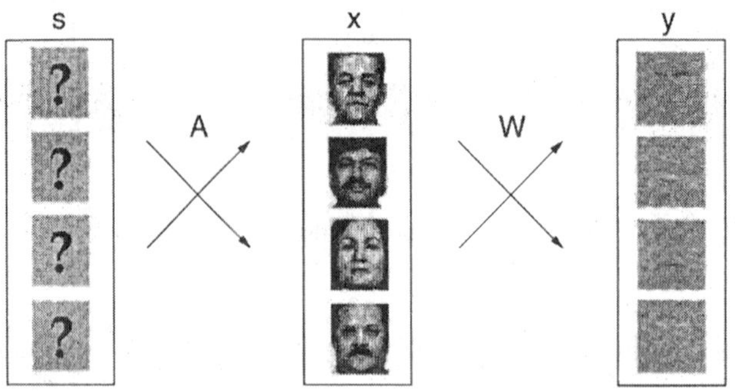

그림 1.4 얼굴 인식

왼 쪽 : 4개 원형의 알려지지 않은 얼굴 각각은 (공간상) 독립적인 원신호이다. 4개의 원신호의 집합을 **s**라고 한다.

가운데 : 4명의 얼굴은 기본 원형 얼굴(왼쪽)의 서로 다른 혼합물일 것으로 각각 추측되며 여기서 혼합과정은 **A**이다. 4개의 혼합신호의 집합은 **x**라고 한다.

오른쪽 : ICA는 알려지지 않는 공간 원신호 중 하나의 추정신호 집합을 각각 추출한다. 이 복원과정을 **W**라 하고, 4개의 추정되는 원신호의 집합은 **y**라고 한다. 어떻게 추정되는 원신호들이 입과 눈과 같이, 지각적으로 두드러진 성질에 해당하는 국소화 특징을 공간적으로 포함한다는 사실에 유의하라(Bartlett, 2001,참조).

기반으로 한다고 제안한다.

1.5 주성분 분석(PCA)과 인자 분석(FA)

ICA는 주성분 분석(PCA)과 인자 분석(FA)과 같은 큰 데이터 집합을 분석하기 위한 전통적인 방법과 관계가 있다(제10장과 부록 F를 참조하라). ICA가 독립적인(independent) 원신호 집합을 찾는 반면, PCA와 FA는 독립성보다 훨씬 약한 속성을 가진 신호의 집합을 찾는다. 즉, PCA와 FA는 서로 상관이 없는(uncorrelated) 신호의 집합을 찾는다. 이것이 바로 ICA와 PCA의 결정적인 차이이며, 이후에 이 부분에 대해 다시 설명할 것이다. 예를 들어, PCA는 혼합물의 집합으로부터 비상관 신호들의 집합을 추출한 것이다. 이러한 혼합물이 마이크 출력이라면 추출신호는 간단하게 음성 혼합물의 새로운 집합일 것이다. 대조적으로, ICA는 추출신호가 단 하나의 음성인 집합이 되도록, 독립적인 신호의 집합을 이 혼합물의 집합으로부터 추출한다는 것이다.

서로 다른 물리적 과정으로부터 온 신호들이 여전히 서로 상관이 없는(uncorrelated)이라는 "순방향" 가정은 유효하지만 서로 상관이 없는 신호들이 서로 다른 물리적인 과정으로부터 온다고 하는 "역방향" 가정은 반드시 유효하지는 않다. 이는 상관관계의 부족이 독립성보다 더 약한 속성이기 때문이다. 요약하면, 독립성은 서로 상관이 없음을 의미하지만, 서로 상관이 없다고 해서 반드시 독립성을 의미하지는 않는다는 개념이다.

1.6 독립성분분석의 좋은 점은 무엇인가?

ICA는 음성 처리, 뇌 영상(예를 들면, fMRI와 광영상), 전기적인 뇌신호(예를 들면, EEG 신호), 원거리 통신 그리고 주가 예측 같은 다양한 분야에 적용되어 왔다. 그러나 독립성분분석이 전 세계에서 활발히 연구되면서 계속 발전하는 방법이기 때문에 어떤 ICA 방법이 가장 잘 효과가 있는 것인지에 대해서는 더 연구되어야만 한다.

ICA의 최근 두 가지 응용은 그림 1.3~1.4에 나타난다. ICA가 음성, 전기신호 또는 영상의 형식을 취할 수 있는 독립적인 성분을 찾는데 사용될 수 있다는 사실에 주목하라.

결론적으로, ICA는 물리적으로 실제적인 가정을 기반으로 한다. 즉, 서로 다른 물리적 과정이 서로 독립적인 출력을 생성한다. 다음 장에서는 이 가정을 통해 어떻게 ICA가 동작하는지 직관적인 통찰을 제공할 뿐만 아니라 그것이 물리적으로 어떤 의미가 있는지를 보여줄 것이다.

CHAPTER 2

블라인드 신호원 분리를 위한 전략

세상에는 어느 누구도 관찰하지 못한 명백한 것들로 가득 차 있다
–A.C. Doyle의 셜록 홈즈 단편집 중 '바스커빌 가문의 사냥개'에서(1902)

2.1 서론

우리 주위의 세상은 원신호의 혼합신호들로 가득한 것이 사실이며 대부분의 문제들을 살펴보면 혼합신호 집합의 복원문제를 기본적인 원신호로 축소시킬 수 있다는 것이 지금까지 알려진 명백한 사실이다. 복원신호의 문제는 블라인드 신호원 분리(Blind Source Separation : BSS)로 알려지고 독립성분분석(ICA)은 BSS를 수행하기 위한 특정한 방법이다.

이 장에서 우리는 BSS 방법을 이해하는데 필요한 기본개념과 ICA 방법 같은 BSS를 구현하는 기본 전략을 연구한다. 그리고 혼합신호의 일반적인 효과를 조사하고 어떻게 이러한 효과들이 복원신호에 대한 시작점으로 이용될 수 있는지를 검증한다. 여기서는 2개의 신호만을 고려하고, 예제를 음성신호로 제한한다.

혼합과 복원의 설명을 시작하기 전에 이 장에서는 수학적으로 엄밀하게 설명하지 않으며 수학적 표기법의 방법 또한 사용 않을 것이라는 사실에 주목하라. 그 이유는 혼합신호와 복원신호의 기본적인 특성을 자유롭게 분석하기 위해 보통 수학적으로 처리할 때 어려움 없이 해결하도록 하기 위함이다. 요약하면, 다음에 진술되는 설명은 본질적으로 사실이며, 생략된 "if"들과 "but"들은 후에 주어질 공식적인 설명을 위해 잠시 유보될 수 있다.

이 책에서는 복원된 신호(예를 들면, 단일 음성)를 언급할 때 원신호라는 용어를 사용하고 원신호의 혼합물에 관해 언급할 때는 혼합신호 또는 간단하게 혼합물이라는 용어를 사용한다는 사실을 상기하라.

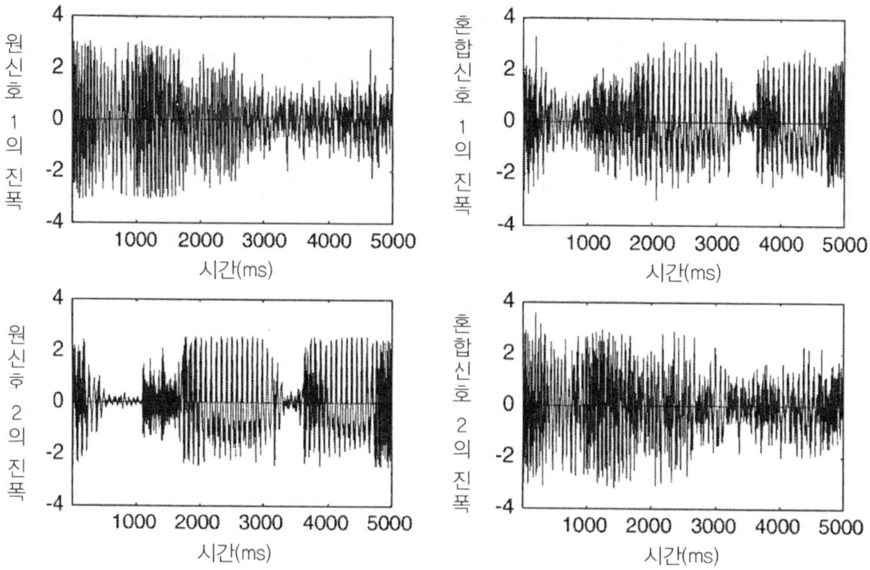

그림 2.1

2개의 음성 원신호들(왼쪽)과 2개의 다른 혼합신호들(오른쪽)이 5초 동안 매 ms의 샘플을 추출한다. 그림 1.1에 도시된 것처럼 각각 혼합신호들은 동시에 말하는 2명의 사람들을 가진 방에서 다른 위치에 위치한 한 개의 마이크로폰의 출력일 수 있다. 서로 다른 위치의 마이크로폰은 2개의 혼합신호가 각각 음성신호의 다른 비율을 포함한다는 것을 의미한다.

2.2 혼합신호

그림 2.1에 나타난 바와 같이 2개의 음성 원신호가 2개의 혼합신호를 만들기 위해 혼합될 때 세 가지 효과가 뒤따른다. 각각의 효과는 복원을 위한 기초로서 이용될 수 있다(그러나 이들 중 단지 2개만이 ICA에 의해 이용된다).

독립성 음성 원신호는 통계적 독립인 반면, 그들의 혼합신호는 통계적 독립이 아니다. 그 이유는 각각의 원신호가 혼합신호들 사이에서 공동으로 사용되기 때문이다. 그림 2.2를 참고하라.

정규성 음성 원신호의 값이 히스토그램으로 표시되면 "뾰족한 봉우리" 구조가 나타나는 반면, 톱니 신호에 상응하는 히스토그램은 "평평한" 히스토그램을 만든다. 결과적으로 이러한 2개 신호의 합인 혼합신호의 히스토그램은 그림 2.3에 나타난 바와 같이 좀 더 종 모양에 가까운 구조를 만든다. 이러한 종 모양의 히스토그램은 정규분포 혹은 가우시안 분포로 언급된다.

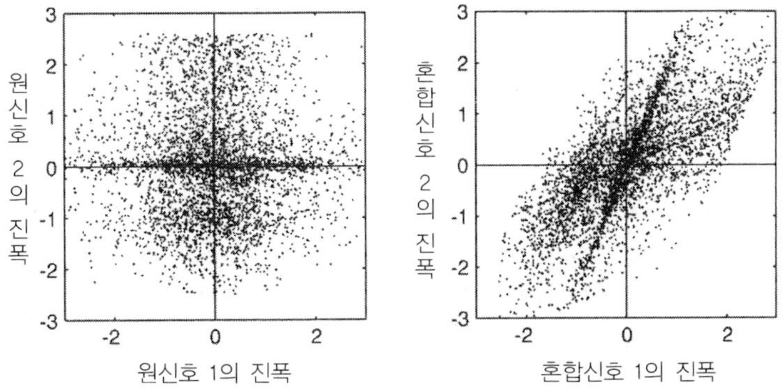

그림 2.2 독립성

각각의 혼합신호가 각각의 원신호의 비율을 포함하기 때문에 두개의 다른 혼합신호의 진폭 값은 각각의 혼합신호에 기여한 원신호의 진폭 값보다 더 상관관계가 크다. 1개의 음성 원신호의 값에 대응하는 다른 음성 원신호의 그래프(왼쪽)는 어떤 특별한 형태의 상관구조를 가지고 있지 않다. 즉, 두 음성신호가 상관이 없다고(예를 들어 독립적으로) 볼 수 있다. 대조적으로, 한 개의 음성 혼합신호 값에 대응하는 다른 음성 혼합신호에서 값의 그래프(오른쪽)는 한 개의 혼합신호의 진폭이 증가함에 따라 다른 혼합신호의 진폭이 또한 증가한다는 것을 보여준다. 그러므로 음성 원신호의 진폭들이 아니라 두 혼합신호의 진폭들은 서로 상관이 있음을 보여준다.

복잡도 어떤 혼합신호의 복잡도는 혼합신호의 가장 단순한(즉, 가장 덜 복잡한) 성분 원신호보다 더 크거나 동일하다. 이것은 가장 덜 복잡한 신호(가장 단순한 신호)를 혼합신호의 집합으로부터 추출하면 그 신호가 바로 원신호라는 사실을 확신하게 한다. 이런 추측은 일반적으로 사실로 나타날 수 있으며, 원신호가 그림 2.4에 나타난 바와 같이 정현파인 경우는 직접 관찰될 수 있다.

2.3 복원신호

앞서 설명한 원신호를 혼합하는 세 가지 효과를 통해 혼합신호의 여러 집합으로부터 원신호를 복원시키기 위한 기초 원리를 정립해 보고자 한다. 각각의 경우 추론의 방침은 같거나, 이와 비슷한 것들이 될 것이다:

> 혼합물의 집합으로부터 추출하게 된 신호가 원신호와 같이 독립적이거나, 원신호와 같이 가우시안이 아닌(예를 들면, 뾰족한 봉우리) 히스토그램을 가지고 있거나, 원신호와 같이 낮은 복잡성을 가지고 있다면, 이는 원신호임에 틀림이 없다.

비유적으로 이야기하면 만약 오리처럼 보이고, 오리와 같이 걷고, 오리와 같이 꽥꽥 울면, 그것은 오리임에 틀림없는 것과 같은 이치이다. 일반적으로, 이런 전략의 유형은 다음과 같

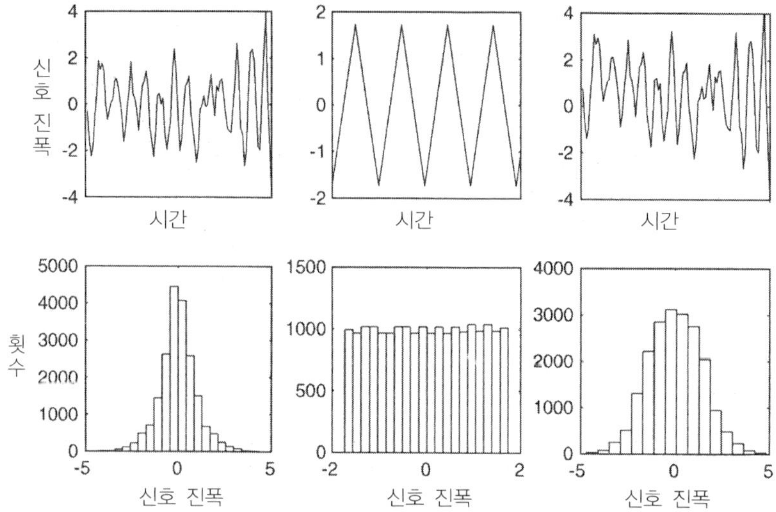

그림 2.3 정규성
혼합신호들은 가우시안이거나 정규 히스토그램을 가지고 있다.
왼 쪽 : 음성 원신호(위)와 그 신호의 진폭 히스토그램(아래)이 나타나 있다. 히스토그램은 각각 신호 진폭이 발생하는 횟수를 그래프로 표현한 방법이다. 음성신호는 히스토그램에서 가장 많이 발생하는 횟수의 진폭 값이 0에 나타나도록 하기 위해 0에 가까운 신호 진폭을 가지는 경향이 있다.
가운데 : 톱니 원신호(위)와 히스토그램(아래)이 나타나 있다.
오른쪽 : 왼쪽과 중앙의 원신호의 합계인 혼합신호(위)와 그것의 히스토그램(아래)이 나타나 있다. 원신호들이 매우 다양한 히스토그램을 가지고 있다 하더라도, 원신호들의 어떤 혼합신호들은 원신호를 구성하는 어떤 히스토그램보다 좀 더 종 모양에 가까운(정규분포이거나 가우시안 분포의) 히스토그램을 가진다. 좀 더 명확하게 이야기하면, 위 패널은 아래 패널에서 히스토그램을 구성하는데 사용된 신호의 짧은 시간 간격만을 보여준다.

이 요약될 수 있다 :

> 원신호가 어떤 속성 X를 가지고 있고 혼합신호는 그런 속성을 가지고 있지 않다면, 추출된 신호들이 원하는 원신호들일 것이라는 가정하에 주어진 혼합신호들의 집합 속에서 가능한 많은 X를 가진 신호를 추출하려고 시도할 것이다.

지금, 복원을 위한 3가지 원칙을 만들기 위해 "독립성", "정규성"과 "복잡성"을 X로 치환할 수 있다.

독립성 원신호들은 독립적이고 혼합신호들은 그렇지 않다면, 혼합신호들의 집합으로부터 추출신호들은 (1장에서 논의된 것처럼) 요구된 원신호들을 복원시켜야 한다.

정규성 원신호들은 가우시안이 아닌(예를 들면, 뾰족한 봉우리) 히스토그램을 가지

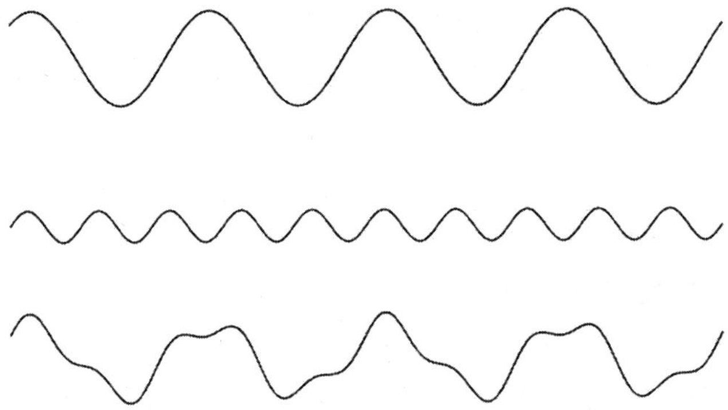

그림 2.4 복잡도
혼합신호(하단)의 복잡도는 이를 구성하는 원신호들(상단과 가운데)의 가장 단순한 성분들보다 더 크거나 동일하다. 이 복잡도 가설은 블라인드 신호원 분리를 위한 기초로 쓰일 수 있다. 하단의 혼합신호는 상단과 가운데 2개의 원신호들의 합이다. 이 예제에서 정현파는 신호파형을 혼합한 효과를 강조하기 위해 쓰였다.

고 있고 혼합신호들은 그렇지 않으면, 혼합신호들의 집합으로부터 가우시안이 아닌 히스토그램을 가진 추출신호들은 요구된 원신호들을 복원시켜야 한다.

복잡도 원신호들이 낮은 복잡성(즉, 단순한) 구조를 가지고 있고 혼합신호들이 그렇지 않으면, 혼합신호들의 집합으로부터 낮은 복잡성을 가진 추출신호는 요구된 원신호들을 복원시켜야 한다.

전략의 이런 일반적인 유형이 보장되지 않을지라도, 이는 대단히 그럴 듯하게 들리고, 실제로도 매우 효과적이다. 지금 필요한 것은 혼합신호들의 집합으로부터 가능한 많은 X를(예를 들면, 독립성) 가진 신호를 추출하는 방법이다. 그러한 방법을 조사하기 위해 첫째로 혼합과 복원신호를 위한 표기법을 규정할 필요가 있으며(제3장과 제4장 참조), 그 후 정규성, 독립성과 복잡성의 정의를 구성하기 위해 이 표기법을 이용한다.

2.4 신호원과 혼합신호의 수

ICA와 같은 표준 BSS 방법에 대한 중요한 한 가지 사실은 여러 가지 방법들에 의해 의미 있는 결과가 얻어질 때까지는 때때로 가치가 인정되지 않는다. 기본적으로, 최소한 원신호의 수보다는 다른 혼합신호들이 더 많아야 한다. 음성신호의 예를 들면, 최소한 음성(원신호)보다는 많은 수의 마이크로폰들(다양한 음성 혼합신호들)이 있어야 한다는 것을 의미한다.

원신호가 혼합신호보다 더 많으면 BSS 방법은 비록 예외가 있다 하더라도 원신호를 쉽게 추출할 수 없다(Lewicki & Sejnowski, 2000). 실제로 혼합신호들의 수는 때때로 원신호들의 수보다 크다. 예를 들어, 뇌파검사(EEG)의 경우 혼합신호의 수는 머리의 전극 수와 동일하고 (보통 10보다 크다), 원신호의 수는 일반적으로 10보다 작다. 만일 원신호의 수가 혼합신호들의 수보다 적다면, ICA에 의해 추출된 신호의 수는 주성분 분석(6.8절과 제10장 그리고 부록 F 참조)을 이용하여 혼합신호들을 전처리하거나 추출된 원신호의 정확한 수를 명시함으로써 줄일 수 있게 된다(Porrill & Stone, 1997, Amari, 1999, Penny 등, 2001 등의 논문들을 참조하고 7.7.4절의 끝부분을 보라).

원신호의 수와 혼합신호의 수에 대한 제한 이유는 스냅사진의 집합으로부터 복합물체의 완전한 형상을 보는 문제와 유사하다. 다양한 관점에서 스냅사진의 집합을 생각해 본다면, 각각의 스냅사진은 복합물체의 3차원 구조에 관한 새로운 정보를 제공해준다. 유사하게, 원신호의 주어진 집합에 대해 각각의 혼합신호들은 각각의 원신호의 다양한 스냅사진을 제공해주며, 좀 더 많은 스냅사진들이 각각의 개별적인 원신호를 추정하기 위하여 요구된다.

2.5 비교 전략

혼합신호들로부터 원신호들을 추출하기 위한 여러 가지 전략이 있다는 것은 주목할 만하며, 여기서 각각의 전략을 통해 여러 가지 눈에 띄는 방법들이 나타난다. 확실히, 이러한 방법 중 하나가 나머지보다 더 좋으면, 왜 나머지 방법들에 대해 고민하게 될까? 첫째로, 몇 개의 방법들이 큰 데이터의 집합에 대해 실용적인 장점을 가지고 있기 때문이다. 둘째로, 더욱 중요한 이유는 어떤 방법이 그 방법에 내포되어 있다는 가정에 따라 유지되거나 없어지기 때문이다. 모든 방법과 관련된 가정들은 추출되기 위한 원신호의 특정 모델들과 혼합과정의 특정한 모델들을 함축한다. 이 모델의 정확한 특성은 항상 명백하지 않을지 모르지만, 항상 존재한다는 것이다.

예를 들면, 어떤 방법의 가정은 원신호가 독립적이거나 가우시안 분포가 아니거나 낮은 복잡성을 가진 원신호 모델을 내포한다. 대부분의 방법들은 완벽한(예를 들어 잡음이 없는) 데이터에 대해 동일하거나 완전한 결과를 가져온다. 하지만 잡음이 존재하거나(실제로는 늘 존재한다) 원신호가 모델에 기초를 둔 가정을 심하게 위반하고 있다면, 그 방법은 실패하게 된다. 그러므로 선택된 방법이 고려 중인 특정한 문제에 대해 적절하도록 하기 위하여 이용 가능한 방법의 범위를 가지는 것은 중요하다.

2.6 요약

만약 원신호들의 집합이 혼합신호들의 상응하는 집합을 만들기 위해 혼합되게 되면, 세 가지 효과가 뒤따른다.

- 원신호는 독립적인 반면에 혼합신호들은 그렇지 않다.
- 각각 원신호의 히스토그램은 가우시안 분포가 아닌(뾰족한 봉우리) 히스토그램을 가지고 있으며 혼합신호들의 히스토그램은 가우시안 분포의 히스토그램을 가진다.
- 가장 단순한 원신호의 복잡성은 어떤 혼합신호의 복잡성보다 적거나 동일하다.

각각의 이러한 효과들이 혼합신호의 주어진 집합으로부터 어떻게 원신호를 추출하기 위한 방법의 기초를 형성할 수 있는지에 대한 일반적인 전략이 기술되었다.

II

혼합신호의 기하학

CHAPTER 3

혼합과 복원

3.1 서론

이 장에서 ICA와 다른 블라인드 분리방법을 잘 이해하기 위해 필요한 표기법을 도입한다. 이 표기법은 혼합신호의 집합으로부터 신호를 "추출"하는 것을 정확하게 구체화할 것이다.

음성과 같은 신호의 집합을 위한 표기법으로 시작하고, 그런 신호들이 어떻게 혼합신호를 형성하기 위해 결합되는지를 기술하기 위해 이 표기법을 이용한다. 혼합과정이 어떻게 상수 또는 혼합계수의 집합에 의해 구체화되는지를 기술한다. 이것이 알려지면 복원계수의 집합을 유도하는데 사용될 수 있으며, 복원계수의 집합은 원신호를 혼합신호로부터 추출하는데 사용될 수 있다는 것을 보여준다. 그리고 나서 이러한 복원계수가 알고 있는 혼합계수의 집합으로부터 유도될 수 있다는 것을 보여준다. 설사 혼합계수를 모른다 하더라도, 복원계수를 추정함으로써 ICA가 어떻게 동작하는지에 대한 설명이 (계속해서 제4장에) 이어질 것이다.

3.2 신호, 변수, 스칼라

지금까지 음성과 관련하여 ICA를 고려했는데 이 각각의 음성신호들은 시변신호이다. 음성을 넘어서 신호에 대한 일반적 표기법을 규정할 필요가 있다.

그림 3.1에 나타난 바와 같이 매 순간 진폭이 변하는 신호를 고려해 보자. 물리적인 예를 제공하기 위해 새로운 신호 진폭은 매 msec마다 기록한다고 가정해 보자. 그런 신호를 다음

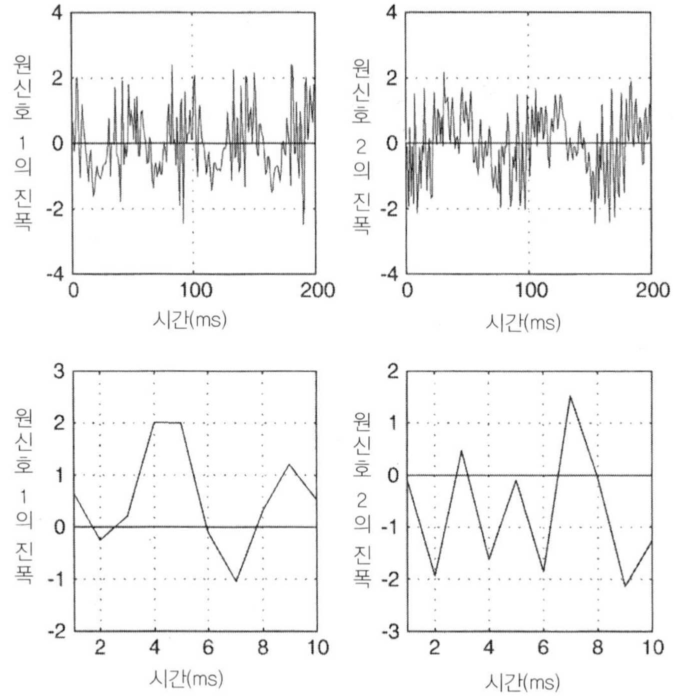

그림 3.1
상단 : 200ms 동안 매 ms로 샘플링된 2개의 다른 음성신호
하단 : 처음 10ms의 진폭 값을 보여주기 위한 음성신호의 클로즈업(상세 관찰)
왼쪽 : $(s_1^1, s_1^2, ..., s_1^{10})$ =(0.65 −0.26 0.21 2.01 2.00 −0.10 −1.05 0.32 1.21 0.53).
오른쪽 : $(s_2^1, s_2^2, ..., s_2^{10})$ =(−0.09 −1.94 0.48 −1.62 −0.09 −1.86 1.52 −0.05 −2.14 −1.26).

과 같이 표시할 수 있다.

$$s = (s^1,\ s^2,\ \ldots,\ s^N) \tag{3.1}$$

여기서 s는 s^1, s^2, s^3 등(식 (3.1)에서 점으로 표시된)의 진폭을 갖고 N시간 단계(msec)에 대해 진폭이 s^N으로 끝나는 시변신호이다(수평 행으로 계속적인 신호 진폭을 쓰는 이유는 후에 분명하게 될 것이다). s와 같은 양은 일반적으로 공학에서는 신호로, 수학에서는 스칼라 변수로 알려져 있다.

3.2.1 신호로서의 영상

s의 진폭이 시간에 따라 변하는 대신에 그림 3.2에 보인 것 같이 공간에 따라 변할 수도 있다는 점을 주목하라. 예를 들면, 그림에 선이 그려진다면 선을 따라 포인트에서 포인트까

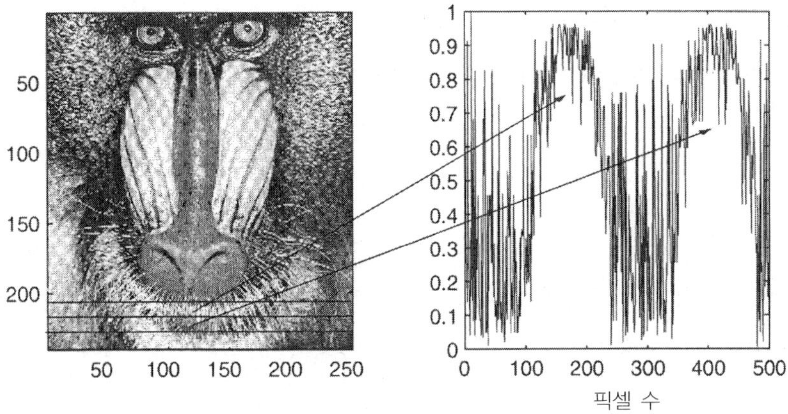

그림 3.2
영상의 독립성분분석(ICA). ICA가 관계된 영상(왼쪽)은 단지 동일한 길이의 조각으로 잘라진 신호(오른쪽)이며 여기서 각 조각은 영상의 한 행(또는 열)에 해당한다. 이 경우 화살표에서 가리키는 것처럼 영상 2개의 연이은 행의 픽셀 값을 연결시킴으로써 형성된 신호는 오른쪽에 보여진다. 여기서 세로축은 픽셀 휘도를 나타낸다. 2차원(2D) 영상을 마치 1차원 신호인 것처럼 취급하여 영상의 기본적인 2D 구조를 무시한다. 그럼에도 불구하고 이 방법을 이용하여 유용한 결과를 얻을 수 있다(제11장 참조).

지 그레이레벨(gray level)의 선들이 그려지고 공간에 가까이 위치한 여러 선들이 병렬로 그려진다면, 전체 그림은 하나의 선을 따라 그레이레벨의 변화를 표현한 일련의 짧은 신호들로서 연속으로 구성된다(사실, 이것이 TV 영상이 구성되는 방법이다). 시변신호(음성신호)와 공간 변화에 따른 신호(TV 영상)사이의 구문론적 등가개념은 비록 필연적으로 영상의 2차원 구조를 무시하는데 있어 어느 정도의 비용을 지불하더라도 ICA가 여러 종류의 신호에 적용될 수 있다는 점을 확신시켜 준다. 여기 주어진 예제에서는 시변신호를 사용하지만, 이런 신호들 또한 공간적일 수 있다는 사실을 명심해야 할 것이다.

3.2.2 신호를 표현하는 방법 : 벡터와 벡터 변수

2개 또는 그 이상의 신호의 집합을 혼합하고, 복원하는 방법을 고려하기 위해 그런 집합들을 표현하기 위한 간결한 표기법이 필요하다. 음성신호의 예제로 돌아가 보면, 2개의 시변 음성신호 s_1과 s_2의 집합을 다음과 같이 표현할 수 있다.

$$s_1 = (s_1^1,\ s_1^2,\ \ldots,\ s_1^N) \tag{3.2}$$

$$s_2 = (s_2^1,\ s_2^2,\ \ldots,\ s_2^N) \tag{3.3}$$

여기서, 위첨자는 시간, 아래첨자는 동일한 신호를 나타낸다. 예를 들어 3번째 msec 동안 두 번째 신호 s_2의 진폭은 s_2^3로 표시된다. 이때 두 신호의 진폭은 숫자들의 쌍으로써 표현될 수 있다(하나의 열로 작성될 것이며 그 이유가 후에 명백해질 것이다).

$$\begin{pmatrix} s_1^3 \\ s_2^3 \end{pmatrix} \tag{3.4}$$

이런 방법으로 2개 또는 그 이상의 관련된 스칼라 값은 벡터로 표현된다. 이 경우 벡터 $\mathbf{s}^t$는 시간에 따라 변하고, 단일 벡터 변수 $\mathbf{s}$로 표현된다(보통 굵은 글꼴로 작성된다). 그러므로 벡터 변수 $\mathbf{s}$의 3번째 값(즉, 3번째 msec 동안의 진폭 쌍)은 벡터이다.

$$\mathbf{s}^3 = \begin{pmatrix} s_1^3 \\ s_2^3 \end{pmatrix} \tag{3.5}$$

$$= (s_1^3,\ s_2^3)^T \tag{3.6}$$

여기서 T는 전치 연산자(transpose operator)이다. 전치 연산자는 간단하게 행벡터를 열벡터로 변환하고 역으로도 변환하기 위한 편리한 표기법이다(부록 A 참조).

N msec 동안 두 신호의 진폭은 벡터 변수 $\mathbf{s}$로써 간결하게 쓰여질 수 있으며 이것은 여러 개의 등가형태 중 하나로 다시 쓸 수 있다.

$$\mathbf{s} = \begin{pmatrix} s_1 \\ s_2 \end{pmatrix} \tag{3.7}$$

$$= \begin{pmatrix} (s_1^1,\ s_1^2,\ \cdots,\ s_1^N) \\ (s_2^1,\ s_2^2,\ \cdots,\ s_2^N) \end{pmatrix} \tag{3.8}$$

$$= (\mathbf{s}^1,\ \mathbf{s}^2,\ \cdots,\ \mathbf{s}^N) \tag{3.9}$$

상기의 2개 변수를 사용했다 하더라도 어떤 신호든 $\mathbf{s}$와 같은 단일 변수 벡터로 표현될 수 있다.

3.3 신호의 기하학적 구조

2개의 신호집합의 기하학적 해석은 그림 3.3에 나타난 바와 같이 s_2에 상응하는 진폭에 대하여 s_1의 연이은 진폭을 그림으로써 얻어질 수 있다. 연이은 데이터 포인트 사이에 선을 그리는 것을 고집한다면 매우 혼란스럽게 보인다. 이러한 선들은 신호 진폭의 시간 순서를 통해 표현되고 있으며, 만약 시간 순서를 무시한다면 그림 3.3에 나타난 바와 같이 선이 생략될 것이다.

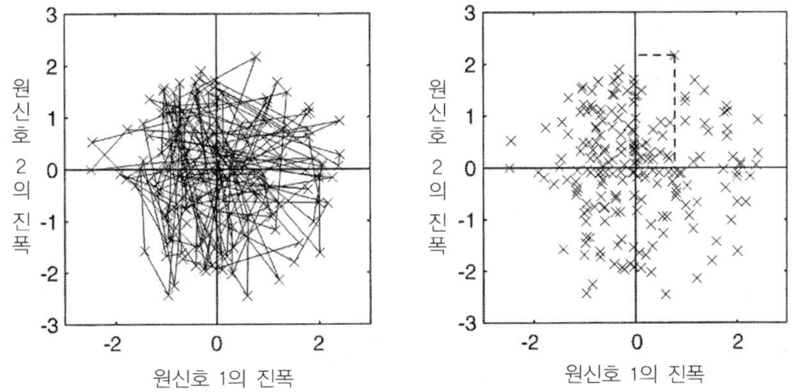

그림 3.3

왼 쪽 : 음성 원신호 s_1 대 음성 원신호 s_2의 그래프. 각각 그려진 점은 한 시점에서의 두 음성신호의 진폭을 나타낸다.

오른쪽 : 선 없이 그려진 동일한 그래프. 주어진 시간에서의 신호 s_1의 진폭은 수평(s_1)축에 그려진 ×로부터 수직선을 그림으로써 얻을 수 있다. 그때의 신호 s_2에 해당하는 진폭은 수직(s_2)축에 그려진 동일한 ×로부터 수평선을 그림으로써 얻을 수 있다.

그림 3.3의 각각 데이터는 하나의 점에서 두 신호 모두의 진폭을 각각 나타낸다. 주어진 데이터에 해당하는 각 신호의 진폭은 각각의 축에 값으로 표현됨으로써 주어진다. 이 경우 그림 3.3에서 나타난 바와 같이 s_1의 진폭은 수평축 S_1 위의 각 데이터로부터 선을 그림으로써 얻어질 수 있고, s_2의 진폭은 수직축 S_2 위의 각 데이터로부터 선을 그림으로써 얻어질 수 있다. 이러한 선들은 원하는 축에 직각으로 그려진다는 사실에 유의하라. 2개의 선이 직교라고 하면, 축 위에 한 데이터로부터 얻어지는 진폭은 그 축 위에 있는 데이터의 직교 사영(orthogonal projection)의 길이이다.

3.3.1 혼합신호

이 절에서는 원신호가 어떻게 혼합신호가 되고, 원신호가 이러한 혼합신호로부터 어떻게 추출될 수 있는지를 상세하게 설명할 것이다.

여기서 2개의 음성신호 s_1과 s_2를 고려해보자. 그림 3.4에 나타난 바와 같이 2개의 음성신호가 단일 마이크로폰으로 녹음되었을 때, 출력은 두 신호의 단순합인 혼합신호이다. 여기서는 혼합신호를 x_1으로 정의한다(많은 혼합신호들을 고려하기 때문에 아래첨자가 필요하다). 혼합신호 x_1에서 각 신호의 상대 비율은 원신호에서 각 음성의 크기와 마이크로폰으로부터 각 원신호와의 거리에 의존한다. 단순하게 하기 위해 2개의 음원 크기가 같다고 가정한다.

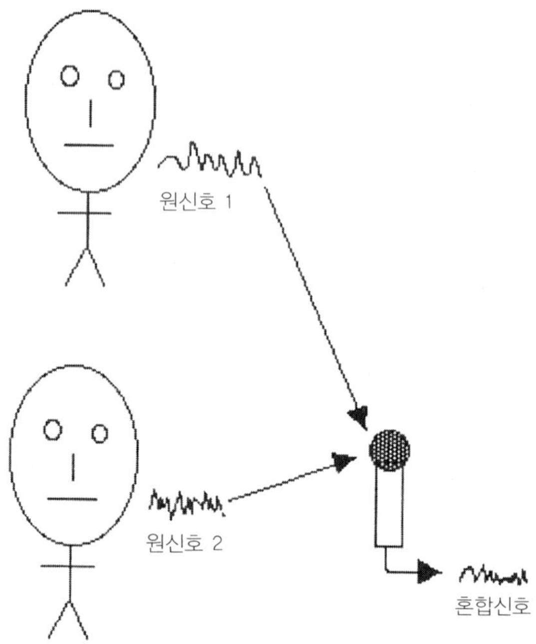

그림 3.4
단일 마이크로폰의 출력은 두 개의 음성 원신호 s_1과 s_2의 혼합신호 x_1이다. 2개의 음성 원신호 크기가 동일하다면, 혼합신호에서 각 원신호의 상대적인 비율은 오직 마이크로폰에서 각각의 스피커까지의 거리에만 의존한다.

마이크로폰으로부터 원신호까지의 거리가 각각 다르다면, 즉 원신호가 서로 다른 각각의 양이 마이크로폰의 출력 x_1에 기여한다는 것을 의미한다. 예를 들어, 마이크로폰과 원신호간의 거리가 원신호 s_1의 경우 원신호 s_2보다 3배만큼 더 떨어져 있다고 가정하자(그림 3.4 참조). 다시 말해서 혼합물 x_1은 그림 3.5에 나타난 바와 같이 2개의 원신호 가중 합으로 표시될 수 있다. 그러므로 주어진 시간 t에서의 혼합신호 진폭 x_1^t은 그때의 원신호 s_1^t과 s_2^t의 가중 합이다.

$$x_1^t = a \times s_1^t + b \times s_2^t \tag{3.10}$$

여기서, 가중계수 또는 혼합계수 a와 b는 $a = 1/4$와 $b = 3/4$으로 주어진다. 모든 N개의 시간 인덱스에서 x를 고려한다면,

$$(x_1^1, x_1^2, \cdots, x_1^N) = a \times (s_1^1, s_1^2, \cdots, s_1^N) + b \times (s_2^1, s_2^2, \cdots, s_2^N) \tag{3.11}$$

이는 더 간결하게 다음 식으로 주어질 수 있으며

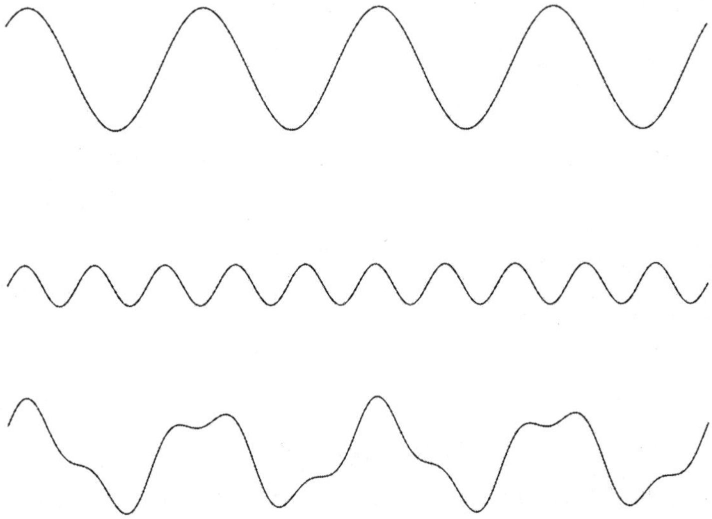

그림 3.5
혼합신호 x_1(하단)은 2개의 원신호 s_1(맨위)과 s_2(가운데)의 가중치 합으로써 얻어진다. 가중치나 혼합계수 a와 b는 마이크로폰과 각각의 원신호와의 거리에 의해 결정되며, $x_1 = as_1 + bs_2$이다. 여기서 $a = 1/4$이고, $b = 3/4$이다. 이 예제에서는 신호 파형에 혼합되는 효과를 확실하게 보여주기 위해 정현파가 사용되었다.

$$x_1 = a \times s_1 + b \times s_2 \tag{3.12}$$

여기서 더 간단하게 표시할 경우 일반적으로 곱셈을 위한 기호(×)를 생략한다.

$$x_1 = as_1 + bs_2 \tag{3.13}$$

만일 두 혼합신호의 집합을 복원하는 것과 같이 생각해보면(그림 1.1 참조) 첫 번째 위치와는 다른 위치에 또 다른 마이크로폰이 필요하며, 마이크로폰으로부터 원신호의 거리가 다르기 때문에 각각의 원신호가 서로 다른 양을 마이크로폰 출력 x_2에 제공한다는 것이다.

$$x_2 = cs_1 + ds_2 \tag{3.14}$$

여기서 혼합계수 c와 d는 2개의 마이크로폰들이 서로 다른 곳에 위치하기 때문에 a와 b와는 다르다.

혼합신호$(x_1,\ x_2)$의 쌍은 원신호 $\mathbf{s} = (s_1,\ s_2)^T$의 쌍과 유사하므로, $(x_1,\ x_2)$는 벡터 $\mathbf{x} = (x_1,\ x_2)^T$로써 표현될 수 있다는 사실에 유의하라. 4개의 혼합계수$(a,\ b,\ c,\ d)$로 표현

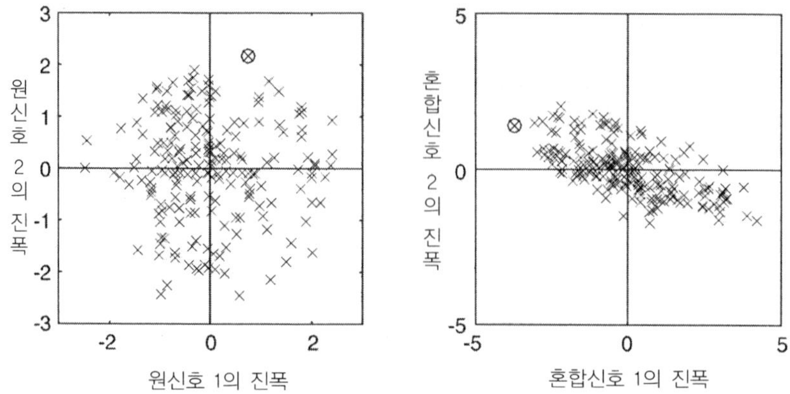

그림 3.6

원신호들이 기하학적 과정을 통해 혼합신호로 변환된다. 음성 원신호 s_1 대 음성 원신호 s_2의 그래프는 왼쪽에 나타나 있는데, 여기서 각각의 데이터 점들은 이전 그림들과 같이 한 시점에서 두 음성신호의 진폭들을 나타낸다. 음성신호 진폭들 각각의 쌍은 혼합된 데이터 점$(x_1^t,\ x_2^t)$(오른쪽)에 의해 표현된 혼합신호의 진폭들의 대응되는 쌍으로 변환되는 단일 데이터 점$(s_1^t,\ s_2^t)$에 의해 표현된다(즉, $(s_1^t,\ s_2^t) \rightarrow (x_1^t,\ x_2^t)$). 예를 들면, 왼쪽 그림에서 동그라미가 그려진 원신호의 데이터점은 오른쪽에 동그라미가 그려진 혼합신호의 데이터점에 해당된다.

된 혼합 과정은 하나의 벡터변수 $\mathbf{s}$를 다른 벡터변수 $\mathbf{x}$로 변형시킨다. 이는 주어진 시간 t에서 각각의 원신호 데이터점 $\mathbf{s}^t = (s_1^t,\ s_2^t)^T$가 상응하는 혼합신호 데이터점 $\mathbf{x}^t = (x_1^t,\ x_2^t)^T$으로 변환되고, $\mathbf{s}^t \rightarrow \mathbf{x}^t$로 표시되는 것을 의미한다. 이 변환은 그림 3.6에 설명된 것과 같이 기하학적으로 표현될 수 있다.

3.3.2 복원신호

신호들이 어떻게 혼합신호들로 형성되기 위해 결합되는지를 알기 때문에 혼합신호로부터 어떻게 신호를 복원하거나 추출하는지를 생각해 볼 수 있다. 현재로서는 원신호들이 2개의 음성신호라 가정하고, 혼합계수$(a,\ b,\ c,\ d)$는 알고 있다고 가정한다.

첫째로, 이 문제의 정의를 좀 더 공식화 할 필요가 있다. 각 마이크폰 출력은 원신호들의 조합이다. 이 조합의 정확한 특성은 (차례로 원신호와 마이크로폰간의 거리에 의해 결정될) 혼합계수$(a,\ b,\ c,\ d)$로 결정된다.

$$x_1 = as_1 + bs_2 \tag{3.15}$$

$$x_2 = cs_1 + ds_2 \tag{3.16}$$

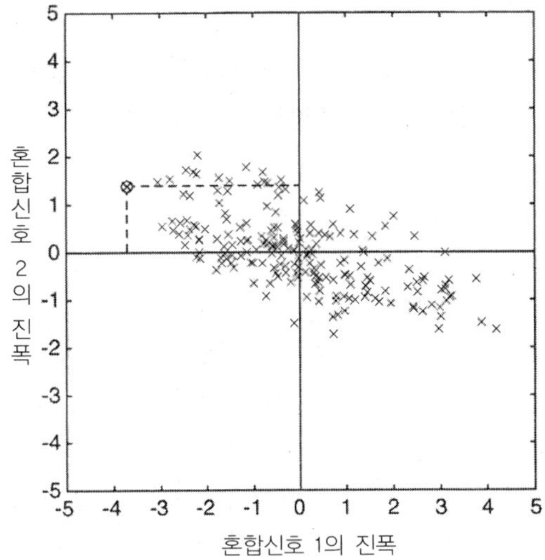

그림 3.7

혼합신호 x_1의 진폭과 혼합신호 x_2의 진폭 그래프(그림 3.7은 그림 3.6의 오른쪽과 같다). 각각의 데이터 점은 어느 시점에서 2개의 혼합신호 진폭을 나타낸다. 그림에 나타난대로 주어진 시간에서의 혼합신호 x_1의 진폭은 수평(X_1)축에 그려진 ×로부터 수직선을 그림으로써 얻어질 수 있으며, 그때의 혼합신호 x_2에 해당하는 진폭은 수직(X_2)축에 그려진 ×로부터 수평선을 그림으로써 얻어질 수 있다.

원신호로부터 혼합신호가 선형적인 방법으로 발생한다는 것은 각 원신호가 혼합신호를 재결합시킴으로써 회복될 수 있다. 이 재결합의 정확한 특성은 복원계수 (α, β, γ, δ)[1]의 집합에 의해 결정된다.

$$s_1 = \alpha x_1 + \beta x_2 \tag{3.17}$$

$$s_2 = \gamma x_1 + \delta x_2 \tag{3.18}$$

그러므로 모든 블라인드 신호원 분리방법에 의해 해결된 문제는 이러한 복원계수를 구하는 값들로 구성된다. 기하학적 용어로는 혼합신호의 집합을 원신호의 집합에 사상시키는 (mapping) 공간 변환을 찾는 것을 의미한다(그림 3.6 참조).

2개의 원신호 집합에 대한 기하학적 설명이 있는 것과 같이 2개의 혼합신호 x_1과 x_2의 집합에 대해서도 비슷하다. 그림 3.7에서 각 데이터 점은 시간 t에서 하나의 점에서 혼합신호 $\mathbf{x}^t = (x_1^t, x_2^t)^T$의 2개의 진폭을 표현한다. 그러므로 그림 3.7에 나타난대로 주어진 데이터 점에 상응하는 각 혼합신호의 진폭은 축 위에 있는 점의 직교 사영에 의해 구할 수 있다.

1 그리스 문자들은 각각 알파(α), 베타(β), 감마(γ), 델타(δ)이다.

하지만, 이미 혼합신호의 진폭을 알기 때문에 각 혼합신호의 진폭을 구하는 것은 별로 의미가 없다. 그러나 만약 원신호가 혼합신호의 그래프로부터 구해질 수 있다면 그것은 또 다른 문제가 될 것이다. 정확하게 원신호가 혼합신호로부터 어떻게 얻어질 수 있는가 하는 것이 다음 장의 핵심주제이다.

3.4 요약

이 장에서는 스칼라 변수로써 각 신호와 벡터 변수로써 신호들의 집합을 표현하기 위한 표기법을 소개했다. 혼합계수의 집합을 이용하여 원신호로부터 혼합신호를 얻는 과정을 소개했고, 상응하는 복원계수의 집합에 의한 역과정을 기술하였다.

어떻게 원신호의 집합이 각 점의 어느 시점에서 신호의 값에 해당하는 산포도(scatter diagram)로 표현될 수 있는지와 어떻게 혼합계수의 집합이 각 점의 기하학적 변환을 실현하는데 사용될 수 있는지를 보여 주었다. "혼합신호" 점들에 의한 결과 집합은 복원계수의 집합을 이용하여 "원신호" 점의 본래 집합으로 변환될 수 있는데, 여기서 복원계수의 집합은 원신호로부터 혼합신호까지 본래의 기하학적 변환 효과를 반전시킨다.

CHAPTER 4

내적을 이용한 복원

4.1 서론

이 장에서는 혼합 과정(예를 들어, 혼합계수의 집합)을 안다고 가정했을 때 어떻게 원신호가 혼합신호의 집합으로부터 추출될 수 있는지를 설명한다.

기본 개념은 다음과 같은 관측을 기반으로 한다. 그림 4.1에 나타난 것 같이 혼합신호 x_1 대 혼합신호 x_2의 그래프에서 각각의 원신호는 독특한 원신호의 방향과 깊은 관련이 있다. 기존의 직관과는 반대로, 이 관측은 한 가지 방향을 제외하고 모든 원신호 방향과 깊은 관련이 있는 원신호들이 혼합신호들의 집합에서 추출한 신호로부터 제외된다는 사실을 확인하는 데 사용될 수 있다. 예를 들어, 2개의 원신호를 고려할 때 만약 s_2의 원신호 방향이 혼합신호에서 추출한 신호로부터 제외된다면 추출된 신호는 오직 원신호 s_1만이 될 수밖에 없음을 의미한다.

일단 요구된 원신호 방향이 알려지면 추출 과정은 꽤 간단하며 직교 사영에 의해 구현될 수 있다. 여기서 어려운 일은 그런 방향을 찾는 작업이고, 이것은 다음 장에서 설명되는 것과 같이 블라인드 신호원 분리(BSS)에 의해 실행되는 작업이다.

간단하게 하기 위해 그림 4.1에 나타난 것처럼 원신호축 S_1와 S_2에 의해 정의된 공간을 S로 부르고 혼합신호축 X_1와 X_2에 의해 정의된 공간을 X라고 하자. 원신호 값 $\mathbf{s}_1^t = (s_1^t,\ s_2^t)$의 쌍은 S 안에 하나의 점으로 정의되는데 그림 4.1에 나타난 대로 하나의 신호 s_2

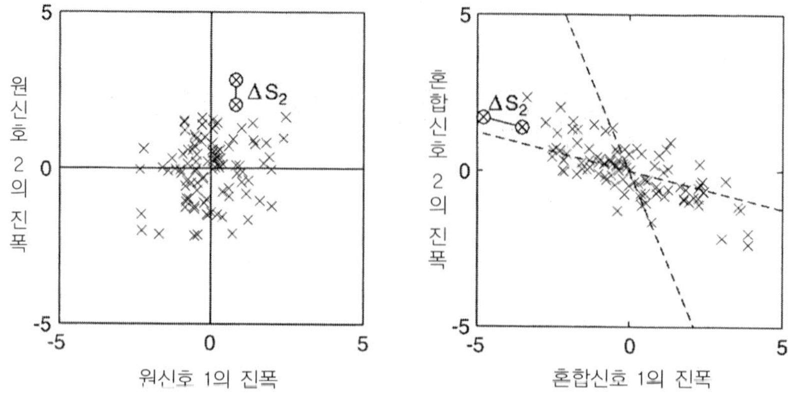

그림 4.1

왼 쪽 : 신호 s_2 값에서의 변화 Δs_2는 수직축 S_2과 평행하게 표시된 점$(s_1^t,\ s_2^t)$의 위치에서의 변화를 유도한다.

오른쪽 : 신호 s_2 값에서의 변화 Δs_2는 사영되거나 변환된 축 S_2'에 평행하게 변환된 점$(x_1,\ x_2)$의 위치에 상응하는 변화 $\Delta s_2'$를 유도한다.

S_1축과 S_2축에 의해 정의된 공간은 S(왼쪽)로써 정의되고, X_1축과 X_2축에 의해 정의된 공간은 X(오른쪽)로써 정의된다.

의 값에서 변화, 즉 Δs_2는 S의 축 S_2와 평행인 선을 따라 위치에 상응하는 변화와 관련이 된다. 이제 혼합 과정으로 인한 변환의 특정한 형태는 (선의 방향과 길이가 보통 변환하는 동안에 변한다 하더라도) S에 평행한 선을 X에 평행한 선으로 대체한다. 이 변환은 선형변환으로 알려져 있다. 그러므로 그림 4.1에 나타난 것처럼 S에서 Δs_2에 의해 정의된 선은 X에 방향선 $\Delta s_2'$로 변환된다(확실하진 않지만, 이 선의 방향은 임의적이지 않으며, 혼합계수 $(a,\ b,\ c,\ d)$에 의해 결정된다).

이제 Δs_2에 평행한 S의 또 다른 선, 즉 수직축 S_2(그림 4.2 참조)에 어떤 일들이 생기는지를 고려해보자. 이것은 다른 선처럼 단지 X에서 방향을 가지는 선 S_2'로 변환된다.

Δs_2가 S_2와 평행한다는 사실에 주목하라. S의 평행선은 X의 평행선에 상응하므로, S의 평행선 Δs_2와 S_2은 X에서 상응하는 평행선 $\Delta s_2'$와 S_2'에 사상(mapping)한다. 더욱이 s_2의 모든 변화는 S에서 S_2와 각기 다른 선과 평행한 선과 관련이 있고, 이 평행선들은 X의 각기 다른 선들과 S_2'와 평행한 선들의 집합에 사상한다.

그러므로 원신호들은 X의 변환된 축 S_1'의 방향에만 관련된 신호 변화를 선택함으로써 혼합신호의 집합으로부터 추출될 수 있다. 직관과는 반대로, 이것은 변환된 축 S_2'의 방향과 관련되지 않은 X에서의 변화를 무시함으로써 얻어진다. 즉, 이 논리는 혼합물에서 추출된

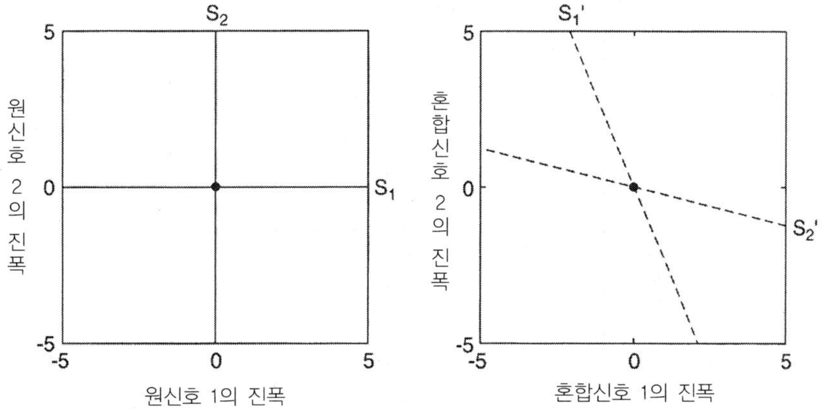

그림 4.2

왼 쪽 : 수평축 S_1과 수직축 S_2는 직교한다.

오른쪽 : 원신호 **s**를 혼합신호 **x**로 사상(mapping)하는 같은 변환이 신호 S의 S_1축과 S_2축을 X에서의 비스듬한 S_1'축과 S_2'축 쌍으로 사상한다.

신호가 s_2로부터 어떤 영향도 받지 않는다면, 신호는 s_1만이 선택될 수 있다는 것이다.[1] 이는 하나의 신호와 연관된 특정한 방향을 제외한 X의 모든 방향을 무시함으로써 다중 신호로 확장될 수 있다. 이제 더 자세하게 분석해보자.

4.2 가중치 벡터로서의 복원계수

혼합신호 **x**를 재결합하기 위해 복원계수(α, β)의 쌍을 이용하여 혼합신호 $\mathbf{x} = (x_1,\ x_2)^T$의 쌍으로부터 원신호 s_1을 추출할 수 있다.

$$s_1 = \alpha x_1 + \beta x_2 \tag{4.1}$$

그림 4.3에서 보는 것처럼 시간 t에서 혼합신호 값 각각의 쌍 $\mathbf{x}^t = (x_1^t,\ x_2^t)^T$가 X에서 좌표(x_1^t, x_2^t)를 가진 점으로 정의되는 것 같이 복원계수(α, β)의 쌍도 좌표 $\mathbf{w}_1 = (\alpha,\ \beta)^T$를 가진 점으로 정의한다. $\mathbf{w}_1$은 열벡터이며, 이 책에서는 가중치 벡터로 언급되는 것에 유의하라. 기하학적인 용어에서는 혼합신호 데이터 점 $\mathbf{x}^t$의 어떤 쌍으로부터 s_1^t를 추출하는 것을 가능하게 하는 벡터 $\mathbf{w}_1$에 대해 무엇이 특별할까?

1 추출된 신호는 후에 4.5.1절에 나타나 있는 것처럼, 실제로 s_1에 비례한다.

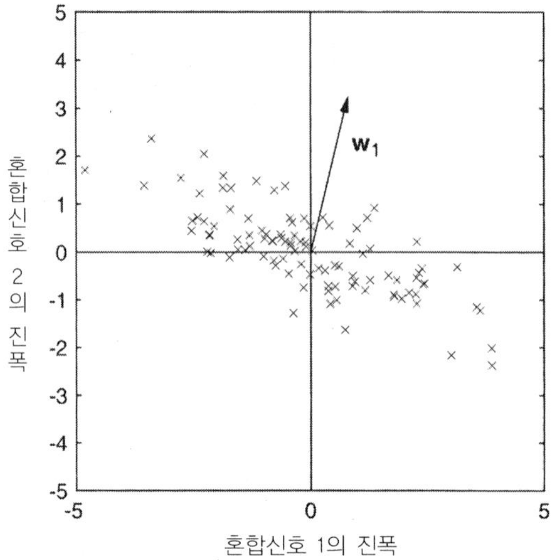

그림 4.3

혼합신호 값 x_1 대 혼합신호 값 x_2 그래프에서 복원계수(α, β)의 쌍은 좌표 $\mathbf{w}_1 = (\alpha, \beta)^T$인 점을 정의한다. 여기서 $\mathbf{w}_1$는 실선으로 그려진 가중치 벡터이다. 복원계수로 정의된 가중치 벡터는 혼합신호 $\mathbf{x} = (x_1, x_2)^T$로부터 원신호 $s_1 = \alpha x_1 + \beta x_2$을 추출한다(이 그림에는 나타나 있지 않지만). 다른 가중치 벡터 $\mathbf{w}_2 = (\gamma, \delta)^T$은 원신호 s_2를 추출한다.

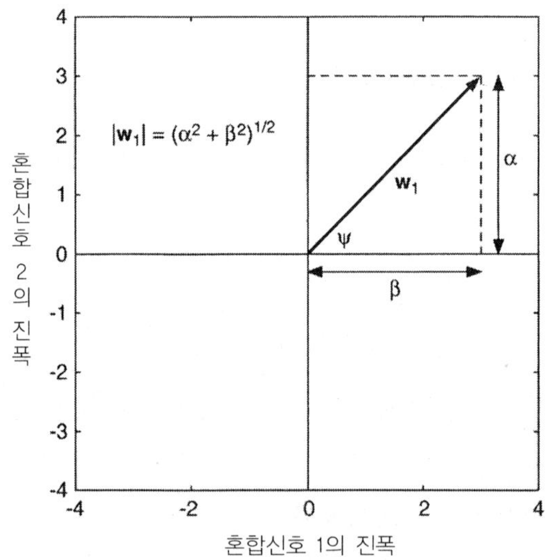

그림 4.4

가중치 벡터 $\mathbf{w}_1 = (\alpha, \beta)^T$는 좌표 (α, β)점으로 정의된다. 벡터 $\mathbf{w}_1$의 길이 $|\mathbf{w}_1|$는 원점에서 좌표 (α, β)까지의 거리이다. 이 거리는 α와 β와 함께 삼각형의 빗변길이에 의해 결정된다. 그러므로 벡터 $\mathbf{w}_1$의 길이는 $|\mathbf{w}_1| = (\alpha^2 + \beta^2)^{1/2}$이 된다.

물론, 어떤 벡터든 오직 두 가지의 형태로만 변할 수 있다. 즉, 그 길이를 바꿀 수 있고, 방향을 바꿀 수 있다. 그림 4.4에서와 같이 $\mathbf{w}_1$의 길이 $|\mathbf{w}_1|$는 원점에서 좌표$(\alpha,\ \beta)$까지의 거리이고, $\mathbf{w}_1$의 방향은 수평축 X_1과 $\mathbf{w}_1$사이의 각도 ψ이다.

4.2.1 가중치 벡터의 방향에 의존하는 추출된 신호

인자 λ[2]에 의해 $\mathbf{w}_1$의 길이가 변하는 것은 다음과 같이 추출된 신호를 더 크거나 작게(예를 들어, 소리가 더 시끄럽거나 더 조용하게) 만들어서 확인할 수 있다. 그림 4.4에 나타낸 것처럼 삼각형의 한 면으로 벡터 $\mathbf{w}_1 = (\alpha,\ \beta)^{\mathrm{T}}$ 각각의 성분을 고려한다면, 그 벡터의 길이 $|\mathbf{w}_1|$는 삼각형 빗변의 길이이다.

$$|\mathbf{w}_1| = \sqrt{\alpha^2 + \beta^2} \tag{4.2}$$

그러므로 인자 λ에 의해 $\mathbf{w}_1$의 길이를 바꾸는 것은 인자 λ에 의해 $\mathbf{w}_1$의 각 성분을 단순하게 바꿔줌으로써 간단하게 얻어진다.

$$\lambda\,|\mathbf{w}_1| = \lambda\,\sqrt{\alpha^2 + \beta^2} \tag{4.3}$$

$$= \sqrt{(\lambda\,\alpha)^2 + (\lambda\,\beta)^2} \tag{4.4}$$

$\mathbf{w}_1 = (\alpha,\ \beta)^T$가 주어진 경우 이는 $\lambda\mathbf{w}_1 = ((\lambda\alpha),\ (\lambda\beta))^T$이 된다. 시간 t에서 스케일된(scaled) 벡터 $\lambda\mathbf{w}_1$에 의해 추출된 신호는 원신호 s_1^t의 스케일된 신호이다.

$$(\lambda\,\mathbf{w}_1^T)\mathbf{x}^t = (\lambda\,\alpha)x_1^t + (\lambda\,\beta)x_2^t \tag{4.5}$$

$$= \lambda(\alpha\,x_1^t + \beta\,x_2^t) \tag{4.6}$$

$$= \lambda s_1^t \tag{4.7}$$

그러므로 $\mathbf{w}_1$의 길이는 추출된 신호의 진폭에 영향을 미치지만, 그 신호의 성질에 영향을 미치지는 않는다. 따라서 추출된 신호는 $\mathbf{w}_1$의 길이에 따라 s_1의 소리가 더 크거나 작게 된다.

셜록 홈즈에 의해 언급된 바와 같이 **불가능을 제외한 나머지가 무엇이건 간에 설령 일어날 수 없는 일이라 하더라도 그것이 곧 진실이다.**[3] 따라서 $\mathbf{w}_1$의 길이가 혼합신호 $\mathbf{x}$로부터 $\mathbf{w}_1$에 의해 추출되는 신호의 종류를 결정하지 않는다면 이것은 반드시 $\mathbf{w}_1$의 방향이어야 한다.

이젠 좀 더 구체적인 질문을 물어볼 수 있다. 기하학적인 관점에서 혼합신호 값 $\mathbf{x}^t =$

2 이는 그리스 문자 람다(lambda)이다.

3 출처: A.C. Doyle의 셜로 홈즈 단편집중 "에메랄드 왕관"에서(1892)

$(x_1^t,\ x_2^t)^T$의 쌍으로부터 원신호 값 s_1^t을 추출하기 위해 허용한 가중치 벡터 $\mathbf{w}_1$의 방향에 대해 어떤 점이 특별할까?

앞으로 몇 페이지에 걸쳐 이 질문에 대해 자세하게 언급하겠지만 간단하게 답변한다면 S에서의 축 S_1과 S_2, X에서의 비스듬한 축 S_1'와 S_2'의 쌍으로 변환된다는 것(그림 4.2 참조)이고, 그림 4.9에 나타난 대로, $\mathbf{w}_1$이 S_2'에 수직이어야만 $\mathbf{w}_1$이 s_1을 추출할 것이다. 모든 다른 각도에서는 s_1과 s_2의 혼합신호 y는 $\mathbf{w}_1$의 방향에 의한 y에서 s_1과 s_2의 상대 비율로 추출된다.

이 내용의 사실 여부를 토의하기 위해 추가적인 몇 개의 벡터-행렬 연산을 정의할 필요가 있다.

4.3 내적

주어진 시간 t에서 원신호 값 s_1^t을 만들기 위해 혼합신호 $\mathbf{x}^t = (x_1^t, x_2^t)^T$가 어떻게 재결합되는 지를 고려해 보자.

$$s_1^t = \alpha x_1^t + \beta x_2^t \tag{4.8}$$

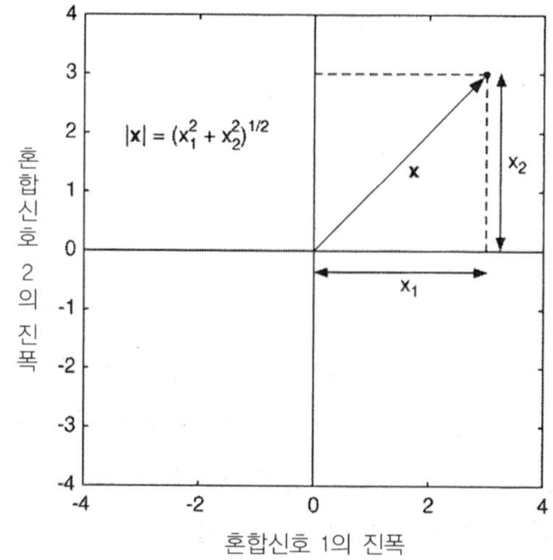

그림 4.5

단일 데이터 점 $\mathbf{x} = (x_1^t,\ x_2^t)^T$은 좌표 $(x_1^t,\ x_2^t)$의 벡터($\mathbf{x}$가 단일 데이터 점을 나타내기 때문에 시간 인덱스는 그래프 상에서 생략)이다. 벡터 $\mathbf{x}^t$의 길이는 간단히 원점부터 $(x_1^t,\ x_2^t)$까지의 거리이다. 이 거리는 x_1^t와 x_2^t와 함께 삼각형 빗변의 길이에 의해 주어진다. 그러므로 벡터 $\mathbf{x}^t$는 길이 $|\mathbf{x}_1| = (x_1^2 + x_2^2)^{1/2}$를 가진다(여기서 위첨자 t는 이 등식의 우변에서 생략된다).

그림 4.5에 나타난 것처럼 시간 t에서의 특별한 혼합신호 $\mathbf{x}^t = (x_1^t, x_2^t)^T$는 x_1 대 x_2의 그래프를 나타낼 수 있는 벡터를 정의한다. 유사하게 복원계수 (α, β)의 쌍은 또한 x_1 대 x_2(그림 4.6과 그림 4.7 참조) 그래프의 점으로서 표시될 수 있는 벡터를 규정한다. 사실, 식 (4.8)은 이러한 두 벡터의 내적을 기술하는 방법이다.

복원계수 α와 β의 쌍(pair)은 가중치 벡터를 정의하는데 이것은 보통 열벡터로 표시된다.

$$\mathbf{w}_1 = \begin{pmatrix} \alpha \\ \beta \end{pmatrix} \tag{4.9}$$

$(\alpha,\ \beta)$가 가중치 벡터 행렬의 하나의 행을 형성할 것이기 때문에 행벡터로서 $\mathbf{w}_1$을 다시 쓸 수가 있다. 이는 앞 장에서 소개된 치환 연산자 T를 이용하여 가능하다(부록 A 참조).

$$\mathbf{w}_1^T = \begin{pmatrix} \alpha \\ \beta \end{pmatrix}^T \tag{4.10}$$

$$= (\alpha,\ \beta) \tag{4.11}$$

이제 식 (4.8)을 다음과 같이 다시 쓸 수 있다.

$$s_1^t = \mathbf{w}_1^T \mathbf{x}^t \tag{4.12}$$

치환 연산자 T는 시간 인덱스를 표시한 위첨자 t와 혼동되어서는 안 된다.

두 벡터의 곱셈(multiplication) 또는 곱(product)은 **스칼라 곱**, **도트(dot) 곱** 또는 **내적**(inner product)으로 행해진다. 내적은 첫 번째 항 $(\mathbf{w}_1^T)$에 열들이 있는 것과 같이 두 번째 항 $(\mathbf{x}^t)$의 행들도 있어야 한다. 이는 내적이 열벡터 $\mathbf{x}^t$에 대응하는 성분에 대해 행벡터 $\mathbf{w}_1$의 각각 성분을 곱하고, 이 곱들을 더함으로써 얻어지기 때문이다. 즉, 곱이 가능하도록 행과 열이 존재해야 한다.

$$s_1^t = \mathbf{w}_1^T \mathbf{x}^t \tag{4.13}$$

$$= (\alpha,\ \beta)\begin{pmatrix} x_1^t \\ x_2^t \end{pmatrix} \tag{4.14}$$

$$= \alpha x_1^t + b x_2^t \tag{4.15}$$

내적의 결과는 스칼라이며 이 경우에는 s^t이다. 모든 N 시간 단계에서 s^t를 고려한다면, 다음과 같다.

$$(s_1^1,\ s_1^2,\ \cdots,\ s_1^N) = (\alpha,\ \beta)\begin{pmatrix} x_1^1, & x_2^{,}, & \cdots, & x_1^N \\ x_2^1, & x_2^2, & \cdots, & x_2^N \end{pmatrix} \tag{4.16}$$

$$= \alpha x_1 + \beta x_2 \tag{4.17}$$

$$= \mathbf{w}_1^T \mathbf{x} \tag{4.18}$$

여기서 각각의 단일-성분 열 s_1^t는 행벡터 $\mathbf{w}_1^T$와 $\mathbf{x}$에 대응하는 열의 내적에 의해 주어진다. 식 (4.18)의 좌변은 원신호 s_1이며 다음 식으로 표현된다.

$$s_1 = \mathbf{w}_1^T \mathbf{x} \tag{4.19}$$

또 내적은 $\mathbf{x}^t$와 $\mathbf{w}_1$의 길이와 그것 사이의 각도 θ에 의해서 정의될 수 있다.

$$s_1^t = |\mathbf{x}^t||\mathbf{w}_1|\cos\theta \tag{4.20}$$

이것으로부터 내적에 관한 핵심은 대수학적으로 추론될 수 있다. $\theta = 90°$이면, $\cos\theta = 0$이다. 따라서 $\mathbf{x}$와 $\mathbf{w}_1^T$이 서로 직교하면, 그들의 내적은 0이다. 다음 절에서 논의될 것처럼 이는 또한 그림 4.6으로부터 기하학적으로 추론될 수도 있다.

이것은 내적을 설명하는 반면에 기하학을 통해 $\mathbf{w}_1$ 위에 $\mathbf{x}^t$의 직교 사영의 길이를 제공할

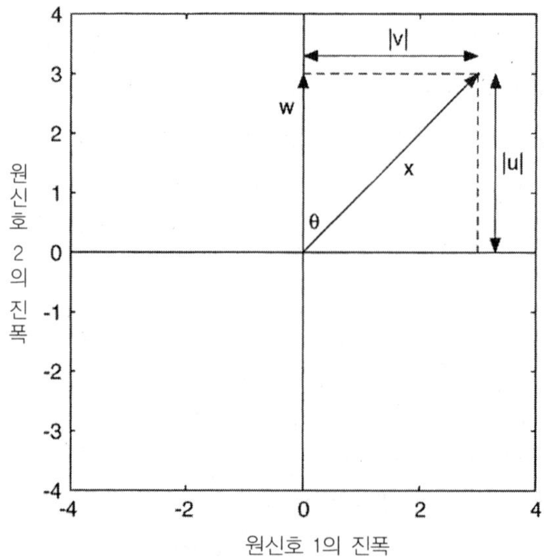

그림 4.6

데이터 점 $\mathbf{x}^t$에 의해 정의된 벡터와 벡터 $\mathbf{w}_1$의 내적은 $\mathbf{x}^t$를 2개의 직교 벡터로 분해한다(그림에서는 위첨자와 아래첨자가 생략된다). $\mathbf{w}_1$이 단위 길이를 가지고 있다면, 내적 $\mathbf{w}_1^T\mathbf{x}^t$의 값은 $\mathbf{w}_1$과 평행한 벡터의 길이 $|\mathbf{u}|$와 동일하다. $\mathbf{x}^t$가 시간 t에서 한 쌍의 혼합신호이면 내적 $\mathbf{w}^T\mathbf{x}^t$는 $\mathbf{x}^t$를 벡터 $\mathbf{u}$와 $\mathbf{v}$로 분해하며 그 결과 $|\mathbf{u}|$가 시간 t에서 원신호 s_1의 값에 비례한다는 사실에 유의하라.

수 있다는 것을 증명할 것이다.

4.3.1 내적의 기하학적 구조

데이터 점 $\mathbf{x}^t$에 의해 정의된 벡터와 단위 길이(즉, 길이가 1인) 벡터[4] $\mathbf{w}_1$의 내적을 고려해 보자. 내적 $\mathbf{w}^T\mathbf{x}^t$의 개념은 내적이 $\mathbf{x}^t$를 2개의 직교 벡터 $\mathbf{u}$와 $\mathbf{v}$로 분리하거나 또는 분해한다는 내용이다(설명의 명료성을 위해 $\mathbf{u}$와 $\mathbf{v}$의 위첨자 t는 생략한다). 그림 4.6에서와 같이 2개의 직교 성분 벡터는 $\mathbf{w}_1$과 관계가 있으므로 $\mathbf{w}_1$은 $\mathbf{u}$와 평행하고, $\mathbf{v}$와 직교한다. $\mathbf{w}_1$의 길이가 1이면, 내적은 $\mathbf{w}_1$과 평행한 성분 $\mathbf{u}$의 길이가 된다. 그림 4.6에서 벡터 $\mathbf{w}_1$은 수직축과 서로 선형이므로 $\mathbf{u}$와 $\mathbf{v}$가 수직축과 수평축에 각각 서로 선형이 된다. 그러나 그림 4.7에 나타난 것처럼 $\mathbf{x}^t$의 직교 분해는 $\mathbf{w}_1$의 방향에 관계없이 일어난다. 그러므로 $\mathbf{w}_1$은 사영된 축 S_2'에 직교하므로 이 사실은 원신호 s_1을 추출할 때 중요하게 증명할 것이다.

단위길이 벡터 $\mathbf{w}_1$의 경우 두 가지 중요한 점이 존재한다. 첫째로, 내적은 $|\mathbf{u}|$로 표시하는

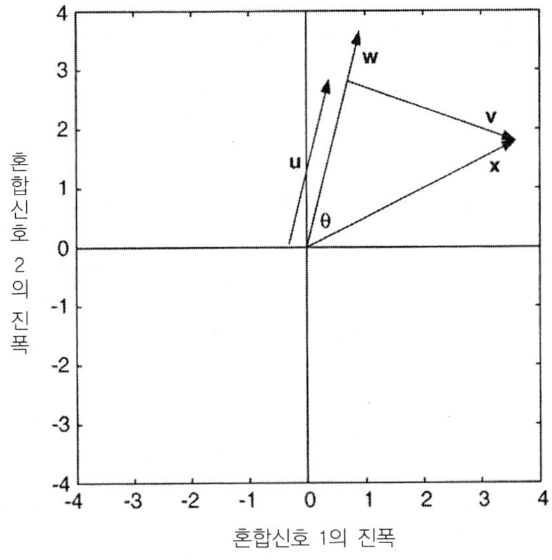

그림 4.7
데이터 점 $\mathbf{x}^t$에 의해 정의된 벡터와 벡터 $\mathbf{w}_1$의 내적은 $\mathbf{x}^t$를 2개의 직교 벡터 $\mathbf{u}$와 $\mathbf{v}$로 분해하는데 여기서 $\mathbf{u}$는 $\mathbf{w}_1$에 대해 선형이고 $\mathbf{v}$는 $\mathbf{w}_1$에 직교하고 $\mathbf{u}$에도 직교한다(그림에서는 위첨자와 아래첨자가 생략된다). $\mathbf{w}_1$의 길이가 1이라면, 내적 $\mathbf{w}_1^T\mathbf{x}^t$의 값은 $\mathbf{w}_1$에 평행한 성분 $\mathbf{u}$의 길이 $|\mathbf{u}|$와 동일하다. 그러므로 내적은 효과적으로 $\mathbf{w}_1$ 위에 $\mathbf{x}^t$의 직교 사영의 길이 $|\mathbf{u}|$를 제공한다. $\mathbf{w}_1$과 직교한 벡터 $\mathbf{v}$가 내적 $\mathbf{w}_1^T\mathbf{x}^t$에 영향을 미치지 않는다는 사실에 유의하라.

4 벡터 $\mathbf{w}_1$은 자신의 길이로 $\mathbf{w}_1$을 나눔으로써 항상 단위길이를 가지도록 만들어진다. 즉, $\mathbf{w}_1 = \mathbf{w}_1/|\mathbf{w}_1|$.

벡터 $\mathbf{u}$의 길이와 동일하다. 또한 벡터 $\mathbf{u}$는 $\mathbf{w}_1$ 위에 $\mathbf{x}^t$의 직교 사영이다. 그러므로 **내적은 직교 사영을 구현하고,** $\mathbf{w}_1$ 위에 $\mathbf{x}^t$의 직교 사영 $\mathbf{u}$의 길이 $|\mathbf{u}|$를 제공한다. 둘째로, **어떤 두 벡터가 직교라면, 그 내적은 0이다**(기본적으로 $\mathbf{w}_1$ 위에 $\mathbf{x}^t$의 직교 사영($\mathbf{u}$)의 길이 $|\mathbf{u}|$가 0이기 때문이다). 그러므로 $\mathbf{w}_1$와 $\mathbf{x}^t$가 직교라면, 이들의 내적은 식 (4.20)에 나타난 것처럼 0이다.

4.4 기하학적 변환으로서의 행렬

4.4.1 신호의 기하학적 변환

지금까지 원신호들과 이들의 혼합신호들에 대하여 명백한 두 가지 사실을 알았다. (1) 각각 혼합신호는 원신호들을 결합함으로써 얻어지며, 여기서 이 결합의 정확한 특성은 혼합계수의 집합(a, b, c, d)에 의해 결정된다.

$$x_1 = as_1 + bs_2 \tag{4.21}$$
$$x_2 = cs_1 + ds_2$$

그리고 (2) 각각 원신호 s_j는 혼합신호를 재결합시킴으로써 얻을 수 있으며, 여기서 재결합의 정확한 특성은 복원계수의 집합(α, β, γ, δ)에 의해 결정된다.

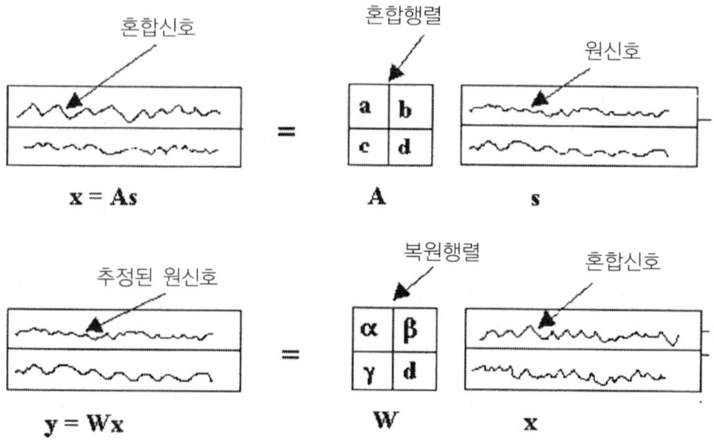

그림 4.8

혼합신호(상단)와 복원신호(하단)의 벡터–행렬 표현의 개략도.

상단 : 2개의 원신호 $\mathbf{s} = (s_1, s_2)^T$는 2개의 혼합신호 $\mathbf{x} = (x_1, x_2)^T$ 을 형성하기 위해 미지의 2×2 혼합행렬 $\mathbf{A}$에 의해 변환된다.

하단 : 2개의 혼합신호 $\mathbf{x} = (x_1, x_2)^T$는 2개의 추정된 원신호 $\mathbf{y} = (y_1, y_2)^T$을 형성하기 위해 미지의 2×2 복원행렬 $\mathbf{W}$에 의해 변환된다.

$$s_1 = \alpha x_1 + \beta x_2 \tag{4.22}$$
$$s_2 = \gamma x_1 + \delta x_2$$

의심이 갈 수도 있겠지만, 이러한 사실들은 그림 4.8에 설명된 것과 같이 실제로 관계가 없지 않다. 그것들이 어떻게 관련되어 있는지를 정확하게 설명하기 위하여 결합 신호를 위한 벡터-행렬 표기법을 만드는 것이 필요하다.

4.4.2 복원행렬

주어진 단일 데이터 점 $\mathbf{x}_1^t$에 대해 $s_1^t = \mathbf{w}_1^T \mathbf{x}^t$를 가진다. 식 (4.18)에서 나타난 것처럼 모든 N개의 데이터 점들 $\mathbf{x} = (x_1, x_2)$를 고려한다면 다음 식으로 표현된다.

$$(s_1^1,\ s_1^2,\ \cdots,\ s_1^N) = (\alpha,\ \beta)\begin{pmatrix} x_1^1, & x_1^2, & \cdots, & x_1^N \\ x_2^1, & x_2^2, & \cdots, & x_2^N \end{pmatrix} \tag{4.23}$$
$$= (\alpha,\ \beta)(x_1,\ x_2)^T \tag{4.24}$$
$$= \mathbf{w}_1^T \mathbf{x} \tag{4.25}$$

여기에서, 각각의 단일-성분 열 s_1^t은 행벡터 $\mathbf{w}_1^T$와 $\mathbf{x}$에 대응하는 열과의 내적으로 주어지며 이는 간결하게 다음 식으로 나타낼 수 있다.

$$s_1 = \mathbf{w}_1^T \mathbf{x} \tag{4.26}$$

벡터 $\mathbf{w}_1$이 본질적으로 s_1을 혼합신호 $\mathbf{x}$로부터 추출한다는 것을 상기하라. 유사하게 벡터 $\mathbf{w}_2 = (\gamma, \delta)^T$는 혼합신호 $\mathbf{x}$로부터 s_2를 추출한다.

$$(s_2^1,\ s_2^2,\ \cdots,\ s_2^N) = (\gamma,\ \delta)\begin{pmatrix} x_1^1, & x_1^2, & \cdots, & x_1^N \\ x_2^1, & x_2^2, & \cdots, & x_2^N \end{pmatrix} \tag{4.27}$$
$$= (\gamma,\ \delta)(x_1,\ x_2)^T \tag{4.28}$$
$$= \mathbf{w}_2^T \mathbf{x} \tag{4.29}$$

다시 간결하게 쓰면,

$$s_2 = \mathbf{w}_2^T \mathbf{x} \tag{4.30}$$

마지막으로, 행 $\mathbf{w}_1^T$와 $\mathbf{w}_2^T$를 가지는 복원행렬 $\mathrm{W} = (\mathbf{w}_1, \mathbf{w}_2)^T$에 관한 $\mathbf{x}$로부터 $\mathbf{s}$로의 사상(mapping)을 정의할 수 있다.

$$\begin{pmatrix} s_1^1, \ s_1^2, \ \cdots, \ s_1^N \\ s_2^1, \ s_2^2, \ \cdots, \ s_2^N \end{pmatrix} = \begin{pmatrix} \alpha & \beta \\ \gamma & \delta \end{pmatrix} \begin{pmatrix} x_1^1, \ x_1^2, \ \cdots, \ x_1^N \\ x_2^1, \ x_2^2, \ \cdots, \ x_2^N \end{pmatrix}$$

$$= (\mathbf{w}_1, \ \mathbf{w}_2)^T (x_1, \ x_2) \tag{4.31}$$

$$= \mathbf{Wx} \tag{4.32}$$

좌변의 첫 번째 항은 원신호 $\mathbf{s} = (s_1, \ s_2)^T$의 쌍이므로 이것은 다시 다음 식으로 쓸 수 있다.

$$\mathbf{s} = \mathbf{Wx} \tag{4.33}$$

$s_1^t = \alpha x_1^t + \beta x_2^t$의 경우, 식 (4.32)를 읽기 위한 정확한 방법은 다음과 같다.

s_1의 각 열은 $\mathbf{W}$의 첫 번째 행벡터 $\mathbf{w}_1^T$와 $\mathbf{x}$에 대응하는 열과의 내적을 구함으로써 얻어지는 스칼라 값이다. 유사하게 s_2의 각 열 역시 $\mathbf{W}$의 두 번째 행벡터 $\mathbf{w}_2^T$와 $\mathbf{x}$에 대응하는 열과의 내적을 구함으로써 얻어진다. 좀 더 일반적으로 확장하면 $\mathbf{s}$의 j번째 행 s_j는 $\mathbf{W}$의 j번째 행과 $\mathbf{x}$의 각 열과의 내적을 구함으로써 얻어진다.

원신호가 가중치 벡터와 혼합신호와의 내적을 구함으로써 추출될 수 있는 이유는 다음 절에 기술될 예정이며 거기서는 신호들이 어떻게 벡터-행렬 표기법을 이용하여 혼합신호들로 사상되는지를 설명할 것이다.

마지막으로, 각각의 열이 원신호인 $\mathbf{s}$의 전치행렬(transpose matrix)은 $\mathbf{x}$와 $\mathbf{W}$의 순서를 교환해서 써야 하며, 전치된 식은 다음과 같다.

$$\mathbf{s}^T = \mathbf{x}^T \mathbf{W}^T \tag{4.34}$$

이 책에서는 대부분의 다른 책에서와 마찬가지로, 각 신호는 행벡터로 정의된다. 이 부분은 임의로 결정하는 사항이며, 각 신호를 열벡터로서 정의할 수도 있다.

표기법 : $\mathbf{x}$ 또는 행렬 $\mathbf{W}$와 같은 데이터 배열의 크기는 $M \times N$으로 표현하는 것은 일반적인 관례에 의한 것이며, 여기서 첫 번째 숫자 M은 행의 수이고 N은 열의 수이다.

4.4.3 혼합행렬

$\mathbf{x}$에서부터 s까지의 변환이 벡터-행렬 표기법을 이용하여 간결하게 쓰여질 수 있는 것과 마찬가지로 s에서부터 $\mathbf{x}$까지의 변환 역시 각 혼합신호가 어떻게 얻어지는지를 고려함으로써 벡터-행렬 형태로 작성될 수 있다. 혼합신호 x_1은 원신호들의 결합이고, 혼합계수는 벡터 $\mathbf{v}_1 = (a, \ b)^T$로 정의된다.

$$x_1 = as_1 + bs_2 \tag{4.35}$$

$$= (a,\ b)(s_1,\ s_2)^T \tag{4.36}$$

$$= \mathbf{v}_1^T\mathbf{s} \tag{4.37}$$

유사하게 혼합신호 x_2는 혼합계수 $(c,\ d)$에 의해 정의되며, 여기서 벡터 $\mathbf{v}_2 = (c,\ d)^T$로 정의된다.

$$x_2 = cs_1 + ds_2 \tag{4.38}$$

$$= (c,\ d)(s_1,\ s_2)^T \tag{4.39}$$

$$= \mathbf{v}_2^T\mathbf{s} \tag{4.40}$$

2개의 행벡터 $\mathbf{v}_1^T = (a,\ b)$와 $\mathbf{v}_2^T = (c,\ d)$는 단일 혼합행렬 $\mathbf{A} = (\mathbf{v}_1,\ \mathbf{v}_2)^T$로 결합될 수 있으며 그 결과 다음 식으로 표현된다.

$$\begin{pmatrix} x_1^1, & x_1^2, & \cdots, & x_1^N \\ x_2^1, & x_2^2, & \cdots, & x_2^N \end{pmatrix} = \begin{pmatrix} a & b \\ c & d \end{pmatrix} \begin{pmatrix} s_1^1, & s_1^2, & \cdots, & s_1^N \\ s_2^1, & s_2^2, & \cdots, & s_2^N \end{pmatrix}$$

$$= (\mathbf{v}_1,\ \mathbf{v}_2)^T(s_1,\ s_2) \tag{4.41}$$

$$= \mathbf{A}\mathbf{s} \tag{4.42}$$

위의 마지막 식을 다시 쓰면,

$$\mathbf{x} = \mathbf{A}\mathbf{s} \tag{4.43}$$

요약하면 그림 4.1과 4.8에 나타난 것처럼 혼합행렬 **A**는 점 **s**를 점 **x**에 사상하고, 복원행렬 **W**는 반대로 **x**를 **s**에 사상한다. 이러한 사상들은 행렬 **A**와 **W**에 의해 정의된다.

$$\mathbf{x} = \mathbf{A}\mathbf{s} \tag{4.44}$$

$$\mathbf{s} = \mathbf{W}\mathbf{x} \tag{4.45}$$

W가 **A**의 효과에 역으로 작용하고, 실제로 **W**는 **A**를 알고 있다면, 역행렬 $\mathbf{A}^{-1}$로부터 추정될 수 있다(역행렬은 $x^{-1} = 1/x$와 같이 스칼라 변수일 때는 쉽게 구할 수 있다). 그러나 **A**를 모르면서 궁극적으로 **W**를 구하는 일에 모든 관심이 집중된다면, **A**의 역수로부터 **W**를 추정할 수가 없고, 어떻게 역행렬을 추정해야 되는지를 설명할 수 없다. 여기서 이 문제의 핵심은 다른 것의 효과가 각각 반전이 되므로, **A**와 **W**는 상호보완적이라는 점이다.

지금부터는 단일 축 S_2가 x_1 대 x_2의 그래프에서 선 S_2'에 어떻게 사상되는지를 고려함으로써 **W**를 안 경우 어떻게 복원이 일어나는지를 설명할 것이다.

4.5 원신호 축을 변환시키는 혼합행렬

축 S_1과 S_2에 의해 정의된 공간이 S이고, 축 X_1과 X_2에 의해 정의된 공간이 X라는 것을 상기해보자. S의 축 S_2에 좌표 (0, 1)의 벡터가 있으며 이 벡터 (0, 1)과 축 S_2와 연관된 심벌 S_2를 사용할 것이다. 혼합행렬 $\mathbf{A}$는 벡터 S_2를 데이터 점인 것처럼 변환하기 위해 사용된다.

$$S_2' = \mathbf{A}\, S_2 \tag{4.46}$$

$$= \begin{pmatrix} a & b \\ c & d \end{pmatrix}\begin{pmatrix} 0 \\ 1 \end{pmatrix} \tag{4.47}$$

$$= \begin{pmatrix} 0a + 1b \\ 0c + 1d \end{pmatrix} \tag{4.48}$$

$$= \begin{pmatrix} b \\ d \end{pmatrix} \tag{4.49}$$

그러므로 S의 축 S_2는 X에서 벡터 $S_2' = (b,\ d)^T$에 선형인 선에 사상한다. 여기에서는 선과 벡터 둘 다 연관된 심벌 S_2'를 사용할 것이다. 유사하게 S의 축 S_1은 그림 4.2에 나타난 것과 같이 X의 벡터 $S_1' = (a,\ c)^T$에 사상한다. 그러므로 변환된 축 S_1'과 S_2'를 이용하여 행렬 $\mathbf{A}$를 다시 쓸 수 있다.

$$\mathbf{A} = \begin{pmatrix} a & b \\ c & d \end{pmatrix} \tag{4.50}$$

$$= (S_1',\ S_2') \tag{4.51}$$

결정적으로 원신호 s_1값의 변화는 S 안의 S_1과 평행선을 따라 데이터 점들의 이동을 유도하고, 이와 같은 변화 또한 X의 변환된 축 S_1'과 평행한 선을 따라 데이터 점의 이동을 유도한다.

4.5.1 2개의 혼합신호들로부터 추출하는 원신호

지금까지 혼합행렬 $\mathbf{A}$가 어떻게 점 $\mathbf{s}$를 점 $\mathbf{x}$에 사상하고 복원행렬 $\mathbf{W}$가 어떻게 $\mathbf{x}$를 $\mathbf{s}$로 사상하는지를 알아보았다. 또한 이 복원이 어떻게 발생하는지를 설명하기 위해서 단일 원신호 s_1이 어떻게 복원 벡터 $\mathbf{w}_1$에 의해 추출되는지를 고려한다.

$$s_1 = \mathbf{w}_1^T \mathbf{x} \tag{4.52}$$

$\mathbf{x} = \mathbf{A}\mathbf{s}$를 식 (4.52)에 대입하면 다음과 같다.

$$s_1 = \mathbf{w}_1^T (\mathbf{A}\mathbf{s}) \tag{4.53}$$

이 식은 행벡터 $\mathbf{w}_1^T$와 $\mathbf{A}$의 각 열의 내적의 결과로도 볼 수 있다.

$$s_1 = \mathbf{w}_1^T \mathbf{A}\mathbf{s} \tag{4.54}$$

$$= \mathbf{w}_1^T (S_1', \ S_2')(s_1, \ s_2) \tag{4.55}$$

2개의 직교벡터의 내적이 0이라는 것을 상기해보자. 이제 $\mathbf{w}_1^T = (\alpha, \ \beta)$가 변환된 축 $S_2' = (b, \ d)^T$에 직교라면, 정의에 의해 다음과 같이 된다.

$$\mathbf{w}_1^T S_2' = 0 \tag{4.56}$$

그림 4.9에 나타난 것과는 대조적으로, 벡터 S_1'과 $\mathbf{w}_1$은 내적 $\mathbf{w}_1^T S_1' = (\alpha, \ \beta)(a, \ c)^T$가 0이 아닌 상수 k이기 때문에 직교가 아니다.

$$\mathbf{w}_1^T S_1' = k \tag{4.57}$$

$$= |S_1'||\mathbf{w}_1| \cos\theta \tag{4.58}$$

여기서 θ는 S_1'와 $\mathbf{w}_1$사이의 각도이다(식 (4.20) 참조). k의 값은 $\mathbf{x}^t$가 식 (4.57)에 표현되어

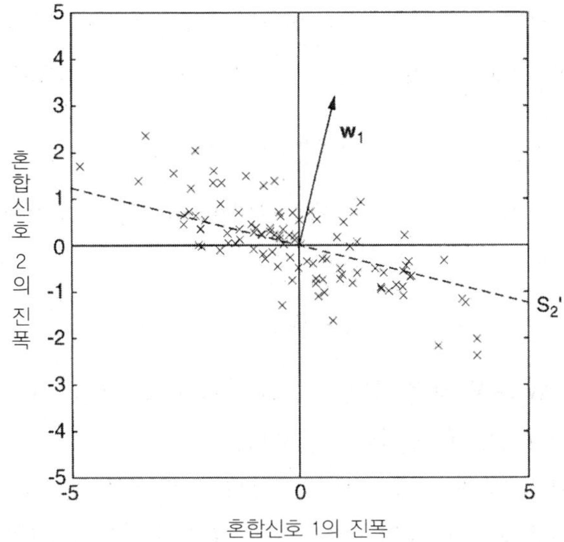

그림 4.9
S의 (벡터 $(0, \ 1)^T$와 선형인) 수직축 S_2는 혼합행렬 $\mathbf{A}$에 의해 X 안의 선 $S_2' = (b, \ d)^T$로 사상된다. 가중치 벡터 $\mathbf{w}_1^T = (\alpha, \ \beta)$는 $\mathbf{w}_1$이 변환된 축 S_2'에 직교할 경우에만 혼합신호 $\mathbf{x} = (x_1, \ x_2)^T$에서 원신호 $s_1 = \mathbf{w}_1^T \mathbf{x}$를 추출한다. 어떤 방향에서든지 $\mathbf{w}_1$은 간단하게 원신호 s_1과 s_2의 혼합신호를 추출한다.

있지 않기 때문에 데이터 점 $\mathbf{x}^t$가 고려되는 것에 영향을 주지 않는다는 사실에 유의하라. 식 (4.55)에 식 (4.56)과 식 (4.57)을 대입하면,

$$s_1 = (k,\ 0)(s_1,\ s_2)^T \tag{4.59}$$

$$= ks_1 + 0s_2 \tag{4.60}$$

$$= ks_1 \tag{4.61}$$

그러므로 원신호 s_1에 상수가 곱해진 ks_1은 X의 변환된 축 S_2'과 직교하는 벡터 $\mathbf{w}_1^T$와 각각 혼합신호의 데이터 점 $\mathbf{x}^t$와의 내적을 취함으로써 혼합신호 $\mathbf{x}$로부터 추출된다.

s_1이 미지의 상수 인자 k에 의해 곱해진다는 사실은 원신호의 정보에 영향을 주지 않는다. 이것은 혼합신호로부터 원신호를 추출할 수는 있지만, 각각 원신호의 진폭으로 회복하기가 어렵다는 사실을 의미한다. 사실상 원신호 s_1이 주어지면 ICA에 의해 추출된 신호는 실제로 ks_1이며, 여기서 $k = |S_1'||\mathrm{w}_1|\cos\theta$이다. 문제를 단순하게 하기 위해, 여기서 $k=1$로 가정한다.

$$s_1 = \mathbf{w}_1^T\mathbf{x} \tag{4.62}$$

$\mathbf{w}_1$의 길이가 s_1의 형태에는 영향을 미치지 않으며 오로지 진폭에만 영향을 미친다는 사실을 상기하라. 유사하게 원신호 s_2는 X의 변환된 축 S_1'과 직교인 벡터 $\mathbf{w}_2$와 각각의 혼합신호 데이터 점 $\mathbf{x}^t$와의 내적을 취함으로써 혼합신호 $\mathbf{x}$로부터 추출된다.

$$s_2 = \mathbf{w}_2^T\mathbf{x} \tag{4.63}$$

$\mathrm{W} = (\mathbf{w}_1, \mathbf{w}_2)^T$와 $\mathbf{s} = (s_1, s_2)^T$가 주어졌을 때, 이러한 식들은 다음 식을 만들기 위해 결합될 수 있다.

$$\mathbf{s} = \mathrm{W}\mathbf{x} \tag{4.64}$$

그러므로 혼합행렬 W는 W의 각 행이 변환된 신호 축 S_1'나 S_2'와 직교인 벡터이기 때문에 혼합신호 $\mathbf{x}$로부터 다중 원신호들을 추출한다.

아쉽게도 사실상 행렬 W 또는 A에 대해 모른다. 그러나 W의 각각 행벡터가 하나의 원신호를 추출하는 것을 알고, 원신호가 어떤 신호와 같아야 하는지 안다면(제2장 참조), 신호가 원신호와 같은 벡터에 의해 추출될 때까지 W의 각각 행벡터를 회전시킬 수 있다. 바로 이것이 ICA를 구현하는 핵심개념이다.

4.5.2 3개의 혼합신호들로부터 추출하는 원신호

원신호 s_1이 변환된 축 S_2'와 직교하는 가중치 벡터 $\mathbf{w}_1^T$을 찾음으로써 혼합신호 $\mathbf{x} = (x_1, x_2)^T$의 쌍으로부터 추출될 수 있는 것과 같이 3개의 혼합물 $\mathbf{x} = (x_1, x_2, x_3)^T$로부터 원신호 s_1을 추출하는 것 역시 가능하다(그림 4.10과 그림 4.11 참조).

3개의 원신호 $\mathbf{s} = (s_1, s_2, s_3)^T$를 고려해보자. 그 결과 $\mathbf{s} = (s_1, s_2, s_3)^T$ 값들의 집합이 이 공간에서 점들의 집단(cluster)으로 정의된다. 주어진 시간에서의 신호값 $\mathbf{s}^t = (s_1^t, s_2^t, s_3^t)^T$가 3차원 공간에서의 점으로 정의되며 간결하게 하기 위해 3차원 공간은 종종 3D 공간 또는 간단히 3-공간으로 줄여서 표현한다.

이러한 3개의 원신호들도 3×3 혼합행렬 A에 의해 3개의 혼합신호들 $\mathbf{x} = (x_1, x_2, x_3)^T$로 변환된다.

$$\mathbf{x} = \mathbf{A}\mathbf{s} \tag{4.65}$$

일반적으로 2차원(2D)의 경우(즉, 2개의 신호들과 혼합신호들), A의 각 열은 혼합신호의

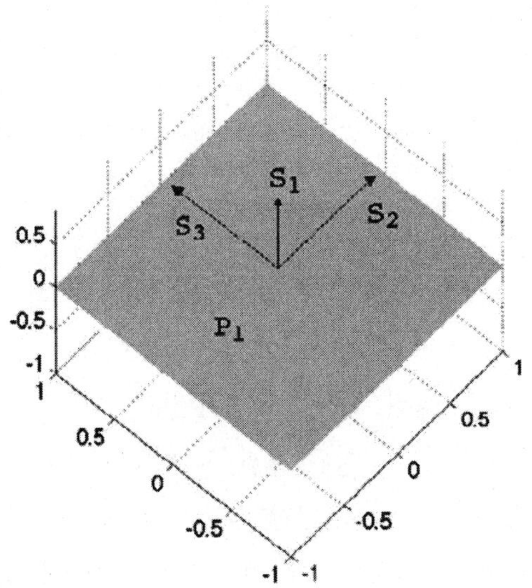

그림 4.10 3차원 원신호 공간
3차원 공간 S는 3개의 직교 벡터 S_1, S_2, S_3가 그려진 3개의 직교축에 의해 정의된다. 임의의 벡터 쌍은 평면으로 정의되고, 벡터 S_2와 S_3에 의해 정의된 평면 P_1은 음영된(shadowed) 공간으로 나타내진다. 원신호 s_1의 다른 값들은 벡터 S_1을 따라 다른 위치로 표현되고, 원신호 s_2와 s_3는 벡터 S_2와 S_3를 따라 각각 다른 위치로 표현된다. 임의의 시간 t에서의 원신호 s_1, s_2, s_3의 값은 그림에는 표현되지 않은 좌표 $\mathbf{s}^t = (S_1 = s_1^t, S_2 = s_2^t, S_3 = s_3^t)$ 점으로 정의됨을 유의하라.

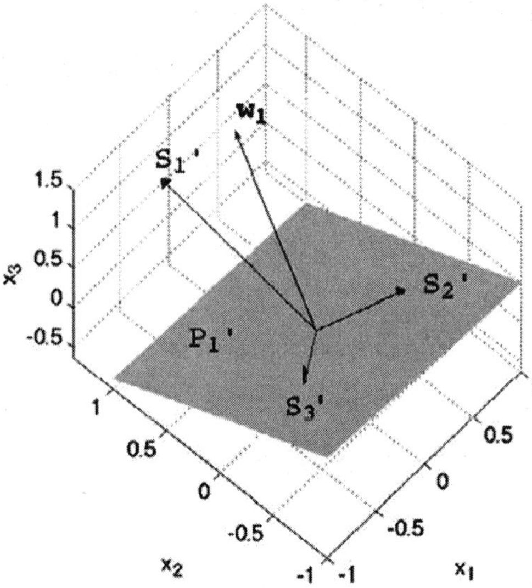

그림 4.11 3차원 혼합신호 공간

그림 4.10의 S에서 직교 벡터(예를 들면, S_1과 S_2)의 임의의 쌍은 평면 P_1'(음영된 부분)을 정의하는 3D 혼합신호 공간 X에 있는 (보통) 비직교 벡터(예를 들어 S_2'와 S_3')의 쌍에 3×3 혼합행렬 **A**에 의해 사상된다. 원신호 s_1의 서로 다른 값은 변환된 벡터 S_1'을 따라 다른 위치로 표현되고, 원신호 s_2와 s_3의 서로 다른 값은 각각 변환된 벡터 S_2'와 S_3'를 따라 다른 위치로 표현된다. 만일 복원벡터 $\mathbf{w}_1$이 P_1'에 직교하면, $\mathbf{w}_1$에 의해 추출된 어떤 신호도 사상된 축 S_2'와 S_3'와 연관된 신호 s_2와 s_3의 변화에 의해 영향을 받지 않는다. 그러므로 $\mathbf{w}_1$에 의해 추출된 신호는 s_1에 비례하게 되며 여기서 비례상수는 $\mathbf{w}_1$과 변환된 벡터 S_1' 사이의 각 θ의 코사인 값, 즉 $\cos\theta$에 의해 결정된다.

3차원 공간 X에서 사상된 축의 방향을 구체화한 벡터이다. 그러므로 원신호 s_1의 진폭의 변화는 사상된 축 S_1'과 연관되고, 원신호 s_2의 진폭의 변화는 사상된 축 S_2'과 연관되고, 원신호 s_3의 진폭의 변화는 사상된 축 S_3'과 연관된다.

2D경우에서 s_1을 추출하기 위해 사상된 축 S_2'과 직교한 가중치 벡터 $\mathbf{w}_1$을 찾는 것으로 충분하지만 3D 경우에서는 s_1을 추출하기 위해 2개의 사상된 축 S_2'과 S_3'과 직교한 가중치 벡터 $\mathbf{w}_1$을 찾는 것이 필요하다. 이것은 **그런 벡터에 의해 추출된 임의의 신호도 2개의 사상된 축 S_2'와 S_3'와 연관된 s_2와 s_3에서의 변화에 영향을 받지 않기 때문**이다.

실제로, 그런 벡터를 찾는 것은 생각보다 어렵지 않다. 왜냐하면 X에서 사상된 축 S_2'와 S_3'가 단지 2개의 선이고, 임의의 2개의 선은 (만일 2개의 선들이 일직선상에만 존재하지 않는다면) 평면을 정의하기 때문이다. 그러므로 s_1을 추출하기 위해서 X에서 2개의 사상된 축 S_2'와 S_3'에 의해 정의된 평면 P_1'과 직교하는 가중치 벡터 $\mathbf{w}_1$을 찾는 것은 매우 필요한 일이다. 평면 P_1'은 S안에서 직교 축 S_2와 S_3에 의해 정의된 평면 P_1의 변환된 형태라는 사실에 유의하라.

그러므로 원신호 s_1, s_2와 s_3는 가중치 벡터 $\mathbf{w}_1$, $\mathbf{w}_2$, 그리고 $\mathbf{w}_3$이 각각 다르게 변환된 평면 P_1', P_2'과 P_3'에 직교하면 추출될 수 있다. 앞에서 언급한 것과 같이 각 가중치 벡터는 3×3 복원행렬 W의 한 행으로 형성된다.

$$\mathrm{W} = (\mathbf{w}_1,\ \mathbf{w}_2,\ \mathbf{w}_3)^T \tag{4.66}$$

핵심 관찰은 다음과 같이 3D 경우에서 분명해진다. 3D 공간에서 임의의 벡터는 그와 직각인 2D 평면을 정의한다. S_2'와 S_3'라고 하는 2개의 변환된 축이 평면에 놓여져 있다면, 벡터 $\mathbf{w}_1$에 의해 추출된 신호는 s_1의 변화를 제외한 모든 원신호의 변화에 영향을 받지 않는다. 다시 말하면, $\mathbf{w}_1$이 원신호 s_1을 추출한다는 개념이다.

3개 이상의 혼합신호들부터 원신호를 추출하는 것 2개 이상의 혼합신호들을 확장하는 것은 끊임없이 계속될 수 있다. M-차원(MD) 공간에서 임의의 벡터는 직교인 $(M-1)$-차원의 평면을 정의한다(2차원 이상에서의 '평면'은 초평면(hyperplane)이라 한다).

M개의 원신호의 집합들은 MD 공간 S에서 점들의 무리(cloud)로 정의한다. M개의 원신호들은 $M \times M$ 혼합행렬 **A**에 의해 X안에서 S에서 M개의 혼합신호들로 변환된다. X에서 $\mathbf{w}_i$은 P_i'와 직교이므로, 가중치 벡터 $\mathbf{w}_i$는 $(M-1)$D 초평면 P_i'를 정의한다. $\mathbf{w}_i$의 방향은 초평면 P_i' 안에 $(M-1)$개의 변환된 축이 놓여져 있도록 선택된다. 그런 선택을 통해 벡터 $\mathbf{w}_i$에 의해 추출된 신호는 s_i에서의 변화를 제외한 모든 원신호에서의 변화에 영향받지 않는다는 사실을 알 수 있다. 다시 말해서, $\mathbf{w}_i$는 M개의 혼합신호들의 집합으로부터 원신호 s_i를 추출할 수 있다는 개념이다.

4.6 요약

신호 공간에서의 각 원신호 값의 변화는 단일 미지의 "원신호 방향"과 관련된다. 이 방향은 신호 공간으로부터 혼합신호 공간까지의 사상(**A**)에 의해 결정된다.

복원계수는 혼합신호 공간에서 가중치 벡터를 정의하고, 각각의 가중치 벡터는 하나의 원신호를 추출하는데 사용될 수 있다. 1개의 원신호를 추출하기 위하여 가중치 벡터는 1개의 원신호를 제외한 모든 신호와 관련된 방향에 대해 직교가 되어야만 한다.

복원계수가 가중치 벡터를 정의하는 것과 마찬가지로, 주어진 시간에서 혼합신호 값의 각 집합을 벡터로 정의한다. 신호는 혼합신호에 의해 정의된 벡터들의 집합과 가중치 벡터와의 내적에 의해 추출된다. 이것은 본질적으로 혼합신호 벡터들을 가중치 벡터에 직교 사영(orthogonal projection)시킴으로써 구현된다. 이 가중치 벡터는 "원신호 방향"을 제외한 모든 방향에 직교이기 때문에 "원신호 방향"을 제외한 모든 가중치 벡터의 내적은 0이다. 결과적으로 1개의 원신호 진폭만이 각 가중치 벡터에 의해 추출된 신호에 반영된다.

가중치 벡터들의 전체집합은 복원행렬을 정의하며 여기서 각 가중치 벡터는 다른 원신호를 추출한다. 복원행렬은 혼합신호 공간으로부터 원신호 공간으로 기하학적 변환을 이용해 구현된다. 혼합행렬은 혼합신호 공간으로부터 원신호 공간으로 역변환을 이용해 구현된다.

ICA와 그와 관련된 방법들은 각 벡터가 1개의 원신호 방향을 제외한 모든 원신호 방향에 직교인 가중치 벡터의 집합들을 찾는다. 이번 장은 각각의 원신호와 관련된 가중치 벡터가 얻어졌다면, 각각의 원신호가 어떻게 추출될 수 있는지를 보여주었다.

역자의 보충설명

[참고문헌 : Carlson and Crilly, Communication System, 5판, 제16장, 홍대형외 5인 역, 한국맥그로힐출판사(2010)]

여기서는 신호를 표현하는 방법을 기술하고 1960년 Kotelnikov의 최적잡음면역이론(The theory of optimun noise immunity)에 처음 소개된 신호를 벡터로 표현하는 중요한 기술을 설명하고자 한다.

1. 신호의 벡터 표현

신호 공간은 그 안에서 벡터들이 신호의 특정 집합을 나타내는 다차원 공간이다. 임의의 두 실수 에너지 신호 $v(t)$와 $w(t)$를 고려하자. 만약 α와 β가 유한한 실수 상수라면, 선형 결합 $z(t) = av(t) + \beta w(t)$ 또한 에너지 신호이다. 공식적으로는 모든 실수 에너지 신호의 집합이 선형 결합 아래 닫혀있다(closed)고 말하고, 이것은 선형 공간(linear space)을 구성하기 위한 필수 조건이다. 이러한 신호 공간 Γ를 선형 공간이라고 정의하고, 이 안에서 v나 w와 같은 벡터들은 에너지 신호인 $v(t)$와 $w(t)$를 나타내고, $z = \alpha v + \beta w$와 같은 임의의 선형 결합은 신호 공간 Γ 안의 또 다른 벡터이다.

Γ 안에서의 벡터 합과 스칼라 곱은 일반적인 규칙을 따르고 거기에는 $v + 0 = v$와 $v - v = 0$과 같이 되는 0의 요소가 존재한다. 그러나 Γ의 기하학적 구조를 완성하기 위해서는 신호의 특성들과 관련지어 표현되는 벡터의 길이와 각도에 대한 적절한 척도가 필요하다(2진 수열만 다루는 경우가 아니므로 Hamming 거리는 사용할 수 없다). 에너지 신호를 다루므로, 신호 벡터 v이 길이 혹은 놈(norm)을 신호 에너지의 제곱근 형태로 다음과 같이 정

의한다.

$$\| v \| \triangleq \sqrt{E_v} = \left[\int_{-\infty}^{\infty} v^2(t)dt \right]^{1/2} \tag{1}$$

이 벡터 놈은 음이 아닌 값을 가지며, $v(t) = 0$인 경우에만 $\| v \| = 0$이 된다. 식 (1)에서 신호 에너지의 제곱근 값을 사용하였으므로, 합 $z(t) = v(t) + w(t)$의 놈은 다음의 삼각 부등식을 만족한다.

$$\| v + w \| \leq \| v \| + \| w \| \tag{2}$$

그림 1은 상응하는 그림을 벡터 v와 w와 $z = v + w$로 이루어진 삼각형으로 나타낸 것이다.

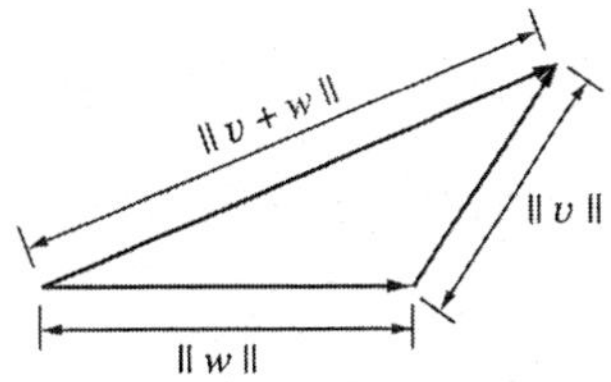

그림 1 삼각 부등식을 입증하는 벡터 다이어그램

어떤 다른 벡터 w에 대한 벡터 v의 각을 측정하기 위해 우선 상호 상관 함수가 천이된 신호 $v(t+\tau)$와 $w(t)$ 사이의 유사성을 측정하는 척도임을 기억하자. $\tau = 0$로 놓으면 스칼라 곱은 다음과 같이 정의되고

$$(v, w) \triangleq R_{vw}(0) = \int_{-\infty}^{\infty} v(t)w(t)dt \tag{3}$$

이것은 다음과 같은 특성을 가진다.

$$(v, v) = \| v \|^2 \tag{4}$$

$$|(v, w)| \leq \| v \| \, \| w \| \tag{5}$$

식 (5)는 단지 Schwarz 부등식이며, 등식은 $v(t)$와 $w(t)$가 비례하는 신호인 경우에 성립한다.

스칼라 곱이 각도 측정에 사용될 수 있음은 다음의 확장된 식으로부터 확인할 수 있다.

$$\begin{aligned} \| v + w \|^2 &= (v + w, v + w) = (v, v) + (v, w) + (w, v) + (w, w) \\ &= \| v \|^2 + 2(v, w) + \| w \|^2 \end{aligned} \tag{6}$$

한편, $v(t)$와 $w(t)$가 $v(t) = \pm \alpha w(t)$로서 완전한 상관관계가 있다면, $(v, w) =$

$\pm \| v \| \| w \|$ 이고 $\| v+w \| = \| v \| + \| w \|$ 이다. 이 경우 그림 1은 v가 w와 평행한 공동선형(colinear) 벡터로 줄어든다. 반면, $v(t)$와 $w(t)$가 $(v,\ w)=0$로서 상관관계를 가지지 않는 경우, $\| v+w \|^2 = \| v \|^2 + \| w \|^2$가 되며, 그림 1은 수직 벡터 w와 v를 가진 직각 삼각형이 된다. 즉 다음과 같이 된다.

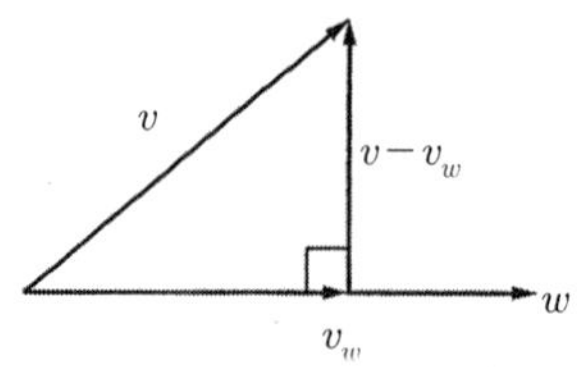

그림 2 w 위로 v의 투영

$(v,\ w)=0$인 경우 $v(t)$와 $w(t)$는 직교 신호이다.

$\| v \|^2 + \| w \|^2 = E_v + E_w$이므로 신호 공간에서의 직교성은 에너지의 중첩을 의미한다.

$0 < |(v,\ w)| < \| v \| \| w \|$ 인 중간의 경우 그림 2에 보인 것과 같이 v를 두 개의 직교(수직) 성분으로 분리할 수 있다. w 위로 v의 투영은 공동선형 조건과 직교 조건인 $v_w = \alpha w$와 $(v-v_w,\ w)=0$로 정의되며 α에 대하여 풀면 다음과 같이 된다.

$$v_w = \frac{(v,\ w)}{\| w \|^2} w \tag{7}$$

Schwarz 부등식으로부터 예상할 수 있는대로 $\| v_w \| \le \| v \|$ 임을 확인할 수 있다.

$\{s_i(t);\ i=1,\ 2,\ \cdots,\ M\}$로 표시되는 M개의 에너지 신호로 이루어진 집합이 있다고 가정하자. 이때 각 신호를 다음과 같은 형식을 가진 벡터로 나타낼 수 있다.

$$s_i = \alpha_{i1}\phi_1 + \alpha_{i2}\phi_2 + \cdots + \alpha_{iK}\phi_K = \sum_{k=1}^{K} \alpha_{iK}\phi_k \qquad K \le M \tag{8a}$$

여기서 ϕ_k는 벡터이며 α_{ik}는 다음 식으로부터 계산된 스칼라 계수이다.

$$\alpha_{ik} = (s_i,\ \phi_k) \tag{8b}$$

이러한 표현식에서 두 가지 중요한 점들이 강조되어야 한다. 첫째 식 (8a)는 급수 근사식이 아니라 정확한 표현이라는 것이다. 둘째, 각 신호는 식 (8b)의 스칼라로 완전히 표현될 수 있으며, 따라서 전체 파형 $s_i(t)$ 대신에 K개의 계수들 α_{ik}의 집합을 이용하여 문제를 다룰 수 있다. 이러한 사실들은 신호 공간 해석으로부터 보다 명백해질 것이다.

식 (8)의 벡터 ϕ_k는 다음의 성질을 가지는 직교 기저함수 $\phi_k(t)$의 집합을 나타낸다.

$$\| \phi_k \|^2 = (\phi_k, \phi_k) = 1 \qquad k = 1, 2, \cdots, K \tag{9}$$
$$(\phi_k, \phi_j) = 0 \qquad j \neq k$$

이 기저함수는 상호 직교적이며 각각의 놈 값이 1이 된다. 보통 2차원 혹은 3차원 공간에서의 단위 벡터와 유사하다. 추론을 통하여 ϕ_k는 신호 공간 Γ의 K차원 부공간인 Γ_K에 걸쳐 있음을 알 수 있다. Γ_K가 신호 벡터 s_i를 포함하는 경우 기저벡터 ϕ_k로의 투영은 다음과 같고, 여기에는 식 (7), (8b), (9)가 사용되었다. 그러므로 계수 α_{ik}는 기저벡터 ϕ_k에 대한 벡터 s_i의 좌표이다.

부공간 Γ_K와 기저벡터 ϕ_k는 나타내고자 하는 특정한 신호 집합에 의해 결정된다. 보통, 기저함수는 신호 집합 $\{s_i(t)\}$로부터 구해지며, 따라서 Γ_K가 다루어야 할 모든 신호 벡터를 확실히 포함하게 된다. 주어진 신호들의 집합이 유일한 부공간을 정의하긴 하지만 그것들이 Γ_K에 걸쳐 있고 식 (9)를 만족하는 한 기저함수를 선택하는 데는 상당한 유연성이 있다.

신호 집합에 대한 직교정규 기저함수를 정의한 후에는 벡터 좌표를 계산할 수 있으며 놈과 스칼라 곱을 좌표값으로 표현할 수 있다. 어떤 두 신호의 스칼라 곱은 식 (8)과 식 (9)를 이용하여 구할 수 있으며 그 결과는 다음과 같다.

$$(s_i, s_m) = \left(\sum_k \alpha_{ik}\phi_k, \sum_j \alpha_{mj}\phi_j \right) = \sum_{k=1}^{K} \alpha_{ik}\alpha_{mk} \tag{10a}$$

따라서 $m = i$로 할 경우 다음을 얻을 수 있으며,

$$\| s_i \|^2 = (s_i, s_i) = \sum_{k=1}^{K} \alpha_{ik}^2 \tag{10b}$$

이것은 피타고라스 정리를 K-차원에서 서술한 것이다.

2. Gram-Schmidt 절차

직교정규 기저함수를 만드는 순차적인 방법을 Gram-Schmidt 절차라고 하며 다음과 같다.

1. 신호 집합으로부터 0이 아닌 놈을 가지는 $s_1(t)$를 선택하고 $\phi_1 = s_1 / \| s_1 \|$을 만든다. 그러면 $\| \phi_1 \| = 1$이 된다.
2. 다른 신호 $s_2(t)$를 선택하고 좌표값 $\alpha_{21} = (s_2, \phi_1)$을 계산한다. 그리고 그림 3(a)에서와 같이 보조 벡터 $g_2 = s_2 - \alpha_{21}\phi_1$를 정의한다. g_2는 ϕ_1에 직교적이기 때문에

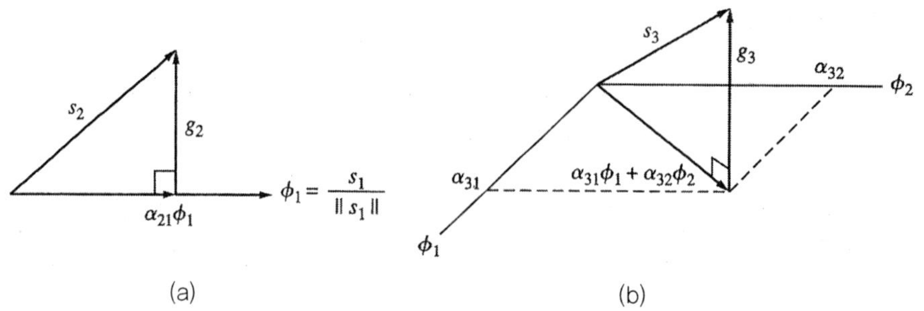

그림 3 Gram–Schmidt 절차를 위한 벡터 구성

$\phi_2 = g_2 / \| g_2 \|$ 를 얻을 수 있다.

3. 다른 신호 $s_3(t)$를 선택하고 그림 3(b)에서와 같이 $g_3 = s_3 - [\alpha_{31}\phi_1 + \alpha_{32}\phi_2]$를 정의하기 위해 좌표값 α_{31}과 α_{32}를 계산한다. 그리고 $\phi_3 = g_3 / \| g_3 \|$ 를 만들어 ϕ_3가 단위 놈을 가지고 ϕ_1과 ϕ_2에 직교하도록 한다.
4. 모든 M개의 신호에 대해 이와 같은 과정을 수행한다.

이러한 절차를 거쳐 만들어지는 기저함수는 간단히 다음과 같이 표현되며

$$\phi_k = g_k / \| g_k \| \tag{11a}$$

여기에서 $g_1 = s_1$이고 나머지는 다음과 같다.

$$g_k = s_k - \sum_{j=1}^{k-1} \alpha_{kj}\phi_j \qquad 2 \le k \le K \tag{11b}$$

어떤 s_k의 놈이 영이거나 이전 신호 벡터들의 선형 조합과 같아지는 경우, 식 (11b)에서 $g_k = 0$이 된다. 이런 경우들은 기저함수에서 제외되며, 결과적으로 공간의 차원은 $K < M$으로 된다.

[예제] Gram–Schmidt 절차

그림 4(a)에 보인 세 개의 신호들의 직교정규 기저함수를 구하기 위해 Gram-Schmidt 절차를 적용해 보자. 먼저, $\| s_1 \|^2 = E_1 = 6^2$이므로 $\phi_1(t) = s_1(t)/6$이 되며 그림 4(b)와 같다. 이어서 다음과 같이 되고

$$\alpha_{21} = \int_{-\infty}^{\infty} s_2(t)\phi_1(t)dt = 3$$

따라서 $g_2(t) = s_2(t) - 3\phi_1(t)$이 된다. $g_2(t)$를 그려보면 $\| g_2 \|^2 = 3^2$을 알 수 있고 $\phi_2(t) = g_2(t)/3$을 구하면 그림 4(c)와 같이 된다. 선형조합 $s_3(t) = s_1(t) - s_2(t)$이 되므로 세 번째

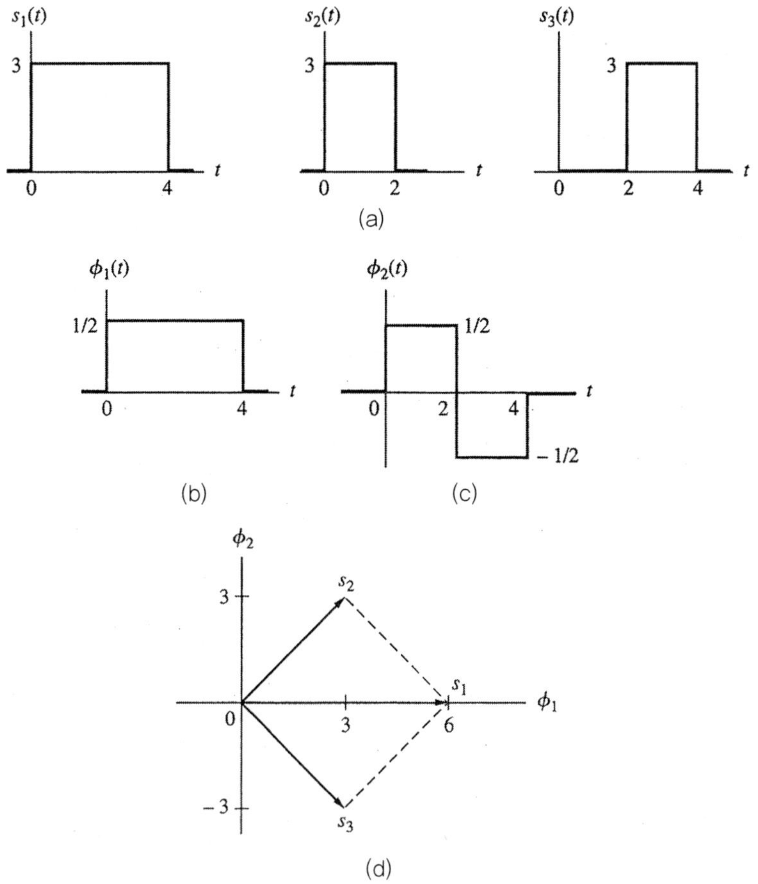

그림 4 (a) 신호 집합; (b) 첫 번째 기저함수; (c) 두 번째 기저함수; (d) 벡터 다이어그램

기저함수는 필요하지 않다.
나머지 좌표를 계산함으로써, 혹은 파형을 검토하여 다음과 같은 벡터 표현을 얻게 되며

$$s_1 = 6\phi_1 \qquad s_2 = 3\phi_1 + 3\phi_2 \qquad s_3 = 3\phi_1 - 3\phi_2$$

이는 그림 4(d)의 벡터와 같이 표현된다. 이 그림은 s_2와 s_3가 직교하며 그들의 합이 s_1과 같음을 보여준다.

CHAPTER 5

독립성과 확률밀도 함수

5.1 서론

지금까지 올바른 가중치 벡터를 통하여 혼합신호의 집합으로부터 1개의 원신호를 정확하게 추출할 수 있다는 것을 입증하였다. 하지만, 사실 아직까지는 그런 가중치 벡터를 찾을 수 있는 전략을 가지고 있지는 않다. 다행히 원신호가 가지고 있는 몇 가지의 성질(그러나 혼합신호는 가지고 있지 않는 성질)들을 알고 있다면, 원신호들을 혼합신호로부터 추출하는 것은 가능하다(제2장 참조). 실제로, 이것은 원신호가 신호 혼합물보다 몇 가지의 성질들을 (예를 들면, 통계적 독립 등) 더 가진다고 가정하고, 그런 신호들이 요구하는 원신호들이라는 이해의 관점에서 보면 추출된 신호의 이런 성질들을 최대로 하는 복원계수의 집합을 찾을 수 있다.

기본적으로, 선택된 성질이 최대가 될 때까지 원점 주위의 가중치 벡터 $\mathbf{w}_1$을 회전시키고, 각각의 방향에서 추출된 신호 $y = \mathbf{w}_1^T \mathbf{x}$를 계산함으로써 원신호에 대한 올바른 가중치 벡터(그리고 복원계수)를 찾는 것이 가능하다. 실제로 이렇게 하기 위해 더 효율적인 경사도 기반의 방법들이 있지만 컴퓨터를 이용한 철저한 검색방법은 기초적인 문제의 맛을 더하는 해법이다. 이런 철저한 검색방법은 후에 고려되는 각각의 성질에 대해 설명되며, 경사도 기반의 검색방법은 제9장에서 기술된다.

가중치 벡터 $\mathbf{w}_1$를 통해 추출된 원신호에 주어진 성질이 얼마나 많이 포함되고 있는지를 추정하기 위해 그 성질의 공식적인 측정량을 정의할 필요가 있다. 관심을 가지는 성질(정규성, 독립성과 복잡도 등)은 필수적으로 정규화된 히스토그램의 형태인 확률밀도 함수의 모멘트에 의해 정의된다.

5.2 히스토그램

만일 천 명의 사람들 키를 측정하고 각각 키와 함께 사람들의 수를 계산하면, 계산의 결과 집합은 히스토그램을 그리는데 사용될 수 있다. 히스토그램은 이러한 계산집합의 그래픽 표현이다(그림 5.1 참조).

특별히, $N = 1000$명의 키의 집합 $x = \{x^1, x^2, \ldots, x^N\}$은 다음과 같은 히스토그램을 그리는데 사용될 수 있다. 다양한 키를 가진 사람들의 인원수를 세기 때문에 측정된 키의 범위를 여러 간격으로 자세하게 나눌 필요가 있다. 예를 들면, 60과 84인치 사이를 $\Delta x = 1$인치로 나누면 총 24개의 막대로 구성되며, 여기서 각 막대는 하한과 상한으로 정의된다(예를 들어, 첫 번째 막대의 범위는 60과 61인치 사이이고, 두 번째는 61과 62인치이다). 각각의 막대에 대해 막대의 하한과 상한 사이에 해당하는 측정된 키의 수를 셀 수 있다. 사람 키의 한계가 있기 때문에 첫 번째 막대(60과 61인치)와 마지막 막대(83과 84인치)에 해당되는 수

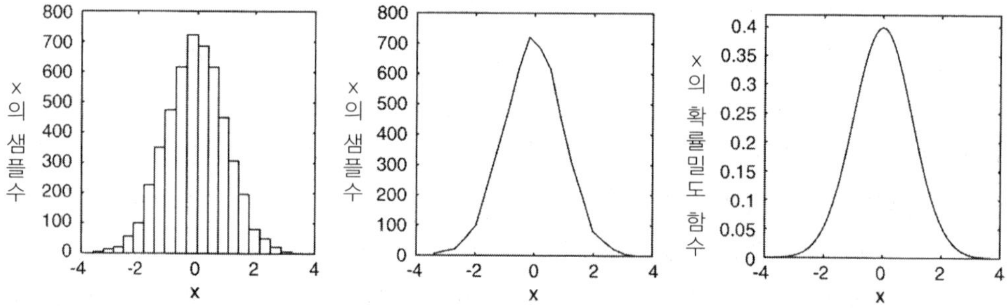

그림 5.1

히스토그램은 신호에서 발생하는 각각 신호 진폭, 또는 값의 그래픽 표현이다.

왼 쪽 : 정규 혹은 가우시안 혼합신호 x의 N개의 진폭 값 히스토그램은 각각의 N 포인트 $\{x^1, x^2, \cdots, x^N\}$들로 샘플되었다. 히스토그램은 x의 가능한 값을 수많은 간격 혹은 각각의 막대가 폭 Δx를 갖는 막대들 $[x, x+\Delta x]$로 나누고 또 각각의 막대와 관련이 있는 간격 안에 있는 x의 샘플된 값이 몇 개나 되는지를 계산함으로써 구성된다. 각각 막대의 중앙에 해당하는 x의 값은 수평축에 그려지고, i번째 막대의 샘플 $n(i)$의 수는 수직축에 그려진다.

가운데 : 히스토그램의 윤곽선(인접한 막대의 높이를 이어서 만든 곡선). 이것이 x의 확률밀도 함수(pdf) $p_x(x)$로 근사된 것을 볼 수 있다.

오른쪽 : x의 확률밀도 함수 $p_x(x)$. 확률밀도 함수는 기본적으로 신호 샘플들의 수가 무한대로 가정된 히스토그램의 정규화 형태이고, 막대 폭 $\Delta x = dx$는 무한소(infinitesimally)로 좁다. 확률밀도 함수 곡선 아래 면적은 1이다.

는 매우 작을 것으로 예상된다. 역으로, 보통 사람 키가 72인치 근처로 보기 때문에 72인치 근처의 범위를 가지는 막대에 해당되는 개수는 매우 클 것으로 예상된다. 그래서 결과 히스토그램은 전형적인 종 모양을 가지고 있다.

히스토그램을 통해 범위 $[x_i,\ x_i+\Delta x]$를 가진 i번째 막대는 x_i와 $(x_i+\Delta x)$사이(예를 들면, 65와 66인치 사이)에 해당되는 측정값의 수 m_i를 알 수 있다. 만일 히스토그램이 N번의 측정을 통해 M개의 막대들로 분할되었다고 하면 i번째 막대에 의해 x가 정의된 간격 안에 해당되는 추정 확률은 i번째 막대에 의해 표시된 면적을 모든 M개의 막대들에 의해 표시된 면적으로 나눈 값과 동일하다. i번째 막대의 면적은 그 높이 m_i와 폭 Δx의 곱 $m_i\Delta x$이고, 모든 M개의 막대 면적의 합은 다음과 같다.

$$m_1\Delta x+m_2\Delta x+,\ \cdots,\ +m_M\Delta x \tag{5.1}$$

$$=(m_1+m_2+,\ \cdots,\ m_M)\times\Delta x \tag{5.2}$$

$$=\left(\sum_{i=1}^{M}m_i\right)\times\Delta x \tag{5.3}$$

여기서 심벌 $\sum$은 M개 항들(막대들)의 합이다. 이 합($i=1$부터 $i=M$)의 한계는 위첨자와 아래첨자로 표시되지만, 이는 한계 값이 분명하면 종종 생략되기도 한다. 그러므로 x가 i번째 막대에 해당되는 확률은 다음과 같다.

$$p(x_i<x\leq(x_i+\Delta x))=\frac{m_i\Delta x}{\Sigma_j\,m_j\Delta x} \tag{5.4}$$

$$=\frac{m_i\Delta x}{\Delta x\,\Sigma_j\,m_j} \tag{5.5}$$

$$=\frac{m_i}{N} \tag{5.6}$$

여기서, $(x_i<x\leq(x_i+\Delta x))$는 "$x_i$는 x보다 작고, x는 $(x_i+\Delta x)$보다 작거나 같음"으로 해석된다, 즉, x는 x_i와 $(x_i+\Delta x)$사이에 있다. 그리고 $p(x_i<x\leq(x_i+\Delta x))$는 x_i와 $(x_i+\Delta x)$사이에 존재하는 x의 확률이다.

확률밀도

편의상, 각 막대 면적을 모든 막대 면적의 총합으로 나눔으로써 각 막대 면적을 확률로 표현할 수 있으며 그 결과 모든 막대 면적의 총합이 1이 된다. 주어진 막대와 관련된 확률이 모든 막대 높이의 비율로 표현된 막대의 높이가 아니라는 사실에 주목하라. 그것은 모든 막대의 전체 면적의 비율로 표현된 막대 면적이다. 막대와 관련된 확률이 그 면적이고, 이것이 그 높이와 폭의 곱으로 주어지면, 막대의 높이가 확률밀도로 해석될 수 있다. 유추하여 전선의 작은 부분의 질량(확률)은 고려되는 부분(막대 폭)의 길이에 의해 곱해진 단위길이 당 질량(밀도)으로 얻을 수 있다.

x값의 히스토그램을 그리기 위해 유한한 샘플 N을 이용한 사실은 울퉁불퉁한 모양(a lumpy appearance)을 가지는 것을 의미한다. 샘플 크기가 증가되면서 막대 폭은 더 작게 만들어질 수 있다. 극한의 경우 막대 폭이 0에 접근한 것($\Delta x \rightarrow 0$)처럼 각 막대의 높이는 확률밀도에 접근하고 x값의 히스토그램의 모양은 변수 x의 확률밀도 함수(probability density function ; pdf) $p_x(x)$에 접근한다. 그러므로 확률밀도 함수(pdf)는 몇 개의 변수 또는 신호의 이상적인 히스토그램으로 간주될 수 있다.

표기법 확률밀도 함수의 설명을 시작하기 전에 위첨자 또는 아래첨자 없이 문자 p가 항상 확률을 표시한다는 것이 강조되어야 한다. 예를 들면, $p(x < x_i)$는 x가 x_i보다 작을 확률이다. 대조적으로, p_x의 아래첨자 문자 x는 함수를 표시하는데, 이 경우에는 확률밀도 함수를 정의한다. 이것이 괄호 안에 쓰여질 때는 x의 확률밀도 함수 $p_x(x)$를 표시한다.

5.3 히스토그램과 확률밀도 함수

히스토그램은 계산 집합의 그래픽 표현이고, 사람들 키의 히스토그램은 일반적으로 종 모양을 만든다(그림 5.1 참조). 이 흔한 히스토그램은 정규(normal) 또는 가우시안(Gaussian) 확률밀도 함수(pdf)와 매우 흡사하다. 정규 pdf는 난해한 통계 문제에 직면할 때(일반적인 통계학 책 참조), 선택하는 pdf로 널리 사용될 뿐만 아니라 다음과 같이 주목할 만한 사실에 대해서도 많이 사용되고 있다. 여러 기본적인 인자에 의존해서 측정된 데이터들은 거의 대부분 가우시안 pdf를 가진다(그림 5.2 참조). 당연히, 이 주장은 많은 주의가 요구되지만, 본질적으로 옳기 때문에 이 장 뒷부분에서 중심극한정리(Central Limit Theorem ; CLT)를 좀 더 구체적으로 논의할 것이다.

사람 키의 경우, 이것이 다양한 기본 인자(factor)에 의존한다는 사실을 쉽게 받아 들일 수 있다. 중심극한정리(CLT)는 모집단 속의 모든 개인들을 넘어서 각각의 인자(factor)를 합한 히스토그램을 만들 수 있다면, 각 인자에 대한 히스토그램의 모양이 근본적으로 모집단에서 키의 정규 분포를 변하게 하지 않을 것이라는 사실을 확실하게 해 준다. 다시 말하면, 여러 가지 인자(factor)들이 키 또는 팔 길이와 같은 주어진 물리적 속성에 기여한다면, **정규 분포는 자연의 기본적인 분포**이다. 그런 인자(factor)들이 혼합신호들은 될 수 없고 반드시 원신호

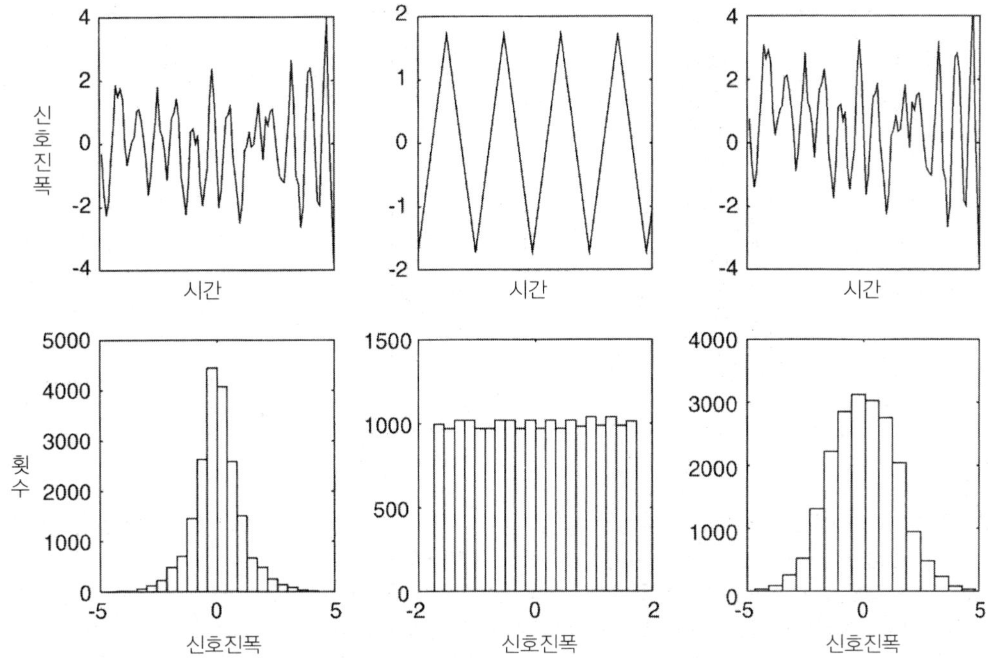

그림 5.2

왼 쪽 : 음성 원신호(위)와 그것의 히스토그램(아래). 음성신호는 침묵이 큰 비율을 차지하는 경향이 있어, 히스토그램의 가장 큰 진폭 값은 0에 존재한다. 히스토그램이 음성신호의 시간 순서에 관계없이 표시되는 것에 유의하라.

가운데 : 톱니 원신호(위)와 그것의 히스토그램(아래).

오른쪽 : 왼쪽과 중앙의 원신호들의 합계인 혼합신호(위)와 그것의 히스토그램(하단).

원신호들이 매우 다양한 히스토그램을 보이지만, 원신호들을 이용해 만든 임의의 혼합신호들은 원신호보다 더 종모양(정규 혹은 가우시안의) 분포의 히스토그램을 가진다. 명확하게 하기 위해 위 패널은 아래 패널에서 히스토그램을 구성하는데 사용된 신호의 짧은 시간 간격만을 보여준다. 각각 정규화된 음성신호와 톱니신호들은 분산이 1이다.

들이 되어야만 하는 양해 아래, 가능한 한 정규분포가 아닌 분포를 가진 인자들을 찾아 낼 것이기 때문에 이것은 중요하게 증명하게 될 것이다.

좀 더 정확하게 표현하면 정규 pdf의 모양은 그림 5.3에 나타나고, 다음 식에 의해 정의된다.

$$p_x(x) = \frac{1}{\sqrt{2\pi\sigma^2}} \exp\left(- \frac{(x - \overline{x})^2}{2\sigma^2} \right) \tag{5.7}$$

여기서 σ는 x가 얼마나 변하고 있는지를 보여주는 표준 편차이며(5.6절 참조), $\overline{x}$는 x의 평균이다. 첫 항($1/\sqrt{2\pi\sigma^2}$)은 정규 pdf의 면적 합을 1로 하는 정규화 상수이다.

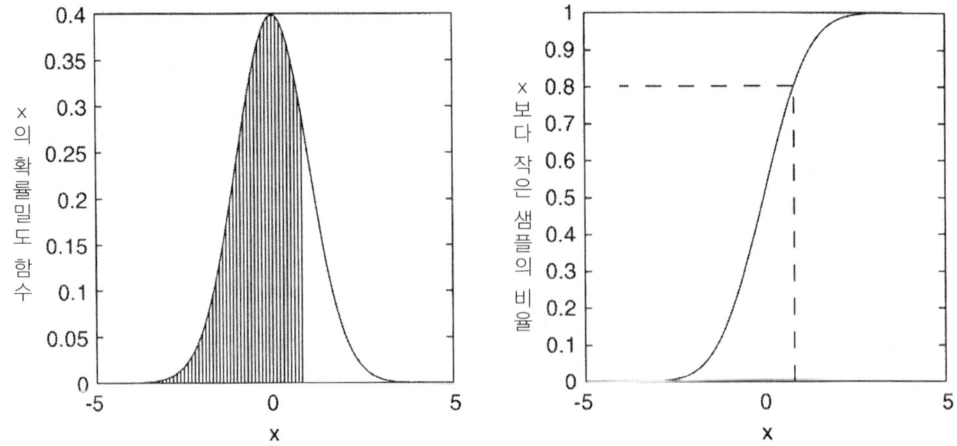

그림 5.3

왼 쪽 : 식 (5.7)에 의해 정의된 가우시안 pdf $p_x(x)$. x가 어떠한 값 $x_0=0.9$보다 작거나 같은 확률은 음영된 영역을 전체 영역으로 나눈 값으로 주어진다.

오른쪽 : 확률분포 함수 g는 확률밀도 함수 $p_x(x)$를 적분한 $X=g(x)$이고, x의 임의의 특정 값 x_0에 대해 확률밀도 함수 아래 면적을 의미한다. 왼쪽의 확률밀도 함수로부터 알 수 있는 것처럼 $x=-\infty$와 $x_0=0.9$ 사이의 $p_x(x)$ 아래 면적은 x가 $x_0=0.9$보다 작거나 같을 확률이고, 점선이 가리키는 확률은 $g(x_0)=0.8$로 주어진다.

5.4 중심극한정리(CLT)

1901년 A. Liapunov가 제시한 증명을 통해 중심극한정리를 좀 더 구체적으로 표현할 수 있다(DeGroot, 1986, p. 276 참조).

> 만일 신호들 $\mathbf{s}=(s_1, s_2, ..., s_M)$의 집합이 평균들 $(\mu_1, \mu_2, ..., \mu_M)$과 분산들 $(\sigma_1^2, \sigma_2^2, ..., \sigma_M^2)$에 대해 독립이라면, 신호 $\mathbf{s}$의 큰 수의 M에 대해 신호는
>
> $$x=\sum_{j=1}^{M} s_j \tag{5.8}$$
>
> 평균이 $\sum_j \mu_j$이고 분산이 $\sum_j \sigma_j^2$인 가우시안 pdf로 근사화된다.

이미 앞에 표현한 것처럼 CLT는 혼합신호 x가 혼합계수의 집합을 이용하여 형성되기 때문에 고려하고 있는 혼합과정과 정확하게 일치하지 않으며 혼합계수 모두가 함축적으로 1이라는 것을 주목하라. 그러나 다행히도 CLT는 각각의 원신호가 얼마나 많이 혼합신호에 기여하는지를 제한하지 않아 혼합계수가 1이 아닐지라도 위의 결과는 효력이 유지된다.

$$x = \sum_{j=1}^{M} a_j s_j \tag{5.9}$$

여기서 a_j는 0이 아닌 혼합계수이다. 이것은 혼합계수 $a = a_1$과 $b = a_2$를 이용하여 혼합신호가 형성된다는 사실을 의미한다.

$$x = as_1 + bs_2 \tag{5.10}$$

x의 pdf는 근사적으로 가우시안이다.

여기서, $M = 2$인 경우는 혼합신호의 큰 수가 아니므로 x의 확률밀도 함수(pdf)가 가우시안 pdf로 근사되는 것은 매우 인상적인 경우는 아니다. 그러나 CLT가 혼합신호 x의 pdf가 이를 구성하는 원신호들의 pdf보다 항상 더 가우시안이라는 것을 확실하게 알고 있으므로 사실상 이것이 크게 문제되지는 않는다.

혼합신호의 평균과 분산에 관해서는 원신호들 평균이 0이고 혼합신호의 분산이 단순하게 진폭과 관련되어 있다고 처음부터 계속 가정하는데 다음 장에서 언급하겠지만 원신호의 추출동안에는 무시된다.

5.5 확률분포 함수

확률밀도 함수(pdf)는 단지 이상적인 히스토그램이 아니라 확률밀도 $p_x(x)$로 회복되는 함수라는 사실을 주목하라. 실용적인 관점에서 보면, pdf의 그래프는 x의 다양한 값과 관련된 확률을 관찰하기 위한 유용한 수단이며 다음 질문에 대한 대답을 유도하게 한다. x가 x_0보다 작거나 같을 확률은 무엇인가? 분명하게 $x \le x_0$인 확률은 $p_x(x)dx$를 $x = -\infty$로부터 $x = x_0$까지 적분한 결과의 확률을 의미한다.

$$p(x \le x_0) = \int_{x=-\infty}^{x_0} p_x(x)dx \tag{5.11}$$

그림 5.3에 나타난 바와 같이 이 적분은 $x = -\infty$와 $x = x_0$ 사이에 $p_x(x)$에 의해 정의된 곡선 아래의 면적을 계산하고, 중요한 함수의 한 종류를 만드는데 이 책에서는 g라고 표시되며 일반적으로는 확률분포 함수(cumulative density function ; cdf)라 한다.

$$g(x_0) = p(x \le x_0) \tag{5.12}$$

$$= \int_{x=-\infty}^{x_0} p_x(x)dx \tag{5.13}$$

역으로, $x \ge x_0$인 확률 $p(x \ge x_0)$은 $p_x(x)dx$를 $x = x_0$로부터 $x = \infty$까지 적분해서 구

할 수 있다.

$$p(x \geq x_0) = \int_{x=x_0}^{\infty} p_x(x)dx \tag{5.14}$$

마지막으로, cdf는 pdf의 적분으로서 정의되며 역으로 pdf $p_x(x)$는 x에 관한 $g(x)$의 미분 $dg(x)/dx$으로 주어진다.

$$p_x(x) = \frac{dg(x)}{dx} \tag{5.15}$$

이 결과는 나중에 중요하게 증명될 것이다.

최대 엔트로피 확률밀도 함수들 확률분포 함수(cdf)는 다음과 같은 이유로 중요하게 증명할 것이며, 제7장에서 더 구체적으로 다룰 것이다. 만일 임의의 신호 x가 pdf $p_x(x)$와 cdf g를 가지면, x를 g로 변형시킴으로써 얻어진 신호 $X = g(x)$는 균일한(즉, 평평한) pdf 또는 최대 엔트로피 pdf를 가진다.

5.6 모멘트: 평균, 분산, 비대칭도(Skewness) 및 첨도(Kurtosis)

신호 x의 pdf는 그것의 모멘트에 의해 특성을 나타낸다.

1차 모멘트

확률밀도 함수 p_x의 1차 모멘트는 신호 x의 평균값 $\overline{x}$에 해당된다. 평균값 $\overline{x}$, 또한 변수 x의 기대값 $\mathrm{E}[x]$로 부른다. 확률밀도 함수 p_x를 가진 변수 x에 대한 1차 모멘트는 다음 식과 같다.

$$\mathrm{E}[x] = \int_{x=-\infty}^{+\infty} p_x(x)x dx \tag{5.16}$$

여기서 적분은 $-\infty$에서 ∞까지의 합이다. 이 적분은 가중치에 해당되며 여기서 x 각각의 값은 확률밀도 $p_x(x)$에 의해 가중된다.

이것은 확률밀도에 대한 물리적 유사성의 관점에서 볼 수 있다. 특별히 x에서 확률밀도 p_x의 높이가 물리적인 물체의 밀도와 유사한 확률밀도인지를 알고 있다. 이 경우에 있어 물체가 금속 막대기이고 다양한 금속이 서로 다른 비율로 구성되어 있다고 가정해 보면 그 결과 그것의 밀도 $p_x(x)$가 확률밀도 함수처럼 막대기를 따라 위치 x에 따라 변화하게 된다. 어떻게 막대기를 균형된 위치에서 유지하는 그 점 x_B를 찾을 수 있을까? 위치 x_B는 막대기의 질량 중심에 해당되고 이것은 다음 식으로 얻어진다.

$$x_B = \int_{x=0}^{R} p_x(x)x dx \tag{5.17}$$

여기서 R은 막대기의 길이이다.[1] 질량 중심은 또한 평균값 $\overline{x}$ 또는 확률밀도 함수 p_x의 기대치 $\mathrm{E}[x]$로 표현된다. 예를 들면, 만일 막대기가 균일한 밀도를 가지면, x_B는 중간 지점, 즉 $x_B = R/2$가 될 것이다. 확률밀도 함수와 같이 막대기는 단위질량을 갖도록 정규화 된다는 점을 주목하라.

중심 모멘트

x로부터 $\overline{x}$를 빼는 것이 평균이 0인 변수 $x_0 = (x - \overline{x})$를 만들고, x_0의 1차 모멘트가 x의 첫 번째 중심 모멘트로 정의되는 것에 주목하라. 일반적으로, 변수의 n번째 중심 모멘트는 다음과 같이 주어진다.

$$\mathrm{E}\left[(x - \overline{x})^n\right] \tag{5.18}$$

평균이 0인 변수를 갖는다고 가정하는 것은 종종 편리하다.

2차 모멘트

x의 확률밀도 함수의 2차 모멘트 $\mathrm{E}[x^2]$는

$$\mathrm{E}[x^2] = \int_{x=-\infty}^{+\infty} p_x(x)x^2 dx \tag{5.19}$$

이는 다음과 같이 증명할 수 있다.

$$\mathrm{E}[x^2] = \{\mathrm{E}[x]\}^2 + \mathrm{E}[(x - \mathrm{E}[x])^2] \tag{5.20}$$

$$= \overline{x}^2 + \mathrm{E}[(x - \overline{x})^2] \tag{5.21}$$

여기서 $\mathrm{E}[(x - \overline{x})^2]$은 x의 분산이며 x^2의 2차 중심 모멘트는 $(x - \overline{x})$의 분산이다.

물리적 유사성에 의하면, 2차 모멘트는 관성의 모멘트와 상당한 관련이 있다. 밀도 p_x를 가지는 금속 막대기가 주어졌을 때, 관성 모멘트가 가장 작은 점에서 정의되기 때문에 그 결과 그 점 주위에서 막대기를 회전시키는데 필요한 힘이 최소가 된다. 따라서 균일한 밀도를 가진 막대기의 경우 이 점은 막대기의 중앙에 존재한다.

분산의 제곱근은 σ로 표시되는 표준 편차이며, 이것은 신호가 얼마나 변동성을 가지는지

---

1 식 (5.16)에 표시된 일반적인 정의에서와 같이 적분구간이 $-\infty$와 ∞라면, $x < 0$과 $x > R$에 대해 $p_x(x) = 0$이기 때문에 결과는 변하지 않는다.

를 알 수 있는 중요한 측정요소이다.

$$\sigma = \sqrt{\mathrm{E}[(x-\overline{x})^2]} \tag{5.22}$$

분산을 이용하여 식 (5.21)을 다음과 같이 다시 쓸 수 있다.

$$\mathrm{E}[x^2] = \overline{x}^2 + \sigma^2 \tag{5.23}$$

3차 모멘트

x의 확률밀도 함수의 3차 모멘트 $\mathrm{E}[x^3]$는

$$\mathrm{E}[x^3] = \int_{x=-\infty}^{+\infty} p_x(x) x^3 dx \tag{5.24}$$

x^3의 중심 모멘트는 x의 비대칭도(skewness)라 한다. 즉, 신호가 얼마나 찌그러졌는지를 알게 해주는 척도이다. 좀 더 일반적으로 비대칭도는 다음과 같이 정의된다.

$$\mathrm{E}[(x-\overline{x})^3] = \int_x p_x(x)(x-\overline{x})^3 dx \tag{5.25}$$

비대칭도는 신호값의 부호(예를 들면, $-3^3 = -27$)를 고려하는데 이것이 왜 확률밀도 함수의 비대칭 정도를 제공하는지를 알려줄 것이다. 3차 모멘트는 이 책에서는 사용되지 않을 것이며, 더 이상 앞으로도 고려되지 않을 것이다.

4차 모멘트

x의 확률밀도 함수의 4차 모멘트 $\mathrm{E}[x^4]$는

$$\mathrm{E}[x^4] = \int_{x=-\infty}^{+\infty} p_x(x) x^4 dx \tag{5.26}$$

만일 x의 평균이 0이라면 정규화된 $\mathrm{E}[x^4]$은 첨도(kurtosis)라고 하며, 여기서 첨도는 4차와 2차 중심 모멘트를 포함한 비율(ratio)에 의해 정의된다.

$$K = \frac{\mathrm{E}[x^4]}{\mathrm{E}[x^2]^2} - 3 \tag{5.27}$$

본질적으로 첨도는 신호의 분산 $\mathrm{E}[x^2]$을 고려한 4차 중심 모멘트를 통해서 제공된다. 사실 첨도는 확률밀도 함수가 얼마나 좁은 가우시안(super-Gaussian)인지 또는 "뾰족한(peaky)" 가우시안인지를 알려준다(그림 5.2 참조). 식 (5.27)에 표시된 상수 3은 가우시안

확률밀도 함수가 0의 첨도를 가지고 있고, 좁은 가우시안(super-Gaussian) 확률밀도 함수가 양의 첨도를 가지고 있고, 넓은 가우시안(sub-Gaussian) 확률밀도 함수가 음의 첨도를 가지고 있다는 사실을 확실하게 해 준다.

모멘트 계산방법

앞에 정의된 다양한 모멘트들은 무한개의 신호 값을 필요로 하는데 유한한 N개의 샘플 포인트에 대해 다음과 같이 추정될 수 있다.

신호 x의 1차 모멘트 $\mathrm{E}[x]$는 평균 $\overline{x}$로 추정된다.

$$\mathrm{E}[x] = \overline{x} \tag{5.28}$$

$$\approx \frac{1}{N}\sum_{t=1}^{N} x^t \tag{5.29}$$

여기서 x^t는 x의 t번째 값으로 정의되며, x의 t제곱이 아님을 주의하라.

식 (5.21)로부터 x의 2차 모멘트 $\mathrm{E}[x^2]$이 다음과 같이 추정된다.

$$\mathrm{E}[x^2] = \overline{x}^2 + \sigma^2 \tag{5.30}$$

$$= \overline{x}^2 + E[(x - \overline{x}^2)] \tag{5.31}$$

$$\approx \left(\frac{1}{N}\sum_{t=1}^{N} x^t\right)^2 + \frac{1}{N}\sum_{t=1}^{N}(x^t - \overline{x})^2 \tag{5.32}$$

만일 x가 평균이 0이면 (즉, $\overline{x} = 0$), 2차 모멘트가 분산 σ^2과 동일하다는 것에 주목하라.

$$\mathrm{E}[x^2] = \sigma^2 \tag{5.33}$$

$$\approx \frac{1}{N}\sum_{t=1}^{N}(x^t)^2 \tag{5.34}$$

사실 이 책에서는 3차 모멘트를 이용하지 않을 것이기 때문에 여기서 계산 식은 생략된다. 마지막으로, 4차 모멘트는 첨도(kurtosis)를 이용해 다음 식으로 계산된다.

$$K \approx \frac{\Sigma_t (x^t)^4}{\Sigma_t (x^t)^2} - 3 \tag{5.35}$$

5.7 독립성과 상관성

"상관(correlation)"이라는 용어가 때때로 일상적인 구어체에 사용되는 경향이 있다. 예를 들어, "가난과 수명 사이에는 어떤 상관성도 절대적으로 있지 않다"는 논제가 있다면 이것은 분명 뜨거운 논쟁거리임에 틀림없다. 이 경우 논제의 의도는 사람의 수입과 그들의 수명이 완전히 관계가 없거나(completely unrelated) 혹은 독립적(independent)이라는 것을 의미할 것이다. 그러나 “상관성”의 공식적인 정의에 따라 이 용어를 사용했다면, 이는 상기 진술과는 좀 다른 의미를 가질 수 있다. 즉, 내포하는 뜻은 수입과 수명이 상관없다는 개념이지, 그것들이 전혀 관련 없다는 것을 의미하지는 않는다. 따라서 상관성의 좀 더 일반적인 개념의 본질은 확률밀도 함수들의 관점에서 정의된 통계적 독립(statistical independence)에 의해 표현된다.

그림 5.4에 표시된 바와 같이 단일 변수 x가 확률밀도 함수 p_x일 때 2개의 변수 x와 y는 결합 확률밀도 함수 p_{xy}를 가진다. 이 경우 결합 확률밀도 함수는 x와 y에 관련된 확률밀도를 표현한다. 좀 더 일반적으로 M개로 이루어진 변수 $\mathbf{z}=(z_1, z_2, \ldots, z_M)$가 주어진다면, 결합 확률밀도 함수는 $\mathbf{z}$의 임의값과 관련된 확률밀도를 구체적으로 표현한다.

2개의 변수 x와 y가 독립(independent)인 필요충분 조건은 다음 식으로 표현된다.

$$p_{xy}(x, y) = p_x(x)p_y(y) \tag{5.36}$$

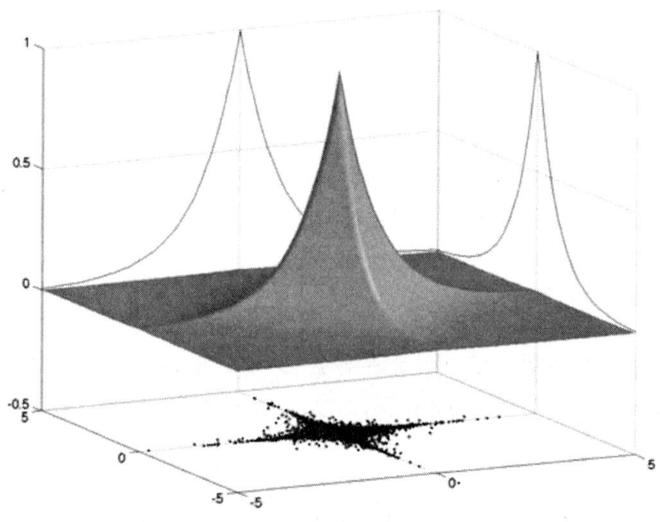

그림 5.4

2개의 독립적인 높은 첨도 변수(예를 들면, 음성신호)의 결합 확률밀도 함수(joint pdf)는 입체 표면에 의해 표시된다. 각각의 높은 첨도 변수 x와 y의 주변 확률밀도 함수(marginal pdf)는 실곡선으로 1개의 수평축을 따라 그려진다. 관찰값(x^t, y^t)의 결합 확률은 수평면에 그려진 점들의 구역 밀도(local density)에 의해 나타난다. 이 구역 밀도는 결합 확률밀도 함수 $p_{xy}(x, y)$의 근사값이며 입체 표면의 높이에 의해 표현된다.

여기서 (임의의 결합 확률밀도 함수에 대해) 확률밀도 함수들 $p_x(x)$와 $p_y(y)$는 결합 확률밀도 함수 $p_{xy}(x,\ y)$의 주변(marginal) 확률밀도 함수들이다. 만일 2개의 변수가 독립(independent)이라면, 식 (5.36)에서 의미하는 바와 같이 결합 확률밀도 함수 p_{xy}는 정확하게 주변(marginal) 확률밀도 함수들인 $p_x(x)$와 $p_y(y)$의 곱으로 얻어진다.

독립성(independence)은 주변 확률밀도 함수들 p_x와 p_y를 아는 것이 결합 확률밀도 함수 p_{xy}를 아는 것과 동일함을 의미한다. 다시 말하면, 결합 확률밀도 함수(joint pdf)가 주변 확률밀도 함수(marginal pdf)들의 곱으로부터 정확하게 재생되기 때문에 결합 확률밀도 함수의 전체 구조는 주변 확률밀도 함수들의 구조를 사실상 포함한다. 결합 확률밀도 함수가 주변 확률밀도 함수들의 곱으로부터 정확하게 다시 만들어질 수 있기 때문이다. 대조적으로, 만일 2개의 변수가 독립이 아니라면 결합 확률밀도 함수는 주변 확률밀도 함수들로의 곱으로부터 얻을 수 없다.

x와 y가 독립이면 식 (5.36)은 다음 식으로 표현된다.

$$\mathrm{E}[x^p y^q] = \mathrm{E}[x^p]\mathrm{E}[y^q] \tag{5.37}$$

만일 $p=1$이고, $q=1$이면, $\mathrm{E}[x^p y^q] = \mathrm{E}[x\,y]$는 결합 확률밀도 함수 p_{xy}의 1차 모멘트이다. 또한 $\mathrm{E}[x\,y]$는 x와 y의 공분산(covariance)으로 부른다.

$$\mathrm{E}[xy] = \int_x \int_y p_{xy}(x,\ y)x\,y\,dx\,dy \tag{5.38}$$

여기서 $\mathrm{E}[xy]$는 이산(discrete)인 경우 다음 식과 같이 평균이 0인 변수 x와 y의 N개의 샘플 중 유한개의 샘플에 대해 구한다.

$$\mathrm{E}[xy] = \sum_{t=1}^{N} x^t y^t \tag{5.39}$$

공분산은 상관계수 $\rho(x,\ y)$와 밀접하게 관련이 있으며, 다음 식과 같이 공분산의 정규화된 형태로 정의된다.

$$\rho(x,\ y) = \frac{\mathrm{E}[xy]}{\sigma_x \sigma_y} \tag{5.40}$$

여기서 σ_x와 σ_y는 각각 x와 y의 표준 편차이다.

$$\sigma_x = \mathrm{E}[xx]^{1/2},\ \sigma_x = \mathrm{E}[yy]^{1/2} \tag{5.41}$$

정규화를 통해 ρ가 $\rho=-1$과 $\rho=1$사이에서 변한다는 것을 확실하게 알 수 있다. $\rho=1$

의 값은 x가 증가함에 따라 y도 x에 비례하여 증가하는 것을 의미하고, $\rho=-1$의 값은 x가 증가함에 따라 y가 x에 따라 비례하여 감소하는 것을 의미하고, $\rho=0$의 값은 x가 증가함에 따라 평균 y가 x에 대해 증가하지도 감소하지도 않는 것을 의미한다.

상관을 $p=q=1$로 가정하고 만일 x와 y가 상관하지 않는다면(uncorrelated), 다음 식으로 표현되는 사실에 주의하라

$$\mathrm{E}[xy]=\mathrm{E}[x]\,\mathrm{E}[y] \tag{5.42}$$

결합 확률밀도 함수 p_{xy}의 1차 모멘트가 p_{xy}의 주변 확률밀도 함수 p_x와 p_y의 1차 모멘트의 곱과 동일하다고 가정하는 것과 일치한다.

$$\mathrm{E}[x^1 \cdot y^1]=\mathrm{E}[x^1]\,\mathrm{E}[y^1] \tag{5.43}$$

대조적으로, 독립성은 p와 q의 모든 양의 정수값을 포함한다. 그러므로 독립성은 상관성이 가지고 있는 제약보다 결합 확률밀도 함수 p_{xy}에 훨씬 더 많은 제약을 가진다.

독립성과 상관성을 측정하는데 있어 유사성은 다음과 같이 설명된다. 상관성은 x와 y 사이의 공분산 양의 측정이고, 오직 확률밀도 함수 p_{xy}의 1차 모멘트에만 의존한다. 그와 대조적으로, 독립성은 [x의 p제곱]과 [y의 q제곱]사이의 공분산 양의 측정이고, 확률밀도 함수 p_{xy}의 모든 모멘트에 의존한다. 그러므로 독립성은 상관성의 일반화된 측정으로 간주할 수 있고, 그 결과 p와 q의 모든 양의 정수값에 대해 $\rho(x^p,\ y^q)=0$이다.

5.8 상관성이 없는(uncorrelated) 진자(pendulums) 운동

2개의 진자가 정확하게 같은 위상에서 움직이는 간단한 물리적 예를 고려해 보자(즉, 진자가 정확하게 같은 시간에 최고 속도와 0의 속도에 도달한다). 이 경우에 진자의 속도들 사이에는 양의 상관계수 ρ가 분명히 존재한다. 그러나 진자가 90도의 위상차로, 다른 시간에 시작되면 어떨까?(그림 5.5 참조) 이 경우에 만일 하나의 진자가 움직이면서 가장 높은 곳(즉, 0의 속도)에 도달할 때 동시에 다른 진자가 회전의 가장 낮은 곳(즉, 최대 속도)에 도달한다면 $\rho=0$이다. 2개의 진자 속도가 분명히 서로 관련되었기 때문에 직관에 어긋난 것처럼 보인다. 명백하게 상관성의 공식적인 정의는 상호관련성의 직관적인 개념과 잘 맞지 않는다. 이 개념은 상관성에 의한 것보다 통계적 독립성에 의해 더 정확하게 표현된다.

이 예제를 더 상세히 설명하기 위해 지금까지의 상황을 공식화 할 필요가 있다. 진자 속도가 시간에 따라 다르며, 따라서 0과 π사이의 범위를 가지는 시간 변수 $t=\{0,\ldots,(4\times 360)\}$와 같이 정의할 수 있고, 이 시간은 4개의 전주기의 진자 동작을 조사하기 위해서 필요한

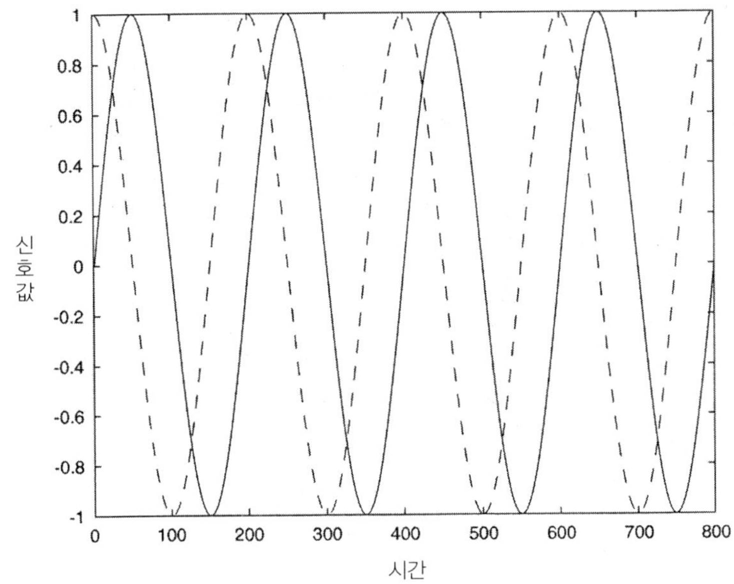

그림 5.5

$x = \sin(t)$ (실선)와 $y = \cos(t)$ (점선)의 그래프. 변수 x와 y는 동일 주파수이지만, 90°의 위상차를 가진 2개의 진자 속도들을 나타내기 때문에 한 개의 진자가 회전의 맨 밑바닥(최대속도)에 있을 때, 다른 진자는 회전의 정점(0의 속도)에 있다. x와 y가 명백하게 서로 관련되어 있다 해도(clearly related), 그들 사이에 상관관계는 $\rho(x, y) = 0$이다.

시간이다. 만일 2개의 진자가 90°의 시간 간격을 가지고 시작된다면, 진자 속도는 $x = \sin(t)$와 $y = \sin(t + 90°) = \cos(t)$로 주어진다. 직관적으로, x와 y는 t에 의존한다는 것을 알 수 있다. 그림 5.6에서 볼 수 있는 바와 같이 변수 x와 y는 서로 매우 상호의존적이다. 그러나 $\mathrm{E}[xy] = 0$이기 때문에 x와 y의 상관계수는 0이다.

$$\rho(x, y) = \frac{\mathrm{E}[xy]}{\sigma_x \sigma_y} \tag{5.44}$$

$$= \frac{\mathrm{E}[\cos(t)\sin(t)]}{\sigma_x \sigma_y} \tag{5.45}$$

$$= 0 \tag{5.46}$$

대조적으로, $p = q = 2$에 대해 그림 5.7과 5.8에 나타난 것처럼 변수 x^p와 y^q사이의 상관계수는 중심 모멘트(즉, $x = (\overline{x} - x)$, $y = (\overline{y} - y)$)에 의해 주어진다.

$$\rho(x^2, y^2) = \frac{\mathrm{E}[x^2 y^2]}{\sigma_{x^2} \sigma_{y^2}} < 0 \tag{5.47}$$

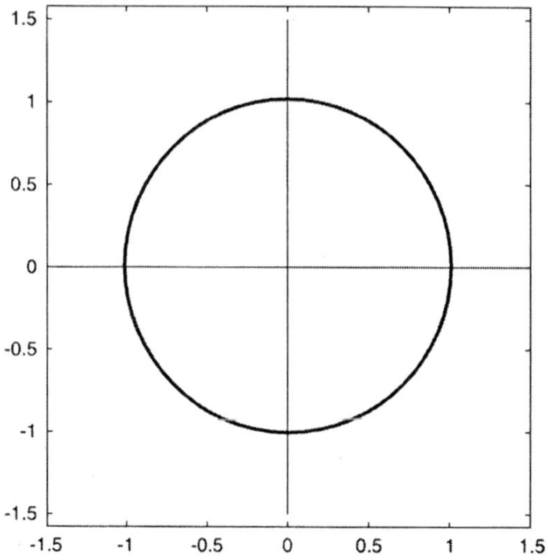

그림 5.6

$t=0, \cdots, 4\times 360$일 때 $x=\sin(t)$ 대 $y=\cos(t)$의 그래프는 원을 정의한다. x와 y가 명백하게 서로 관련되어 있다 해도(clearly related), 그들 사이에 상관관계는 $\rho(x, y)=0$이다. 그러므로 상관관계는 2개의 변수 사이의 의존성의 모든 형태를 다 반영하지는 않는다.

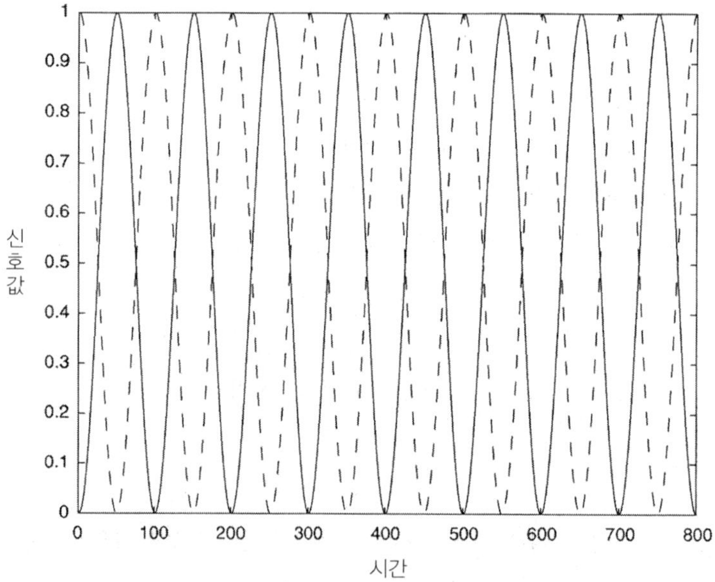

그림 5.7

$x^2=\sin^2(t)$(실선)와 $y^2=\cos^2(t)$(점선)의 그래프. x^2의 임의의 값에 대해 $y^2=1-x^2$이기 때문에 변수 x^2과 y^2은 반-상관적(anti-correlated)이다. 그러므로 x^2과 y^2사이의 상관관계 $\rho(x^2, y^2)$는 음수이다.

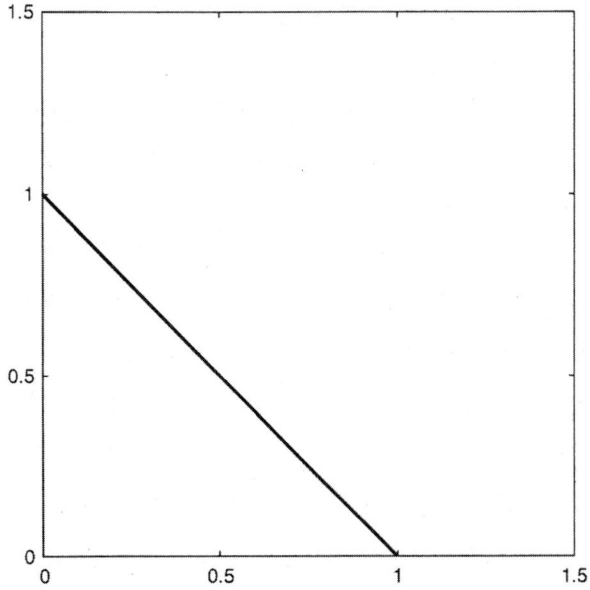

그림 5.8

$t=0,\ \ldots,\ 4\times 360$일 때 $x^2=\sin^2(t)$ 대 $y^2=\cos^2(t)$의 그래프. x와 y변수 사이에 의존성은 그들의 상관관계에 있어 명확하지 않다(그림 5-6 참조). 그러나 이 의존성은 x와 y사이에 고차 상관관계(예를 들면, 0이 아닌 x^2과 y^2사이의 상관관계 $\rho(x^2,\ y^2)$)에서 명백하다. 만일 x와 y 변수가 통계적으로 독립이면 모든 고차 상관관계는 0이다. 즉, 모든 양의 정수 p와 q에 대해 $\rho(x^p,\ y^q)=0$이다

여기서 σ_{x^2}와 σ_{y^2}는 각각 x^2와 y^2의 표준 편차이다. 그러므로 $x=\sin(t)$와 $y=\cos(t)$사이의 상관계수가 0인 반면에, x의 값이 y의 값에 대한 정보를 제공한다는 사실은 x^p와 y^q(예를 들어, x^2과 y^2)사이의 0이 아닌 고차 상관에 있어서는 상관계수가 함축적인 의미를 포함하게 된다.

5.9 요약

이 장에서는 몇 가지 중요한 사실을 다루었다.

- 히스토그램은 주어진 신호 x에서 값들의 그래픽 표현이고, 확률밀도 함수(pdf) $p_x(x)$는 본질적으로 이상적인 히스토그램이다.
- 주어진 신호에서 값들의 순서를 바꾸는 것은 그 신호의 확률밀도 함수에 어떤 영향도 미치지 않는다.

- 중심극한정리를 통하여 혼합신호의 대부분이 근사적으로 가우시안 확률밀도 함수를 가지고 있다는 사실을 알게 한다.
- 신호 x의 확률분포 함수 $g(x)$는 확률밀도 함수 $p_x(x)$의 적분이고, x의 특정 값 이하의 비율 값으로 되돌아간다. 함축적으로, 신호의 확률밀도 함수는 그 신호의 확률분포 함수의 미분이다.
- 2개의 신호 x와 y는 결합 확률밀도 함수 $p_{xy}(x, y)$이 주변 확률밀도 함수 $p_x(x)$와 $p_y(y)$의 곱 $p_x(x)p_y(y)$으로 표현될 때만 통계적 독립이다. 이는 2개의 신호가 독립이면, 이 신호의 결합 확률밀도 함수의 중심 모멘트 $\mathrm{E}[x^p y^q]$는 p와 q의 모든 양의 정수 값에 대해 $\mathrm{E}[x^p]\mathrm{E}[y^q]$와 동일하다는 것을 의미한다.
- 2개의 신호가 상관이 아니라면(uncorrelated), 그들의 결합 확률밀도 함수의 1차 중심 모멘트는 $\mathrm{E}[xy] = \mathrm{E}[x]\mathrm{E}[y]$이다. 그러나 p와 q의 모든 양의 정수값에 대해 $\mathrm{E}[x^p y^q] = \mathrm{E}[x^p]\mathrm{E}[y^q]$이 성립하면 2개의 신호들은 독립(independent)이다.

이러한 사실들을 이용해 다양한 원신호 분리방법을 어떻게 구현시킬지를 자세히 연구할 수 있게 되었다.

역자의 보충설명

[참고문헌 : Peebles, Probability, Random Varialiles and Random Signal Principles, 4판, 제4장~제5장, 강훈외 2인 역, 한국맥그로힐출판사(2001)]

1. 통계적 독립(Statistical Independent)과 무상관(uncorrelated)과의 관계

일반적으로 두 사건 A, B는

$$P(A \cap B) = P(A)P(B) \tag{1}$$

의 조건을 만족하면 통계적 독립이라 한다. 이 조건을 두 실수 x, y에 대하여 사건 $A = \{X \le x\}$, $B = \{Y \le y\}$를 정의함으로써 두 랜덤 변수 X, Y에 적용할 수 있다. 그러므로 X와 Y는 다음 조건을 만족시킬 때 통계적 독립인 확률변수(statistical independent random varialile)라 할 수 있다.

만일 X와 Y가 독립이면 밀도함수의 정의로부터 다음과 같은 식이 된다.

$$p_{X,\,Y}(x,\ y) = p_X(x)p_Y(y) \tag{2}$$

식 (2)는 두 랜덤변수가 독립인지를 시험하는데 충분한 정의가 될 수 있다. 한편 $E[XY]$는 X와 Y의 상관(correlation)이라 한다. 이것은 R_{XY}로 표시되며 다음과 같이 정의된다.

$$R_{XY} = E[XY] = \int_{\infty}^{\infty} xy p_{X,Y}(x, y) dx dy \tag{3}$$

만일 상관을 다음과 같은 식으로 표현한다면

$$R_{XY} = E[X]E[Y] \tag{4}$$

이므로 X와 Y는 상관관계가 없다고 한다. 'X와 Y가 통계적으로 독립이면 그들이 상관관계가 없음'이 충분조건에 의해 보장되며, 이것은 식 (3)을 식(2)에 대입하면 쉽게 증명된다. 이 사실을 역으로 말하면 'X와 Y가 상관관계가 없으면 X와 Y는 통계적 독립이다' 라고 하는 사실은 반드시 성립하는 것은 아니다.

그러나 확률밀도 함수가 가우시안(Gaussian)인 경우는 예외적으로 'X와 Y가 상관관계가 없어도 X와 Y는 통계적 독립'이라는 사실에 유의하라.

2개의 랜덤변수 X 및 Y는 결합밀도함수가

$$p_{X,Y}(x, y) = \frac{1}{2\pi\sigma_x\sigma_y\sqrt{1-\rho^2}} \cdot \exp\left\{\frac{-1}{2(1-\rho^2)}\left[\frac{(x-\overline{X})^2}{\sigma_x^2} - \frac{2\rho(x-\overline{X})(y-\overline{Y})}{\sigma_x\sigma_y} + \frac{(y-\overline{Y})^2}{\sigma_y^2}\right]\right\} \tag{5}$$

의 형태이면 결합 가우시안(jointly Gaussian)이라 하며, 때때로 윗 식을 2차 가우시안밀도(bivariate Gaussian density)라고도 한다.

여기서 $\overline{X} = E[X] = X$의 평균

$\overline{Y} = E[Y] = Y$의 평균

$\sigma_x^2 = E[(X-\overline{X})^2] = X$의 분산

$\sigma_y^2 = E[(Y-\overline{Y})^2] = Y$의 분산

$\rho = \dfrac{E[(X-\overline{X})(Y-\overline{Y})]}{\sigma_x\sigma_y} =$ 상관계수($|\rho| \le 1$)

만일 X와 Y가 상관관계가 없는 $\rho = 0$이면 식 (5)는

$$p_{X,Y}(x, y) = p_X(x)p_Y(y) \tag{6}$$

과 같이 쓸 수 있으며, 여기서 $p_X(x)$와 $p_Y(y)$는 X와 Y의 주변밀도함수(marginal probability density function)로서 다음 식과 같이 주어진다.

$$p_X(x) = \frac{1}{\sqrt{2\pi\sigma_x^2}} \exp\left[-\frac{(x-\overline{X})^2}{2\sigma_x^2}\right] \tag{7}$$

$$p_Y(y) = \frac{1}{\sqrt{2\pi\sigma_y^2}} \exp\left[-\frac{(y-\overline{Y})^2}{2\sigma_y^2}\right] \tag{8}$$

식 (6)은 랜덤변수 X와 Y가 통계적으로 독립임을 보장하는데 충분하다. 그러므로 '어떠한 상관관계가 없는 2개의 가우시안 랜덤 변수들도 또한 통계적으로 독립이다'라고 결론을 내릴 수 있다.

2. 중심극한정리(Central Limit Theorem)

[참고문헌 : 디지털통신시스템, 정호영외 1인, 제3장, 한빛미디어(2011)]

1) 다중 랜덤 변수의 합

두 랜덤 변수가 합쳐져 새로운 랜덤 변수를 발생시키는 경우는 통신 시스템에서 흔히 일어난다. 예를 들어 수신기의 상관기에서 출력되는 신호 값은 신호 성분 랜덤 변수와 잡음 성분 랜덤 변수의 합으로 구성되므로 상관기의 출력값은 두 랜덤 변수의 합으로 표시될 수 있을 것이다.

두 독립 랜덤 변수 X와 Y의 합에 의한 새로운 랜덤 변수를 Z라고 하자.

$$Z = X + Y \tag{1}$$

X, Y, Z이 확률밀도 함수를 $p_X(x)$, $p_Y(y)$, $p_Z(z)$라 하고 그림 1의 관계를 이용하면

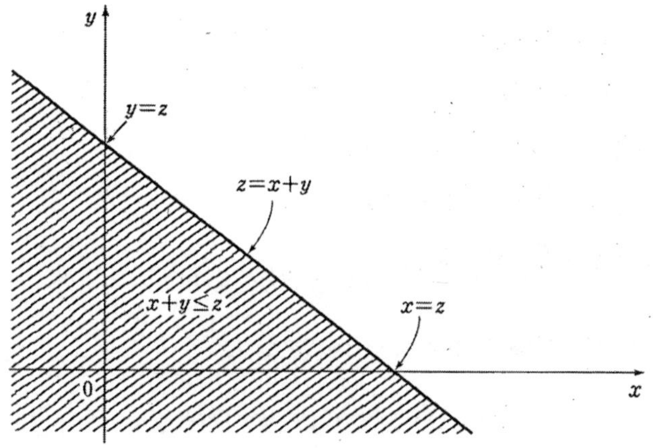

그림 1 두 랜덤 변수의 합

$$F_Z(z) = P\{Z \le z\} = P\{X + Y \le z\} \tag{2}$$
$$= \int_{-\infty}^{\infty} \int_{-\infty}^{z-y} p_{XY}(x,\ y)dx\,dy$$

X와 Y는 서로 독립이므로

$$F_Z(z) = \int_{-\infty}^{\infty} \int_{-\infty}^{z-y} p_X(x)p_Y(y)dx\,dy \tag{3}$$
$$= \int_{-\infty}^{\infty} \left(\int_{-\infty}^{z-y} p_X(x)dx \right) p_Y(y)dy$$

이다.

양변을 z에 대해 미분하면 식 (4)가 성립한다.

$$\frac{d}{dz}F_Z(z) = p_Z(z) \tag{4}$$
$$= \int_{-\infty}^{\infty} \left[\frac{\partial}{\partial z} \left(\int_{-\infty}^{z-y} p_X(x)dx \right) \right] p_Y(y)dy$$
$$= \int_{-\infty}^{\infty} p_Y(y)p_X(z-y)dy$$

식 (4)에서 [·]는 Leibniz의 적분 법칙(Leibniz's integral rule)을 이용하여 계산한 것이다. 또한 식 (4)는 $p_X(x)$와 $p_Y(y)$의 컨볼루션 적분이므로 두 독립 랜덤 변수에 대한 합의 확률밀도 함수는 각 랜덤 변수의 확률밀도 함수를 컨볼루션한 것과 같다고 할 수 있다.

간단한 펄스 함수의 컨볼루션의 예가 그림 2에 나타나 있다. 그림에서 보여주듯이 펄스 함수를 한 번 컨볼루션하면 삼각함수가 되고 한 번 더 컨볼루션하면 종모양이 생기는 것을 볼 수 있다.

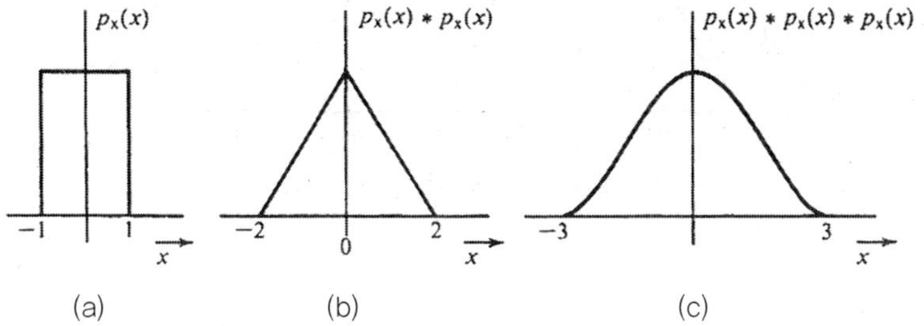

그림 2 같은 확률밀도 함수의 컨볼루션 결과

일반적으로 n개의 독립 랜덤 변수 X_1, X_2, X_3, $\cdots$, X_n에 대한 각 확률밀도 함수를 $p_{X_1}(x_1)$, $p_{X_2}(x_2)$, $p_{X_3}(x_3)$, $\cdots$, $p_{X_n}(x_n)$이라고 하고 $Z = X_1 + X_2 + \cdots + X_n$이라고 하면 식 (5)가 성립한다.

$$p_Z(z) = p_{X_1}(x_1) * p_{X_2}(x_2) * \cdots * p_{X_n}(x_n) \tag{6}$$

2) 중심극한정리와 예

그림 2에서 볼 수 있듯이 두 함수에 대해 컨볼루션을 취하면 함수가 부드러운 곡선 형태로 변하는 경향이 있다. 식 (5)와 같이 여러 독립 랜덤 변수에 대한 합의 확률밀도 함수는 각 랜덤 변수들의 확률 밀도 함수들을 컨볼루션한 것과 같으며 많은 확률밀도 함수들을 컨볼루션한 결과는 점차 가우시안 함수로 접근하게 된다. 식 (5)에서 n값이 증가함에 따라 $p_Z(z)$는 가우시안 함수로 되는데 이를 중심극한정리(central limit theorem)라고 한다. 그림 3은 랜덤 변수 X가 구간 (0, 1)사이에서 균일 분포를 가질 경우 합의 랜덤 변수 $(X+X)$와 $(X+X+X+X)$의 확률밀도 함수 $p_X(x)$, $p_X(x) * p_X(x)$ 및 $p_X(x) * p_X(x) * p_X(x) * p_X(x)$를 나타낸 것이다. 그림에서 보듯이 랜덤 변수의 개수가 많아질수록 합의 확률밀도 함수는 가우시안 함수에 근접해감을 알 수 있다.

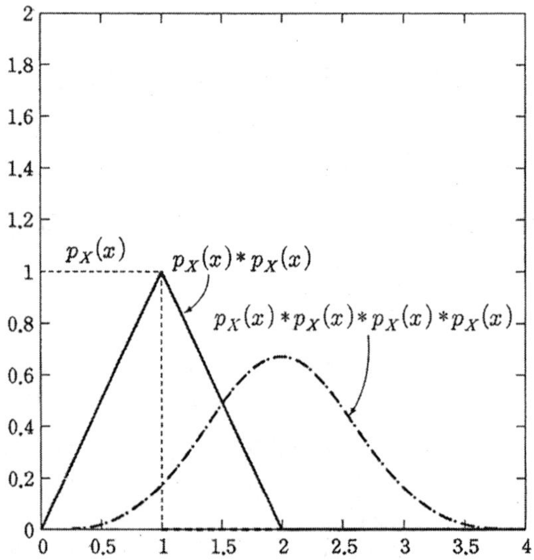

그림 3 중심극한정리의 예

이러한 사실은 유사한 통계적 특성을 갖는 독립 랜덤 변수들에 대한 합 $Y = \frac{1}{n}\sum_{i=1}^{n} X_i$는 각각의 랜덤 변수 X_i보다 랜덤(random)한 정도가 크게 줄어든다는 것을 의미한다. 특별히 랜덤 변수들(X_1, X_2, $\cdots$, X_n)이 서로 독립이고 평균과 분산이 각각 (m_1, m_2, $\cdots$, m_n), (σ_1^2, σ_2^2, $\cdots$, σ_n^2)이라고 하면 합에 의한 랜덤 변수 $\frac{1}{\sqrt{n}}\sum_{i=1}^{n}\frac{X_i - m_i}{\sigma_i}$는 n값이 증가할수록 평균이 0이고 분산이 1인 가우시안 확률밀도 함수를 갖게 된다.

[참고문헌 : Davenport, Probability and Random Processes, McGraw-Hill, 1970]

III

블라인드 신호원 분리방법

CHAPTER 6

사영 추적

6.1 서론

혼합신호는 가우시안 확률밀도 함수의 형태를 나타내는 경향이 있지만, 그 원신호는 가우시안 확률밀도 함수가 아니라는 것을 잘 알고 있다. 또한, 각각의 원신호는 혼합신호의 집합으로부터 그 혼합신호와 가중치 벡터의 내적을 취함으로써 얻을 수 있는데, 이때 내적은 그 혼합신호의 직교 사영(orthogonal projection)을 나타낸다고 하는 사실도 잘 알고 있다. 그러나 그러한 가중치 벡터를 구하는 방법은 아직 정확하게 알려져 있지는 않지만 그 방법 중 하나가 탐색적 사영 추적으로 간단히 사영 추적(projection pursuit: Kruskal, 1969, Friedman 등, 1974, Fyfe & Baddeley, 1995 참조)이라고 한다.

사영 추적은 한 번에 한 개씩 사영을 찾아서 추출된 신호가 가능한 한 가우시안 형태가 되지 않게 하는 방법이다. 이것은 M개의 혼합신호로부터 동시에 M개의 신호를 얻으며, 이때 (매우 큰) $M \times M$ 복원행렬을 추정해야 하는 ICA와는 대조적인 방법이다. ICA보다 사영 추적을 사용했을 경우 한 가지 장점은 필요시 M개 이하의 적은 수의 신호들을 얻을 수 있다는 것이고, 여기서 각각의 원신호는 M 원소의 가중치 벡터를 사용하여 M개의 혼합신호로부터 얻어진다.

사영 추적이라는 명칭은 이 방법이 각각 추출된 신호가 가능한 한 가우시안 확률밀도 함수가 되지 않도록 혼합신호 집합의 직교 사영을 나타내는 가중치 벡터를 찾는 데에서 유래되었다.

6.2 혼합신호들은 가우시안 분포를 가짐

인간의 신장(height)으로 예를 들어보자. 어떤 사람의 신장 h^i는 유전적 성분 s^i_G와 음식섭취 성분 s^i_D(즉, 선천성과 후천성)를 포함하는 근본적인 요소들의 결과라고 하자. 이제 모든 사람에 대해서 신장에 영향을 주는 각각의 요소들이 동일(즉, 선천성/후천성의 비율이 일정)하다고 가정한다. 마지막으로, 각 사람에 대한 서로 다른 요소들의 전체 효과는 각 분포들의 합이라고 가정하자. 각 요소의 분포들을 상수 계수로 본다면 다음과 같이 쓸 수 있다.

$$h^i = as^i_G + bs^i_D, \tag{6.1}$$

여기서 a와 b는 영이 아닌 계수이다. 각 계수들은 s^i_G와 s^i_D에 따라 신장이 어떻게 증가하는지를 결정해준다. a와 b는 모든 사람이 동일하지만 s^i_G와 s^i_D는 각 개인별로 다르다. 중심극한정리(5.4절)는 h^i 값의 확률밀도 함수는 s^i_G 혹은 s^i_D 값의 확률밀도 함수나, 상수 a 또는 b에 관계없이 근사하게(approximately) 가우시안 분포를 이룬다는 것을 보장한다.

식 (6.1)에 대해서 다음을 상기해보자. 혼합계수 a와 b를 이용한 원신호 s_G와 s_D의 선형결합으로 혼합신호 h가 생성된다. h는 두 음성신호가 동등하게 잘 혼합된 혼합신호가 될 수 있다.

또 다른 예로, 신호처리 과정에서 원하는 신호를 잡음이 있는 데이터 스트림으로부터 얻은 후에 남은 잡음성분은 가우시안 분포를 나타낸다. 앞서 말했듯이 이러한 가정은 수학적으로 매우 편리하면서도 유효하다. 만약 잔여 잡음성분이 출력값들이 더해진 여러 처리과정을 거친 결과라면 중심극한정리(CLT)는 이 잡음의 분포가 가우시안 분포에 근사한다는 것을 보장해 줄 것이다.

6.3 가우시안 분포를 따르는 신호의 장점과 단점

물리 시스템으로부터 발생한 신호에 관하여 위의 내용을 설명하자면 장점과 단점을 직면하게 된다. 단점은 일반적으로 중심극한정리의 역과정은 성립하지 않는다는 것이다. 즉, 임의의 가우시안 분포를 따르는 신호는 가우시안 분포를 따르지 않는 신호들의 혼합신호가 아니다. 장점은 실제 시스템에서는 흔히 가우시안 분포를 따르는 신호가 가우시안 분포를 따르지 않는 신호들의 합으로 구성된다는 것이다. 이것이 장점인 이유는 임의의 가우시안 분포를 따르는 신호가 마치 가우시안 분포를 따르지 않는 신호들의 혼합신호로 이루어진 것처럼 다룰 수 있기 때문이다. 그러한 가우시안 분포를 따르는 혼합신호가 주어졌을 때 혼합신호의 집합으로부터 가장 가우시안 분포를 따르지 않는 신호를 얻을 수 있는 복원벡터를 구함으로써 각각의 원신호를 찾을 수 있다.

이제 두 개의 다른 방법으로 접근해 보고자 한다. 먼저 주어진 복원벡터로부터 얻어진 신호와 가우시안 분포를 따르는 신호간의 거리(distance)를 측정해 볼 수 있다. 이때 거리는 흔히 Kullback-Leibler 거리(Hyvärinen 등, 2001a)로 알려져 있다. 이보다 좀 간단한 방법으로는 가우시안 분포를 따르지 않는 정도를 측정하여 그 측정값을 최대로 만드는 복원벡터를 찾는 것이다. 이 방법이 여기에서 다뤄질 것이다.

가우시안 분포를 따르지 않는 신호의 종류가 두 가지 있다는 사실이 큰 문제가 되지는 않는다. 왜냐하면 (대부분의 블라인드 신호원 분리방법과 마찬가지로) 원신호를 한 가지 종류로 가정할 것이기 때문이다. 그 두 가지 종류는 다음과 같은 여러 종류의 용어로 불려진다. 좁은 가우시안 분포를 갖는(super-gaussian), 넓은 가우시안 분포를 갖는(sub-gaussina), 혹은 각각 음의 첨도값을 갖는(platykurtotic), 양의 첨도값을 갖는(leptokurtotic) 것이 그것이다. 그리고 영의 첨도(kurtosis)를 갖는 것을 영의 첨도값을 갖는(mesokurtotic) 것이라고 한다. 그림 5.2에 나타난 것처럼 좁은 가우시안 확률밀도 함수의 신호는 그 값이 대부분 영 주위에 분포되어 있는 반면, 넓은 가우시안 확률밀도 함수의 신호는 그렇지 않다. 그 예로 음성신호는 좁은 가우시안 확률밀도 함수를 가지고 있고 톱니함수와 백색 잡음은 넓은 가우시안 확률밀도 함수를 가지고 있다(그림 5.2 참조). 이것은 좁은 가우시안 분포를 갖는 신호가 정상적인 가우시안 분포를 갖는 신호보다 확률밀도 함수가 더 뾰족한 반면, 넓은 가우시안 분포를 갖는 신호는 덜 뾰족함을 말해준다. 비록 Kullback-Leibler 거리에 기초한 사영 추적방법으로 좁은 그리고 넓은 가우시안 분포를 갖는 신호들의 혼합신호로부터 원신호를 추출해낼 수 있지만, 여기서는 원신호를 음성신호와 같은 좁은 가우시안 분포를 갖는 신호로 가정할 것이다 (Hyvärinen 등, 2001a).

앞서 말한 뾰족한(peaky)이란 말은 좀 더 고급스러운 표현으로 바꾸면 신호의 확률밀도 함수의 첨도(kurtosis)로 대체된다. 만약 얻어진 신호 $y = \mathbf{w}^T\mathbf{x}$의 첨도값을 최대화하는 가중치 벡터 $\mathbf{w}$를 찾을 수 있다면 y를 원신호로 볼 수 있다. 먼저 첨도(kurtosis)에 대해서 알아보자.

6.4 비정규성(비가우시안)의 정도를 나타내는 첨도

신호의 확률밀도 함수의 첨도(신호의 첨도라고도 함)는 식 (5.26)에서 이미 정의되었다. 표본이 유한한 경우의 첨도는 다음과 같다.

$$K = \frac{\frac{1}{N}\sum_{t=1}^{N}(\overline{y} - y^t)^4}{\left(\frac{1}{N}\sum_{t=1}^{N}(\overline{y} - y^t)^2\right)^2} - 3 \tag{6.2}$$

여기서 $\bar{y}$는 y^t의 평균값이다. 이 다소 복잡한 식에는 오직 한 가지 중요한 항이 있다. 바로 분자에 있는 항이다. 다른 항들은 측정된 첨도값이 잘 동작하도록 한다. 상수 3은 정상적인 가우시안 신호들이 0의 첨도를 가진다는 사실을 의미하고 좁은 가우시안 분포를 갖는 신호가 양의 첨도값, 넓은 가우시안 분포를 갖는 신호들이 음의 첨도값을 가진다. 분모는 y의 분산(variance)이고, 측정된 첨도값이 신호의 분산값을 고려하고 있다는 것이다.

식 (6.2)는 좀 더 간결하게 평균이나 기대값(expected value)으로 표현할 수 있고 $E[.]$으로 표기한다. 분자 항이 N항들의 합을 N으로 나눈 것이므로 기대값을 나타낸 것으로 볼 수 있다(즉, 모든 t에 대한 $(\bar{y}-y^t)^4$의 평균값이다). 분모에는 평균값이 있으므로 식 (6.2)를 다시 쓰면 다음과 같다.

$$K = \frac{E[(\bar{y}-y)^4]}{(E[(\bar{y}-y)^2])^2} - 3 \tag{6.3}$$

6.5 가중치 벡터각 및 첨도

첨도를 비정규성의 척도로 사용할 때 가중치 벡터 $\mathbf{w}$가 원점을 중심으로 회전함에 따라 M개의 혼합신호 집합 $\mathbf{x} = (x_1, x_2, \dots, x_M)^T$로부터 얻어진 신호 $y = \mathbf{w}^T\mathbf{x}$의 첨도가 어떻게 변화하는지 알아 볼 수 있다. 각각의 원신호 s가 좁은 가우시안 분포를 따른다는 가정하에 다음을 생각해 볼 수 있다.

1. $y = s$일 때 추출된 신호 y의 첨도는 최대값을 가진다.
2. 최적 가중치 벡터가 변환 축 S_1' 또는 S_2'에 수직(직교)이어야 하기 때문에 $\mathbf{w}$가 사영된 축 S_1' 또는 S_2'에 수직(직교)일 때 추출된 신호 y의 첨도는 최대이다.

그림 6.1은 바로 그런 경우이다. 위의 2번 경우가 원신호를 찾는 방법은 아니라는 점에 유의하라. 왜냐하면 사영된 축 S_1' 또는 S_2'는 일반적으로 알려진 것이 아니고, 그 방법들은 단순히 사영된 축과 관련된 최적 가중치 벡터의 기하학적 구조를 확인해주는 방법들이기 때문이다.

기본적으로, $\mathbf{w}$의 올바른 값은 그림 6.1에서 보여준 무작위 탐색법을 사용하여 찾을 수 있다. 이것은 추출된 신호의 첨도가 최대가 되는 가중치 벡터의 방향을 찾는 것을 포함하거나 그 대신에 9장에서 설명하고 있는 좀 더 효율적인 기울기 기반 기법을 이용할 수 있다.

$\mathbf{w}$가 0보다 크다면, 즉 $|\mathbf{w}| > 0$면 $\mathbf{w}$의 길이 $|\mathbf{w}|$는 상관없다(4.2.1절 참조). 그 이유는 $\mathbf{w}$의 길이에 의해 영향 받지 않게 첨도가 정의되어 있기 때문이다.

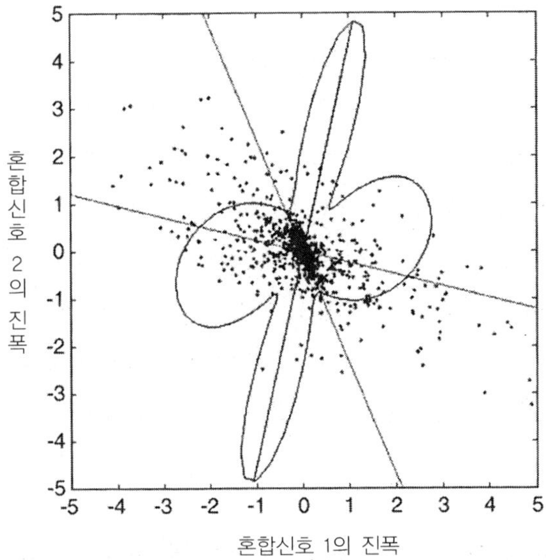

그림 6.1
추출된 신호의 첨도가 두 개의 음성 혼합신호에 대한 가중치 벡터 방향에 대해 어떻게 변화하는지 보여주고 있다. 표시된 점들은 혼합신호 1(x_1)과 혼합신호 2(x_2)의 관계를 보여준다. 가중치 벡터 $\mathbf{w}$의 임의의 방향에 대해 복원신호 y는 $\mathbf{w}$와 두 혼합신호 $\mathbf{x}=(x_1, x_2)$, $y=\mathbf{w}^T\mathbf{x}$의 내적으로 구할 수 있다. y의 첨도는 $\mathbf{w}$가 원점에 대하여 회전하는 것 같이 변한다. $\mathbf{w}$의 각각의 값에 대한 첨도가 원점으로부터 $\mathbf{w}$ 방향으로 거리를 유지하면서 연속적으로 그려져 있다. 임계적으로 첨도는 $\mathbf{w}$가 변환된 축 S_1' 또는 S_2'(점선으로 그려진)에 수직일 때 최대값을 갖고, $\mathbf{w}$는 이 방향에서 정확히 하나의 원신호를 복원한다. 첨도 안에서 하나의 최대값에 대응하는 $\mathbf{w}$의 방향이 실선으로 그려져 있다.

하나 이상의 원신호를 추출하는 방법에 대해서는 다음 절에서 다룰 것이다.

6.6 다중 원신호 복원에서의 첨도 활용

다중 원신호를 복원하는 전략은 아주 간단하다. 혼합신호 집합으로부터 각각의 복원신호를 제거한 후, 위의 절차를 이용하여 혼합신호 집합에서 "감소된" 원신호를 복원한다. 이러한 연속적인 절차를 흔히 수축(deflation)이라고도 한다.

이 전략의 가장 까다로운 부분은 남아있는 혼합신호 집합으로부터 각각의 복원신호를 제거하는 것이다. 그리고 이것은 Gram-Schmidt 직교화(GSO) 방법을 사용하여 얻을 수 있다(부록 C 및 제4장 역자보충설명 참조).

M차원(M-dimensional, MD) 공간에서 점으로 표현되는 M개의 혼합신호가 있을 때 GSO(그램-슈미트 직교화)는 이 데이터 점들을 $(M-1)$D 공간으로 사영시킨다. 결과적으로,

벡터 $\mathbf{w}_M$를 이용한 사영 추적으로 M번째 원신호가 얻어지면, 이 $(M-1)$D 공간은 $(M-1)$개의 변환된 축(S_1', S_2', ..., S_{M-1}')을 포함한다.

예를 들어, 처음에 세 개의 원신호로 이루어진 $M=3$인 혼합신호의 경우를 살펴보자. 앞에서 언급한 벡터 $\mathbf{w}=\mathbf{w}_3$를 사용하여 하나의 원신호를 복원할 수 있다. $\mathbf{w}_3$이 정확하게 하나의 원신호 $y_3=s_3$를 복원하기 위해서는 $\mathbf{w}_3$이 변형된 축 S_1'와 S_2'에 의해 정해진 평면 $P_{1,2}'$에 수직이어야 한다는 사실에 유의하라. 그리고 신호 y_3가 복원된 후에는 오직 이 평면에만 관심을 가질 것이다. GSO는 3차원(3D) 공간상의 점들을 2차원(2D) 공간, 즉 평면으로 사영시킬 수 있는 방법이므로 매우 유용하다. 게다가 이미 $\mathbf{w}_3$를 알기 때문에 GSO는 데이터들을 이전의 2차원 평면이 아닌 변형된 축 S_1'와 S_2'을 포함하고 있는 2차원 평면 $P_{1,2}'$에 사영시킨다.

6.7 사영 추적(Projection Pursuit)과 ICA를 이용한 동일 신호 추출

예를 들어, 원신호가 독립적이고 가우시안 분포를 갖지 않는다는 조건들이라면 위에서 설명한 순서의 절차를 통해 얻어지는 결과가 ICA를 이용해 얻어지는 것과 동일한 원신호를 얻을 수 있다(Hyvärinen & Oja, 1997, Hyvärinen 등, 2001a, p. 202 참조). 이것은 직관적으로 잘 이해가 안 될 수도 있다. 왜냐하면 사영 추적이 연속적으로 추출된 신호 각각에 대하여 최대한 가우시안 분포를 따르지 않도록 하는 반면에 ICA는 추출된 신호의 전체 집합의 독립성을 명백하게 최대화시키기 때문이다. 이러한 순차적인 추출에도 불구하고 사영 추적을 통해 상호 독립적인 추출신호 집합을 얻을 수 있다.

사실 이러한 결과는 원신호가 독립이고 가우시안 분포가 아닐 경우 잘 부합된다. 이에 대한 증명은 다음과 같이 요약할 수 있다.

M개의 혼합신호에 각각 기여하는 M개의 가우시안 분포가 아닌 신호 집합이 있다고 하자. 사영 추적을 사용하여 최대한 가우시안 분포를 갖지 않는 신호를 찾았다면 그 신호는 원신호 중 하나이다. 이는 복원벡터 $\mathbf{w}_1$에 의해 얻어지는 모든 가능한 신호 중에 원신호를 얻을 수 있게 해주는 특정 복원벡터 $\mathbf{w}_1$에 의해 최대한 가우시안 분포를 갖지 않는 신호를 얻을 수 있기 때문이다.

하나의 원신호를 얻은 후에 그것을 GSO 등의 방법을 이용하여 혼합신호로부터 제거한 다음, 사영 추적은 또 다른 최대한 가우시안 분포를 갖지 않는 신호를 찾는 데에 사용된다. 사영 추적에 관한 한 이것은 단지 또 다른 혼합신호 집합이다. 사영 추적을 통하여 원래 M개 혼합신호의 집합으로부터 원신호를 복원한 것처럼, 새로운 $M-1$개 혼합신호의 집합으로부터 원신호를 복원할 것이다. 왜냐하면 (전과 같이) 그렇게 함으로써 추적 사영을 통해 최대한 가우시안 분포를 갖지 않는 신호를 얻게 되기 때문이다. 그러므로 만약 원신호가 독립이고 가우시안 분포를 갖지 않는다면, 혼합신호의 수를 줄이기 위한 순차적인 사영 추적 응용은 ICA에 의해 얻는 것과 같은 원신호 집합을 얻는 결과가 될 것이다.

그러나 만약 원신호가 독립이 아니라면, ICA에 의해 추출된 신호와 사영 추적에 의해 추출된 신호의 차이가 나타날 것이다. 이런 경우에는 ICA와 추적 사영의 하나로서 최대화된 서로 다른 기능(예를 들어 독립성과 비가우시안 분포성)들이 ICA와 추적 사영에 의해 복원된 추정신호에 대해 다른 결과를 갖게 될 것이다.

6.8 신호 복원 종료 시점

원신호의 복원이 언제 끝났는지를 어떻게 알 수 있을까? 이 문제는 모든 BSS(블라인드 신호 분리) 방법에 해당하는 근본적인 문제이지만 그 답이 간단하지는 않다. 이러한 문제를 이해하기 위해 다음 예를 살펴보자.

두 사람이 동시에 말하고 있고 그것이 세 개의 마이크로 녹음되고 있다고 하자. 두 음성 원신호를 산포도(scatterplot)로 표현하면 2차원의 그래프로 나타낼 수 있다. 마이크를 통해 녹음된 세 개의 음성 혼합신호는 3차원의 그래프를 보일 것이다. 하지만 혼합과정 자체가 선형이므로 이 3차원상의 모든 점들은 같은 평면상에 존재한다. 다시 말해, 원신호는 3차원 혼합공간의 2차원 부공간을 차지할 것이다. 일반적으로 몇 개의 신호원이 존재하는지 모른다고 가정해보자.

이 데이터에 사영 추적을 적용하면 처음 복원된 두 가지 신호는 음성신호이지만, 그 이후에는 더 이상 복원할 것이 없다. 복원할 신호가 남지 않았을 경우에는 언제 복원이 종료되는지 알기 쉽다. 그러나 이러한 잡음이 없는 경우는 실제로 드물다. 각각의 마이크에서 잡음이 더해지므로 녹음된 데이터는 정확하게 한 평면상에 존재하기는 힘들다. 좀 더 실제적인 경우에 있어서 "신호"는 실제로 마이크 혹은 센서 잡음이 된다. 만약 센서 잡음의 진폭이 혼합신호의 진폭에 비해 작을 경우 데이터는 그러한 잡음을 제거하기 위해 전처리과정을 거칠 수 있다.

주성분 분석

데이터에 존재하는 잡음의 양을 줄이는 한 가지 보편적인 방법이 주성분 분석(PCA)이다. 간단하게 위의 음성신호의 예에서 PCA는 원신호를 포함하고 있는 2차원(2D)의 부공간을 확인할 것이고, 잡음의 에너지가 적은 데이터를 포함하는 1차원(1D)의 남아있는 부공간을 확인할 것이다. PCA를 사용하면 이 1차원 부공간을 없앨 수 있고, 2차원 부공간을 신호원 분리방법의 입력으로 사용할 수 있다. 더 일반적으로, PCA는 에너지가 적은 부공간을 고차원 데이터로부터 제거하는 데에 사용될 수 있다(제10장과 부록 F 참조).

복원할 신호원의 수를 추정하는 방법들은 보통 베이지안(Bayesian) 추정을 포함한 좀 더 복잡한 방법들이 있다(예를 들어, Penny 등, 2001). 이러한 방법들은 모델 복잡도(예를 들어, 복원행렬에서의 가중치 벡터의 수)와 관측된 데이터를 설명하는 모델의 범위에서 타협점을 찾는다.

사영 추적은 신호 구조를 무시

사영 추적(그리고 ICA)이 신호의 공간 혹은 시간 구조를 고려하지 않는 것은 아무 의미가 없다. 이는 사영 추적이 원신호가 가우시안 분포를 갖지 않는다는 가정, 즉 복원신호의 확률밀도 함수에 대해 정의된 가정에 의존하기 때문이다. 하지만 임의의 신호의 대한 확률밀도 함수는 그 신호 진폭값의 순서에 대한 정보를 가지고 있지 않다. 음성신호의 확률밀도 함수는 진폭값의 시간상 순서가 임의로 재정렬(변경)된다고 해도 변하지 않는다. 예를 들어, 신호의 시간상 순서가 역방향으로 바뀌어서 음성이 역순으로 들린다면 이것은 확률밀도 함수에는 영향이 없고, 따라서 사영 추적의 결과에도 영향을 끼치지 않는다.

이것은 음성과 같은 시간 신호의 효율적인 처리기와 추적 사영에서의 가정과는 다른 가정에 의존하므로 직관에 어긋난다. 그러므로 예를 들어, 음성 혼합신호가 역방향으로 재생된다면 음성 혼합신호에서 하나의 음성을 분리해내는 것은 매우 어려운 일이다(제5장 참조).

6.9 요약

가우시안 분포를 갖지 않는 원신호 집합의 서로 다른 혼합신호들은 가우시안 분포를 갖는 경향이 있다. 사영 추적을 통하여 혼합신호 집합으로부터 복원된 신호가 가능한 가우시안 분포를 갖지 않는 가중치 벡터를 찾는다. 원신호가 지속적으로 높은 첨도값을 갖게 되는 좁은 가우시안 분포를 갖는다는 가정은 흔한 일이다. 이러한 가정을 이용하여 가중치 벡터에 의해 복원된 신호가 가능한 한 첨도값을 갖는다면 복원된 신호는 원신호가 됨을 보였다.

MatLab 코드 부록 B에 간단한 프로그램 코드가 제공되어 있다.

역자의 보충설명

[참고문헌 : Cover and Thomas, Elements of Information Theory, Second Ed, Ch2, John Wiley(2006)]

■ **상대 엔트로피(Relative entropy)와 상호 정보량(Mutual information)**

1) 상대 엔트로피

랜덤 변수의 엔트로피는 랜덤 변수의 불확실성을 측정할 수 있는 양이다. 즉 랜덤 변수를 표현하는 평균에 필요한 정보량을 측정하는 것이다. 여기서는 두 개의 관련된 주제, 즉 상대 엔트로피와 상호 정보량을 설명하려고 한다.

상대 엔트로피는 두 분포 사이의 거리량이다. 통계학에서는 우도비(likelihood ratio)의 평균 로그함수로서 표현되기도 한다.

상대 엔트로피 $D(p \parallel q)$는 실제 분포가 p일 때 분포가 q라고 가정하는 비효율성을 측정하는 양으로 설명할 수 있다. 예를 들어, 랜덤 변수의 실제 분포가 p일 때 평균 표현 길이를 $H(p)$로 표현된다고 하면 분포가 q를 사용했을 때 랜덤 변수를 표현하는데 $H(p)+D(p \parallel q)$의 비트가 필요하게 된다.

정의 두 개의 확률밀도 함수 $p(x)$와 $q(x)$ 사이의 상대 엔트로피 혹은 Kullback-Leibler 거리(Kullback-Leibler distance)는 다음과 같이 정의된다.

$$D(p \parallel q) = \sum_{x \in \mathcal{X}} p(x) \log \frac{p(x)}{q(x)} \tag{1}$$

$$= E_p \left[\log \frac{p(x)}{q(x)} \right] \tag{2}$$

위의 정의에서 $o \cdot \log \frac{o}{o} = 0$, $o \cdot \log \frac{o}{q} = 0$, $p \cdot \log \frac{p}{o} = \infty$이다. 그러므로 만약 어떤 심볼 $x \in \mathcal{X}$가 존재하고 $p(x) > 0$이며, $q(x) > 0$이면 $D(p \parallel q) = \infty$이다.

또한 상대 엔트로피는 항상 음이 아니며, 만약 $p = q$이면 0이 된다는 것을 증명할 수 있다. 실제로 상대 엔트로피가 거리는 아니지만 그럼에도 불구하고 분포 사이에 거리로 생각할 때 유용한 점이 많이 있다.

2) 상호 정보량

정의 결합 확률밀도 함수 $p(x, y)$와 주변 확률밀도 함수 $p(x)$와 $p(y)$를 가지는 두 개의 랜덤 변수 X와 Y를 생각해보자. 상호 정보량 $I(X;Y)$는 결합 확률밀도 함수 $p(x, y)$와 확률밀도 함수 곱 $p(x)p(y)$의 상대 엔트로피로 표현된다.

$$I(X;Y)=\sum_{x\in\mathcal{X}}\sum_{y\in\mathcal{Y}}p(x,\ y)\log\frac{p(x,\ y)}{p(x)p(y)} \tag{3}$$

$$=D(p(x,\ y)\parallel p(x)p(y)) \tag{4}$$

$$=E_{p(x,y)}\log\frac{p(X,Y)}{p(X)p(Y)} \tag{5}$$

엔트로피와 상호 정보량 사이의 관계를 유도하기 위하여 $I(X;Y)$의 정의를 다시 쓰면 다음과 같다.

$$I(X;Y)=\sum_{x,\ y}p(x,\ y)\log\frac{p(x,\ y)}{p(x)p(y)} \tag{6}$$

$$=\sum_{x,\ y}p(x,\ y)\log\frac{p(x\mid y)}{p(x)} \tag{7}$$

$$=-\sum_{x,\ y}p(x,\ y)\log p(x)+\sum_{x,\ y}p(x,\ y)\log p(x\mid y) \tag{8}$$

$$=-\sum_{x}p(x)\log p(x)-\left(-\sum_{x,\ y}p(x,\ y)\log p(x\mid y)\right) \tag{9}$$

$$=H(X)-H(X\mid Y) \tag{10}$$

그러므로 "상호정보량= X의 불확실성 $-$ Y를 알고 있을 때 X에 여전히 남아 있는 불확실성"으로 설명할 수 있다. 이것을 정리하면 다음 식들로 정리할 수 있다.

정리 (상호 정보량과 엔트로피)

$$I(X;Y)=H(X)-H(X\mid Y) \tag{11}$$

$$I(X;Y)=H(Y)-H(Y\mid X) \tag{12}$$

$$I(X;Y)=H(X)+H(Y)-H(X,Y) \tag{13}$$

$$I(X;Y)=I(Y;X) \tag{14}$$

$$I(X;X)=H(X) \tag{15}$$

이상의 식들을 벤다이어그램으로 표시하면 그림 1과 같다.

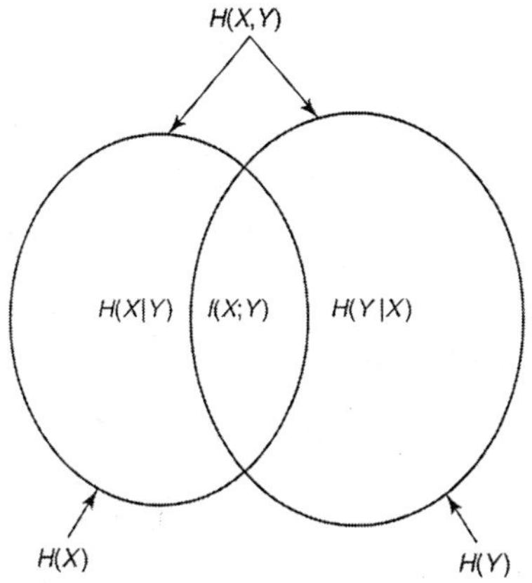

그림 1 엔트로피와 상호 정보량과의 관계

CHAPTER 7

독립성분분석

"내일 우박이 많이 와도 나는 놀라지 않을 거야." 에요라가 말했다. "눈보라 따위도. 오늘 날이 좋은 것은 아무 의미 없어. 그건 전혀 중... 뭐였더라 그 말? 어쨌든 그건 전혀 중요하지 않다는 것이지."

– Pooh Corner에 있는 집에서, AA Milne, 1928.

7.1 서론

ICA는 사영 추적의 다변량적이고 병렬적인 형태이다. 그러므로 사영 추적은 M개의 혼합 신호의 집합에서 신호 하나씩을 순차적으로 복원하는 반면, ICA는 M개의 신호를 병렬로 복원한다. 이러한 경향 때문에 ICA가 사영 추적에 비해 더 견고(robust)하다.

통계적 독립은 ICA 방식의 핵심이다. 그러므로 ICA를 이해하기 위해서는 통계적 독립성을 이해하는 것이 중요하다. 직관적으로, 두 변수 y_1과 y_2가 독립이면 어떤 한 변수값은 다른 변수값에 관한 어떠한 정보도 제공하지 않는다. 예를 들어, 달이 변하는 모습(y_1)은 대통령의 오늘 아침식사(y_2)에 관한 어떠한 정보도 제공하지 않는다. 즉, 달이 변하는 모습과 대통령의 아침식사는 통계적 독립 변수들이라고 한다.

7.2 결합 및 주변 분포의 독립성

7.2.1 독립 사건 : 동전 던지기

흔한 예인 동전 던지기를 생각해보자. 매번 던질 때마다 결과가 모두 독립이고 앞면이 나올 확률이 $p_h = 0.5$이면, 앞면 두 개가 나올 확률은 다음과 같다.

$$p_h \times p_h = \prod_{i=1}^{2} p_h \tag{7.1}$$

$$= 0.5^2 \tag{7.2}$$

$$= 0.25 \tag{7.3}$$

여기서 기호 $\prod$는 곱셈을 나타내는 표준 표기법이다. 이와 유사하게 N번의 동전 던지기로부터 정확히 N번의 앞면이 나올 확률은 다음과 같다.

$$\prod_{i=1}^{N} p_h = p_h^N \tag{7.4}$$

만약 동전이 $p_h = 0.2$로 치우쳐져 있다면, 앞면이 정확히 N번 나올 확률은 p_h의 N 제곱승이다.

$$p_h^N = 0.2^N \tag{7.5}$$

예를 들어, 앞의 동전으로 앞면을 5개 얻게 될 확률은 $0.2^5 = 0.00032$이다. 동전 던지기의 결과들은 모두 독립사건이므로 여러 개의 앞면이 나올 확률은 한 개의 앞면이 나올 확률을 각각 곱해서 구할 수 있다는 것을 알 수 있다.

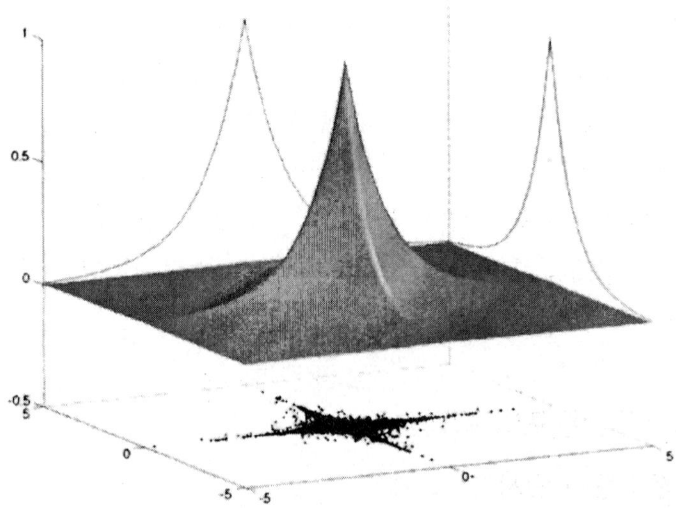

그림 7.1
(음성신호 등과 같은) 높은 첨도를 갖는 두 개의 변수의 결합 확률 분포(pdf)가 입체 표면의 형태로 나타나 있다. 각각의 높은 첨도 변수 s_1과 s_2의 주변 pdf가 한 수평축을 따라 입체 곡선으로 그려져 있다. 시간 t에서의 관측 값 $\mathbf{s}^t = (s_1^t, s_2^t)$의 결합확률은 평면상에 점으로 그 확률밀도 함수가 나타나 있으며 이 확률밀도 함수는 결합 pdf p_s의 근사값이며 이것은 입체표면의 높이로 표현된다.

7.2.2 독립신호 : 음성

이번엔 음성신호와 같은 흥미로운 예들과 함께 이 개념들을 알아보자. 정의에 의해서 음성 신호의 진폭 s가 s^t의 아주 좁은 범위 안에 있을 확률은 s^t에서 그 신호의 확률밀도 함수(pdf) $p_s(s^t)$로 주어진다. $p_s(s^t)$의 정의는 변수 s가 값 s^t를 갖게 될 확률을 뜻한다. 그림 2.3과 그림 7.1에서 보는 바와 같이 음성신호가 대부분 0에 근접한 진폭값을 갖고 있으므로, 음성신호의 pdf는 $s=0$에서 첨두값을 가진다. 전형적인 가우시안 분포를 갖는 혼합신호의 pdf가 그림 7.2에 나타나 있다.

이제 서로 다른 두 사람의 음성신호 s_1과 s_2가 독립이라고 가정하자. 이는 $s_2 = s_2^t$일 때 $s_1 = s_1^t$인 결합 확률 $p_s(s_1^t,\ s_2^t)$가 $s_1 = s_1^t$일 때 $p_{s1}(s_1^t)$인 확률과 $s_2 = s_2^t$일 때 $p_{s2}(s_2^t)$인 확률의 곱으로 주어짐을 의미한다.

$$p_s(s_1^t,\ s_2^t) = p_{s1}(s_1^t) \times p_{s2}(s_2^t) \tag{7.6}$$

s의 모든 값의 결합 확률은 결합 pdf p_s이고, 그림 7.1에서와 같이 두 개의 변수로 나타낼 수 있으며, 확률 $\mathrm{s} = (s_1^t,\ s_2^t)$가 s_1과 s_2의 값을 나타내는 두 개의 수평축 높이 $p_s(\mathrm{s})$로 주

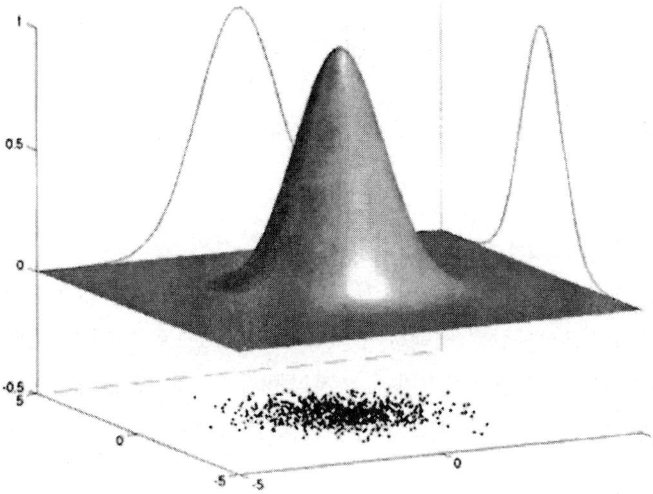

그림 7.2
(혼합신호 등과 같은) 두 개의 가우시안 변수들의 결합 확률분포 함수(pdf)가 입체 표면의 형태로 나타나 있다. 각각의 가우시안 분포를 갖는 변수 x_1과 x_2의 주변 pdf가 한 수평축을 따라 입체 곡선으로 그려져 있다. 관측 변수의 결합 확률 $x^t = (x_1^t,\ x_2^t)^T$는 평면상에 점으로 그 확률 분포가 나타나 있다. 이 확률 분포는 결합 pdf p_x의 근사값이며 이것은 입체표면의 높이로 표현된다.

어진다. 여기서 pdf p_{s1}과 p_{s2}는 결합 pdf p_s의 주변(marginal) pdf로 알려져 있다. 이 결합 pdf의 중요한 특징은 두 주변 pdf p_{s1}과 p_{s2}의 곱으로 그 결합 pdf가 얻어진다는 사실이며, 다시 한 번 강조하지만, 이 모든 것은 주변 pdf p_{s1}과 p_{s2}의 변수 s_1과 s_2가 독립이기 때문에 가능한 식이다.

식 (7.6)에서 벡터 형태인 변수 $\mathbf{s}^t = (s_1^t,\ s_2^t)$는 다음과 같은 pdf를 가진다.

$$p_s(\mathbf{s}^t) = p_{s1}(s_1^t) \times p_{s2}(s_2^t) \tag{7.7}$$

만약 모든 음성신호들이 같은 좁은 가우시안 분포를 갖는 pdf p_s에 의해 근사화 될 수 있다면, 그래서 $p_s = p_{s1} = p_{s2}$이 성립한다면 다음과 같이 쓸 수 있다.

$$p_s(\mathbf{s}^t) = p_s(s_1^t) \times p_s(s_2^t) \tag{7.8}$$

$$= \prod_{i=1}^{2} p_s(s_i^t) \tag{7.9}$$

또한, 각각의 모든 신호 값이 독립이라면, 각 신호 N개의 관측 값에 대한 확률은

$$p_s(s_1) = \prod_{t=1}^{N} p_s(s_1^t) \tag{7.10}$$

$$p_s(s_2) = \prod_{t=1}^{N} p_s(s_2^t) \tag{7.11}$$

이다. 그러면 N쌍 신호 값의 확률은

$$p_s(\mathbf{s}) = \prod_{t=1}^{N} p_s(\mathbf{s}^t) \tag{7.12}$$

이다. 각각의 모든 음성신호 값이 독립이라는 가정에 대해 지불한 값은 신호 값의 순서를 무시한다는 것이다. 이러한 가정은 명백하게 타당하지 않으므로 임의의 신호가 추정될 확률이 있다(만약 연속된 값이 서로 비슷하다면 부정확하게 될 것이다). 게다가 임의의 M개 독립신호 집합이 N번의 단계 동안 추정될 확률도 있다. 식 (7.9)를 식 (7.12)에 대입하면 다음과 같다.

$$p_s(\mathbf{s}) = \prod_{t=1}^{N} \prod_{i=1}^{M=2} p_s(s_i^t) \tag{7.13}$$

이것이 신호 s_1과 s_2가 독립이고 $\mathbf{s}^t$의 모든 값들이 독립일 때 관측 값의 확률이다.

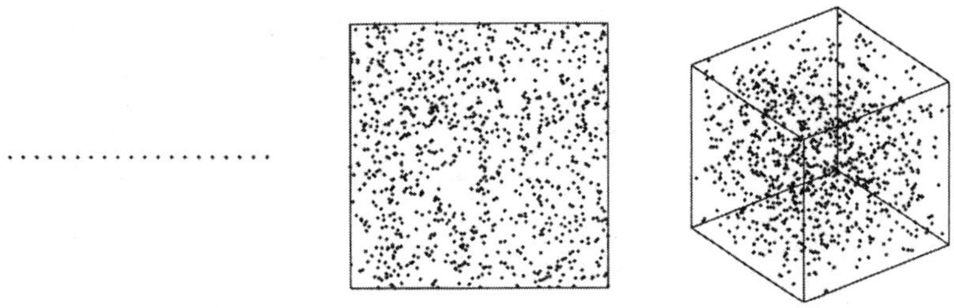

그림 7.3
한 개, 두 개, 세 개의 변수들에 대한 균일한 밀도의 점이 최대 엔트로피 분포를 정의한다. 각각의 경우, 일정한 규칙없이 변수들에 의해 정해진 공간들을 채운다. 최대 엔트로피 분포를 갖고 있는 변수는 서로 통계적 독립이다.

마지막으로, 양변에 로그를 취하면 보통 곱셈 항을 로그의 합으로 표현할 수 있으므로 식 (7.13)의 양변에 로그를 취하면 다음과 같다.

$$\ln p_s(\mathbf{s}) = \ln \prod_{t=1}^{N} \prod_{i=1}^{M=2} p_s(s_i^t) \tag{7.14}$$

$$= \sum_{t=1}^{N} \sum_{i=1}^{M=2} \ln p_s(s_i^t) \tag{7.15}$$

7.3 최대 엔트로피(Infomax)

혼합신호 집합과 복원행렬을 통해 신호가 추출되었을 때, 그 추출된 신호가 원신호인지 어떻게 알 수 있을까? 그 방법 중 하나는 추출된 신호들이 상호 독립인지 여부를 알아보는 것이다. 이것은 원신호를 찾는 방법으로 서로 독립인 신호를 찾는 것을 의미한다. 그러한 신호들을 찾기 위해서 추출된 신호들이 서로 얼마나 독립인지를 알려줄 측정 기준이 필요하다. 그렇기 때문에 추출된 신호들의 독립성 정도를 높여주기 위해 반복적으로 복원행렬을 변경시켜야 한다.

사실상 직접적으로 독립성을 측정할 순 없지만, 독립성과 관계된 또 다른 단위인 엔트로피는 측정이 가능하다.[1]

엔트로피는 유계집합(有界集合) 값 분포의 균일성(uniformity)을 나타내는 단위이고, 완벽한 균일성은 최대 엔트로피와 일치한다(그림 7.5). 즉, N개 값을 갖는 이산신호 집합이 있을

1 엔트로피, 상호정보와 정보 이론에 관한 내용은 (Jessop, 1995), (Cover & Thomas, 1991), (Reza, 1961) 참고.

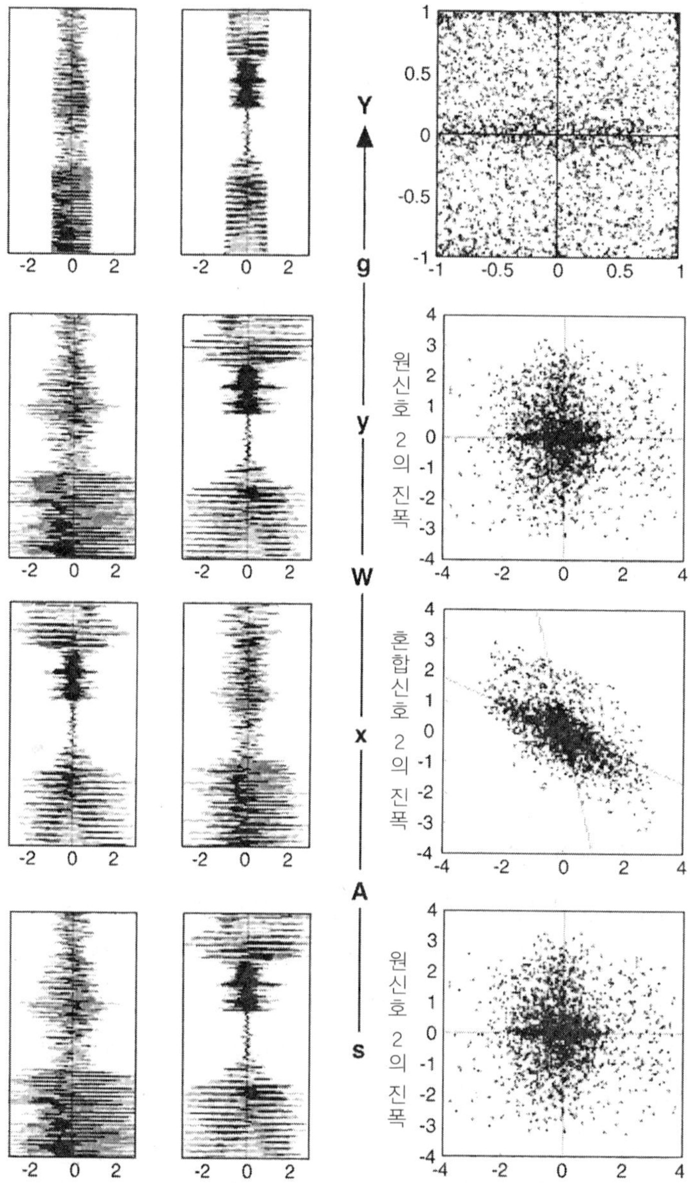

그림 7.4
두 개의 원 음성신호의 최대 엔트로피 ICA 개요. 좌측: 한 쌍의 신호가 수직축에 시간, 그리고 수평축에 진폭이 나타난다. 우측: 좌측의 두 신호를 점들로 표현. 각각의 그림들은 두 신호의 결합 확률분포 함수를 근사화한다.

미지의 원신호의 쌍 $\mathbf{s}=(s_1,\ s_2)^T$가 $\mathbf{x}=\mathbf{A}\mathbf{s}$를 만족하는 미지의 혼합행렬 $\mathbf{A}$에 의해 관측된 혼합신호의 쌍 $\mathbf{x}=(x_1,\ x_2)^T$로 변하게 된다. 이 원 혼합신호 쌍 $\mathbf{x}=(x_1,\ x_2)^T$은 $\mathbf{y}=\mathbf{W}\mathbf{x}$를 만족하는 미지의 복원행렬 $\mathbf{W}$에 의해 추출된 신호 쌍 $\mathbf{y}=(y_1,\ y_2)^T$로 변하게 된다. 만약 이 행렬이 최적의 미지의 복원행렬이라

면 $\mathbf{W}$에 의해 $\mathbf{x}$로부터 추출된 신호 $\mathbf{y}$가 구하려는 원신호 $\mathbf{s}$가 되고, $\mathbf{Y}=g(\mathbf{y})$로 정의된 확률분포함수(cdf) 모델 g에 의해 변환된 $\mathbf{y}$로부터 얻어진 신호 $\mathbf{Y}=(Y_1, Y_2)$는 균일 결합 분포(즉, 최대 엔트로피)를 가진다.
ICA는 $\mathbf{Y}=g(\mathbf{y})$(우측 상단) 분포의 균일성(엔트로피)을 최대화하기 위해서 $\mathbf{W}$의 복원계수를 조절함으로써 수행되는데, 이때 g는 원신호의 cdf로 가정한다. 만약 g가 원신호의 cdf라면 추출된 신호 $\mathbf{y}=\mathbf{Wx}$는 원신호를 근사화한다. 일반적으로 $\mathbf{Y}$의 결합 pdf(우측 상단)는 정확하게 균일하지 않다는 사실에 주의하라. 왜냐하면 모델 cdf g와 원신호 cdf 사이의 정합(match)이 정확하지 않으며, 또한 이 정합이 ICA가 동작하는데 있어서 정확성을 요구하지 않기 때문이다(Cardoso, 2000, Amari, 1998).

때 이 집합의 엔트로피는 그 집합의 값들의 균일성에 영향을 받는다.

그 집합의 엔트로피를 결합 엔트로피라고 한다. 예를 들어, 0과 1 사이에 고정된 범위 안의 세 변수가 있을 때 그들의 엔트로피는 단위정육면체의 균일도로 표현된다(그림 7.3 참조). 만약 임의의 변수가 확률밀도 함수로 정의되면 그 범위는 1인 것에 주의하라.

상호 독립인 신호를 알아내는 것은 복원행렬에 의해 추출된 신호(고정된 비선형 함수 g)의 엔트로피를 최대화시키는 그 복원행렬을 찾아내는 것과 같다. 이러한 신호들의 엔트로피를 최대화시키는 복원행렬은 공유 엔트로피(shared entropy) 혹은 그 신호와 혼합신호 간 상호정보의[2] 양 또한 최대화시킨다. 엔트로피를 최대화시켜 독립신호를 찾아내는 것을 최대 엔트로피(infomax)라고 한다(Bell & Sejnowski, 1995).

7.3.1 최대 엔트로피 개요

우선 엔트로피를 최대화 한다는 것은 단지 우리의 목적을 이루기 위한 방법이고, 그것은 제한신호(bounded signal)와 관련된 중요한 세 가지 사실에 의해 결정된다는 것을 반드시 기억해야 한다(Cover & Thomas, 1991).[3]

- 균일(uniform) 결합 pdf의 신호집합은 최대 결합 엔트로피를 가진다.
- 최대 결합 엔트로피를 갖는 신호집합은 상호 독립이다.
- 상호 독립인 최대 엔트로피 신호들의 임의의 가역함수[4] 또한 상호 독립인 신호들을 생성한다.

위에서 언급한 사실들은 그림 7.4에 요약된 다음과 같은 전략을 가능하게 한다.

2 두 신호 사이의 상호정보는 각 신호가 포함하는 상대 신호 정보량의 척도이고, 개별 엔트로피의 합과 두 신호의 결합 엔트로피와의 차이에 의해 주어진다.

3 간편함을 위해 모든 신호는 제한된다고 가정한다.

4 함수 $Y=g(y)$가 가역이면, Y의 모든 값은 y의 단 하나의 값에만 연관된다. 반대의 예제로, $Y=\sin(y)$는 Y의 모든 값들이 무한한 수의 y값들과 연관되기 때문에 비가역 함수이다.

복원행렬 W에 의해 추출된 신호들 $\mathrm{y} = \mathrm{Wx}$의 가역 다변량 함수 g가 주어졌을 때 신호 $\mathrm{Y} = g(\mathrm{y})$가 최대 엔트로피를 갖는 W를 구하라.

표기법 g와 같은 함수는 단일변량 그리고 다변량 함수 모두를 표시할 때 사용하는데, 예를 들어, 단일변량 변수 $g(\mathrm{y})$와 벡터값을 갖는 변수 $\mathrm{y} = (y_1, y_2, \ldots, y_M)^T$가 있을 경우, $g(\mathrm{y}) = (g(y_1), g(y_2), \ldots, g(y_M))^T$이다.

신호 Y의 엔트로피는 추출된 신호가 cdf g와 일치하는 확률분포 함수(cdf)를 가질 때 최대가 된다는 사실이 밝혀졌다. 이 "cdf-정합"이라고 부르는 성질은 ICA의 핵심특성이지만 다소 과소평가되고 있다. cdf의 도함수가 그에 상응하는 pdf를 정의하듯이(제5장 참조), ICA 또한 특정 pdf를 정합하는 추출신호를 복원하는 방법으로 설명될 수 있다. 예를 들어, 원신호가 작고 밝은 영역을 포함하는 영상으로 구성되어 있을 때 비대칭-pdf 모델을 사용해 관측된 영상 시퀀스의 공간 ICA를 수행할 수 있을 것이다(Stone 등, 2002). 혹은, 만약 원신호들이 넓은 가우시안 분포를 갖는 pdf(음성신호 등)이거나 좁은 가우시안 분포를 갖는 pdf라면 그에 상응하는 pdf 모델을 사용할 수 있다. 그러므로 복원될 원신호의 특징에 그 pdf 모델을 "맞추는"것이 가능하다.

여기서 필요한 신호 y는 그 신호와 다르긴 하지만 연관되어 있는 신호 집합 $\mathrm{Y} = g(\mathrm{y})$의 엔트로피를 최대화시켜서 얻을 수 있음에 주의하라. 바로 이 이유 때문에 엔트로피를 최대화시켜서 목적을 달성하게 되는 것이다.

이 해법을 완성시키려면 다음 사실 한 가지가 더 필요하다.

- 임의의 함수 g가 가역이면 그것의 역함수 g^{-1} 또한 가역이다.

위의 사실로 신호 $\mathrm{Y} = g(\mathrm{y})$가 독립이라면 추출된 신호 $\mathrm{y} = g^{-1}(\mathrm{Y})$ 또한 독립이 성립한다.

기하학적 관점에서 생각할 때 혼합신호 x가 고정되어 있다면, 사상 $\mathrm{x} \rightarrow \mathrm{Y}$과 관련한 엔트로피의 변화를 최대화하는 것은 가능한 한 Y를 넓게 분포시키는 효과가 있으므로, Y 점에서의 엔트로피가 최대화된다.

요약하면, 혼합신호 x와 동일한 독립적인 cdf 모델 g가 주어졌을 때 신호 $\mathrm{Y} = g(\mathrm{y})$의 결합 엔트로피를 최대화시키는 복원행렬 W를 찾을 수 있는데, 이때 $\mathrm{y} = \mathrm{Wx}$는 W에 의해서 추출된 신호이다. 최적의 W가 주어지면 신호 Y는 최대 엔트로피를 가지면서 독립적이라는 것이다. 이 사실은 추출된 신호 $\mathrm{Y} = g^{-1}(\mathrm{y})$ 또한 독립이라는 것을 말해주는데, 그 이유는 g가 가역함수이기 때문이다. 다음 절에서는 엔트로피에 관한 간략한 소개를 한 후에 이 방법에 대해 더 자세히 언급하고자 한다.

7.3.2 엔트로피

앞에서 언급한 대로 엔트로피는 본질적으로 Z^1, Z^2, ..., Z^i을 값으로 갖는 변수 Z의 분포 균일도(uniformity of distribution)의 척도인데, 다시 말해, 변수가 얼마만큼 균일한 분포를 가지는지를 정량적으로 보여준다는 의미이다. 그러므로 완전한 균일도는 최대 엔트로피 분포를 의미한다.

또한 엔트로피는 사건에 대한 의외성의 평균 양으로 설명되기도 한다. 예를 들어, 어떤 날 i에 번개에 맞을 사건 Z는 $Z_i = 1$으로 표현되고(여기서 Z는 $Zapped$(감전된)를 의미), 이를 '의외의'사건이라 할 수 있는 이유는 이 사건의 확률이 매우 낮기 때문이다.

$$p(Z^i = 1) \approx 0 \tag{7.16}$$

사건의 결과 $Z^i = 1$에 대한 의외성의 정확한 양은 다음과 같이 정의된다.

$$-\ln p(Z^i = 1) \tag{7.17}$$

이때 p값이 작으면 결과가 커지고, p값이 크면 결과가 작아진다.

이와 반대로 어떤 날 i에 번개를 맞지 않을 사건은 $Z_i = 0$로 표현되고, 이를 '놀랍지 않은' 사건이라 할 수 있는 것은 이 사건의 확률이 매우 높기 때문이다. 즉, 실제로 번개를 맞기가 쉽지 않다는 의미이다.

$$p(Z^i = 0) \approx 1 \tag{7.18}$$

만약 어떤 날에 번개 맞을 확률이 $p(Z^i = 1)$이라면 번개 맞지 않을 확률은 $(1 - p(Z^i = 1))$이다. 그러면 의외성의 양은 다음과 같다.

$$-\ln(1 - p(Z^i = 1)) \tag{7.19}$$

좀 더 쉽게 표기하기 위해 $p = p(Z^i = 1)$를 정의한다.

엔트로피의 표준 표기는 H로 하며 변수 Z에 관한 의외성의 평균량으로 정의되고 다음 식을 만족한다.

$$H(Z) = -p\ln(p) - (1-p)\ln(1-p) \tag{7.20}$$

이제 더 친숙한 동전 던지기의 예로 다시 돌아가 보자. 이 경우는 의외성의 평균량이 동전의 편중(bias)현상과 연관되어 있다. 만약 편중을 i번째 던지기에서 앞면이 나올($Z^i = 1$) 확률 p라고 정의한다면, 이 동전 던지기의 결과를 예측하는 것은 동전이 $p = 1$이거나 $p = 0$일 정도로 심하게 편중되어 있을 때 가장 쉽다(그림 7.5 참조). 이 두 가지 편중현상이 있을 경

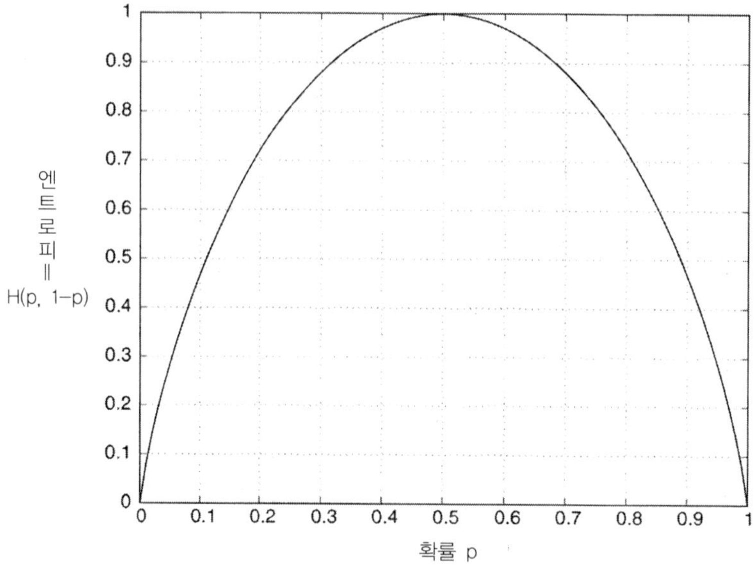

그림 7.5

0과 1사이의 동전 편중 p_h의 여러 값에 따른 동전 던지기의 엔트로피. 만약 앞면을 1로 표기하고 뒷면을 0으로 표기한다면 각 던지기의 결과는 동전 편중 현상이 없는 $p_h = 0.5$에서 가장 예측이 어려우며, 그에 해당하는 N개 결과의 집합은 최대 엔트로피를 가진다. 이것은 밑수가 어떤 대수(log)이던지 성립하며, 이 그래프에서는 밑수 2인 대수를 사용하였다.

우, 연속적인 동전 던지기를 했을 때 의외성의 평균량은 0이다. 왜냐하면 우리는 이미 모든 동전 던지기의 결과를 알고 있기 때문이다. 두 경우 모두 Z^i값의 최저 엔트로피 분포에 해당한다.

만약 $p \to 0$일 때 $\ln p \to -\infty$ 혹은 $\ln 0$이 정의되지 않는다는 사실을 고려하기 위하여 $p \to 0$에 따라 $p \ln p$가 어떤 극한값을 갖는지 생각해 봐야 할 것이다. 실제로, p가 0에 접근하는 속도가 $\ln p$가 $-\infty$에 접근하는 속도보다 빠르며, $p \to 0$일 때 $p \ln p$가 0으로 접근한다는 사실이다. 이러한 원리는 $(1-p) \to 0$일 때 $(1-p)\ln(1-p)$의 극한값에도 적용된다. 그러므로 식 (7.20)의 극한값은 $p \to 0$일 때와 $p \to 1$일 때 0이 된다. 이에 대한 증명은 일반적인 미적분학 교재에서 찾아 볼 수 있다.

만약 동전이 편중 현상이 없는 $p = 0.5$의 경우에 동전 던지기의 결과를 예측하는 것은 가장 어려우며 이 경우 연속적인 동전 던지기의 결과와 관련된 의외성의 평균량은 최대가 되고, 그 결과의 분포는 최대 엔트로피를 가진다. 즉, $p = 0.5$인 경우 엔트로피는 다음과 같다.

$$H(Z) = -\ln 0.5 \tag{7.21}$$

$p=0.5$인 경우의 연속적인 동전 던지기 결과를 두 개의 히스토그램으로 나타냈을 때, 첫 번째 그래프(0)는 두 번째 그래프(1)와 그 크기가 거의 유사할 것이다. 이때 이 값들의 분포는 균일하며 최대 엔트로피 분포를 가진다. 동전의 편중현상이 $p=0$에서 $p=1$까지 변화하기 때문에 0~1 값의 엔트로피 분포는 달라진다(그림 7.5 참조).

밑수가 e인 자연대수(ln)를 사용하고 있지만, 어떤 밑수에 상관없이 최대 엔트로피는 $p=0.5$인 경우이다. 만약 밑수가 2인 대수(log)를 사용할 경우 그 단위를 비트(bits)라고 한다. 이를 사용하면 식 (7.21)의 값은 그림 7.5에서 보는 바와 같이 1이 될 것이다.

좀 더 일반적으로 확장하면, 만약 n개의 면을 가진 주사위처럼 n개의 결과가 나오는 경우에 그 결과의 확률이 p_i라면 예상되는 의외성, 혹은 엔트로피는 다음과 같다.

$$H(Z) = -\sum_{i}^{n} p_i \ln p_i \tag{7.22}$$

만약 모든 p_i값이 동일하다면, 즉 p_i의 분포가 균일하다면 그 최대값은 $\ln p_i$가 된다. $n \to \infty$일 때 p_i가 연속 확률밀도 함수(pdf) p_Z를 의미하는 것을 주의하고, 좀 더 일반적으로 균일한 분포가 최대 엔트로피 분포에 해당된다는 사실에 유의하라.

단일변량 혹은 확률밀도 함수(pdf)가 p_Z인 신호 Z에 대한 엔트로피[5]의 일반적인 정의가 식 (7.22)에 주어져 있고, 여기서 $n \to \infty$일 때 다음과 같다.

$$H(Z) = -\int_{z=-\infty}^{+\infty} p_Z(z) \ln p_Z(z)\, dz \tag{7.23}$$

이것은 $\ln p_Z(z)$항의 가중치 평균으로 제5장에서 pdf의 각 모멘트를 정의했던 가중치 평균과 유사하다. pdf의 모멘트가 기대값으로 표현될 수 있듯이 엔트로피를 표현하면 다음과 같다.

$$H(Z) = -E[\ln p_Z(z)] \tag{7.24}$$

앞에서 언급했듯이 이 식은 변수 Z의 평균 의외성을 의미한다.

엔트로피의 계산

변수 Z의 엔트로피를 계산할 때 두 가지 방법으로 계산할 수 있는데 이 방법들 사이에는 중요한 차이점이 존재한다. 우선 식 (7.22)에서처럼 n개의 p_i pdf로 계산하던지, 혹은 어떤

5 만약 위에서 본 바와 같이 Z가 연속 변수라면, 즉 $n \to \infty$일 때 극한을 취한 엔트로피는 미분 엔트로피라고 한다. 그러나 여기서 엔트로피는 이산, 연속 변수 모두 해당하는 엔트로피를 지칭할 때 사용한다.

사건의 결과 Z^1, Z^2, ..., Z^N의 유한한 수 N개로부터 계산할 수 있다. 여기서 각 Z^t는 예를 들어 주사위 던지기의 결과가 될 수도 있다. 만약 결과 Z^t를 얻을 확률이 $p_Z(Z^t)$이라면, 각 결과 의외성의 양은 $-\ln p_Z(Z^t)$가 된다. 이때 만일 엔트로피가 평균 의외성으로 주어진다면 다음을 만족한다.

$$H(Z) = -\frac{1}{N}\sum_{t}^{N} \ln p_Z(Z^t) \tag{7.25}$$

위 식은 식 (7.22)와는 수식의 형태가 조금 다른 것을 알 수 있다. 즉, pdf p_Z와 관련한 변수 Z의 엔트로피는 두 가지 다른 방법에 의해서 얻어지게 된다. 한 가지는 식 (7.22)를 이용해 P_Z 자체로부터 구하는 방법이고, 또 다른 한 가지는 식 (7.25)를 이용하여 pdf P_Z(예를 들어 주사위 집합)로부터 표본화된 N개의 관측된 값 Z^1, Z^2, ..., Z^N을 통해 얻는 방법이다. 이 경우에는 i번째 그래프로부터 표본화된 Z^t값의 수는 그 그래프의 높이에 비례할 것이다. ICA에서는 이러한 후자의 형태가 사용된다.

7.3.3 단일변량 확률밀도 함수의 엔트로피

이제 신호 $Y=g(y)$에 대해 고려해보면, 여기서 $y=\mathbf{w}^T\mathbf{x}$는 복원행렬 $\mathbf{W}$의 한 행 $\mathbf{w}^T$에 의해 추출된 신호이며 엔트로피 Y는 다음 식과 같이 계산된다.

$$H(Y) = -\frac{1}{N}\sum_{t=1}^{N} \ln p_Y(Y^t) \tag{7.26}$$

이제 아래 기술한 내용을 증명해 보고자 한다.

- y가 cdf g를 갖는 신호라면 신호 $Y=g(y)$는 최대 엔트로피를 가진다. 이것은 $Y=g(y)$의 pdf는 균일하다(uniform)고 말하는 것과 같은 개념이다.

먼저 신호 $Y=g(y)$의 pdf p_Y가 추출된 신호 $y=\mathbf{w}^T\mathbf{x}$의 pdf로 다음 식과 같이 표현할 수 있음을 증명하고자 한다(제7장 역자의 보충설명 참조).

$$p_Y(Y) = \frac{p_y(y)}{\left|\frac{dY}{dy}\right|} \tag{7.27}$$

여기서 $|\cdot|$는 절대값[6]을 나타낸다(그림 7.6 참조).

6 이 해석은 Sivia, 1996, p.70를 참고하라.

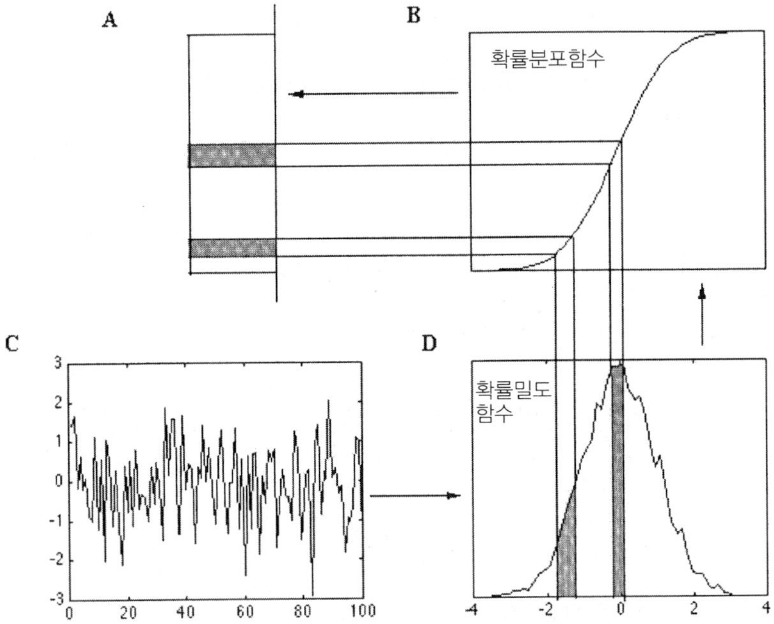

그림 7.6

신호가 자신의 확률분포함수(cdf)에 의해 변환되었을 때에 어떻게 균일 분포(A)가 얻어지는지를 보여주는 계통도. 신호 $y=(y^1, \ldots, y^{5000})$는 신호의 pdf p_y의 근사값을 갖는 정규분포화된 히스토그램(D)을 구성하는데 사용된다. y 신호 5,000개 중 오직 100개의 값만이 C에 나타나 있다. y 신호 값의 범위가 D의 히스토그램에서는 x축에 반영된 것을 주의하라. p_y를 적분하면 y의 cdf g의 근사값을 얻게 되고, 이때 그 범위는 0에서 1까지이다(B). 신호 $Y=g(y)$는(나타나지는 않았지만) A의 그림을 90도 회전시켜서 나타나는 균일분포인 pdf p_Y를 가진다. 신호 Y는 A에서 각각 어두운 영역 $p_Y(Y)\Delta Y$가 그에 대응되는 D에서 어두운 영역 $p_y(y)\Delta y$와 동일해야 하기 때문에 균일분포를 가진다. 그러므로 D의 x축에서 임의의 구간 Δy는 그 구간이 cdf g에 의해 대응되는 A의 ΔY의 구간으로 사상될 때 축소되거나 확장된다. y^t가 중심값 구간에서 축소 혹은 확장되는 양은 y^t에서의 cdf g의 기울기(도함수)에 의존한다는 사실에 유의하라.

작은 구간 Δy를 $y=y^1$ 주변의 값으로 정의한다고 했을 때, y가 $y^1-\Delta y/2$와 $y^1+\Delta y/2$ 사이에 존재할 확률은

$$p(y^1-\Delta y/2 < y \le y^1+\Delta y/2) \approx p_y(y^1)\Delta y \tag{7.28}$$

여기서 등식은 $\Delta y \to 0$일 때 극한을 취하면 성립한다.

유사하게 Y가 $Y^1-\Delta Y/2$와 $Y^1+\Delta Y/2$ 사이에 존재할 확률은

$$p(Y^1-\Delta Y/2 < Y \le Y^1+\Delta Y/2) \approx p_Y(Y^1)\Delta Y \tag{7.29}$$

단조증가함수 g의 값 y^1은 가역이므로 유일하게 $Y^1=g(y^1)$으로 1대1 사상이 되고, 구간

Δy도 해당하는 다음 구간으로 사상된다.

$$\Delta Y = g(y^1 + \Delta y/2) - g(y^1 - \Delta y/2) \tag{7.30}$$

$Y^1 = g(y^1)$일 때, $y^1 \pm \Delta y/2$ 구간에서 y를 관측할 확률은 $Y^1 \pm \Delta Y/2$ 구간에서 Y를 관측할 확률과 같다.

$$p_Y(Y^1)\Delta Y = p_y(y^1)\Delta y \tag{7.31}$$

위첨자를 생략하고 다시 정리하면 다음과 같다.

$$p_Y(Y) = p_y(y)\frac{\Delta y}{\Delta Y} \tag{7.32}$$

$$= \frac{p_y(y)}{\dfrac{\Delta Y}{\Delta y}} \tag{7.33}$$

그리고 $\Delta y \to 0$일 때 극한을 취하면 다음과 같다.

$$p_Y(Y) = \frac{p_y(y)}{\dfrac{dY}{dy}} \tag{7.34}$$

만약 g가 단조감소라면 dY/dy는 음의 값이 될 것이다. 단조증가함수와 단조감소함수를 같이 고려하기 위해 도함수에 절대값을 취하면 다음과 같다.

$$p_Y(Y) = \frac{p_y(y)}{\left|\dfrac{dY}{dy}\right|} \tag{7.35}$$

모든 cdf가 단조증가이므로 사실 절대값을 취할 필요는 없다. 하지만 그것을 적용한 이유는 다음 절에 소개될 일반적인 다변량의 경우 때문이다.

$|dY/dy|$의 값은 길이의 비(양의 값)의 극한($dy \to 0$일 때)을 나타내며 그 결과 y의 증분이 Y의 증분으로 사상된다는 점에 유의하라. $|d(Y)/dy|$의 값은 *Jacobian* 행렬식이라 하고 J로 표기한다. 다음 절에서 소개하겠지만 이 용어는 보통 도함수의 행렬 **J**의 행렬식을 의미한다. 이로써 식 (7.27)의 결과를 증명하였다.

$Y = g(y)$일 때 도함수 $|dY/dy| = g'(y)$를 표현하기 위해 프라임 기호(′)를 사용한다.

$$P_Y(Y) = \frac{p_y(y)}{g'(y)} \tag{7.36}$$

위 식에선 $g'(y)$가 pdf이므로, 즉 $g'(y^t) > 0$이므로 $|\bullet|$연산자를 생략할 수 있다. 원신호가 $g' = p_s$이라는 가정 하에 g'를 pdf p_s로 대체할 수 있다.

$$P_Y(Y) = \frac{p_y(y)}{p_s(y)} \tag{7.37}$$

위 식을 식 (7.26)으로 대체하면 다음과 같다.

$$H(Y) = -\frac{1}{N}\sum_{t=1}^{N} \ln \frac{p_y(y^t)}{p_s(y^t)} \tag{7.38}$$

$y = \mathbf{w}^T\mathbf{x}$가 가중치 벡터 $\mathbf{w}$에 의해 추출된 것임을 다시 생각해 보자. 만약 추출된 신호 y의 pdf p_y가 원신호의 pdf p_s로 사상될 수 있는 $\mathbf{w}$가 존재한다면 $p_y(y)/p_s(y) = 1$이 되고, 따라서 그 비율은 일정하다. 이 사실은 $p_Y(y) = p_y(y)/p_s(y)$가 균일하다(uniform)는 것을 의미하고, 따라서 $p_Y(y)$가 최대 엔트로피 pdf라는 것을 말해준다.

또한 신호 $Y = g(y)$의 엔트로피를 최대화시키는 복원벡터 $\mathbf{w}$가 있을 때, 추출된 신호 $y = \mathbf{w}^T\mathbf{x}$의 pdf $p_y(y)$는 pdf $p_s(y)$로 사상될 것이다. 그러므로 함수 p_s는 혼합물 $\mathbf{x}$로부터 추출될 신호의 확률밀도 함수의 함축적 모델의 역할을 한다. 다시 말해, 엔트로피를 최대화시키는 $\mathbf{w}$가 pdf $p_y(y) = p_s(y)$인 신호 y를 추출하는 $\mathbf{w}$이므로, 함수 p_s는 추출된 신호의 pdf를 구체화시키는데 사용될 수 있다.

식 (7.38)이 확률밀도 함수(pdf) p_y와 p_s사이의 유사성의 척도가 됨을 주목하라. 사실 식 (7.38)의 음의 부호는 *Kullback-Leibler* 거리(distance) 혹은 상대 엔트로피로 알려진 두 pdf 차이의 표준 척도의 이산형태이다. 그러므로 식 (7.38)을 최대화하는 것은 p_y와 p_s사이의 *Kullback-Leibler* 거리 혹은 상대 엔트로피를 최소화시키는 것에 해당된다. 몇몇 저자들은 ICA를 *Kullback-Leibler* 거리를 최소화시키는 것으로 해석하기를 선호한다. *Kullback-Leibler* 거리는 여기에서처럼 단일변량 pdf 혹은 결합 pdf 양쪽 모두에 적용 가능하다(제6장 역자의 보충설명 참조).

원신호 s의 pdf는 $p_s = g'$이고, 이것은 함수 g가 s의 cdf임을 의미한다.

$$g = \int g'(y)dy \tag{7.39}$$

그리고 추출된 신호 y가 $p_s = g' = p_y$이면, g는 다음 식과 같다.

$$g = \int p_y(y)dy \tag{7.40}$$

만약 $Y=g(y)$의 엔트로피를 최대로 만드는 가중치 벡터가 있다면 추출된 신호 y는 cdf g를 가진다. 예를 들어, g'가 좁은 가우시안 분포를 갖는 확률밀도 함수(높은 첨도를 갖는 pdf)라면 $Y=g(y)$의 엔트로피를 최대로 만드는 가중치 벡터 역시 추출된 신호 $y=\mathbf{w}^T\mathbf{x}$의 첨도를 최대화시킬 것이다. 이것이 앞에서 언급한 ICA의 cdf 사상(pdf 사상과 같다) 특성이다.

주어진 추출된 신호 y에 대하여 식 (7.38)을 계산하기 위해서는 $p_y(y)$에 대한 표현이 필요하다. 여기에서 다뤄진 단일변량의 경우 그 계산이 가능한 반면에, 최종결과식 표현은 불필요하기도 하며 또 유도하기도 복잡하다. 이것은 $p_y(y)$에 해당하는 표현이 상대적으로 간단하므로 ICA가 다중 원신호를 동시에 추출하는 것이 가능하기 때문이다. 이 내용은 다음 절에서 다루고자 한다.

7.3.4 다변량 확률밀도 함수의 엔트로피

이제 위의 단일변량의 결과가 다변량 pdf에도 일반화를 적용시킬 수 있는지를 보이기 위해 앞절의 추론의 큰 틀을 그대로 따라가려 한다.

두 개의 유계(有界)의 변수가 있을 때, 이 변수들의 결합 엔트로피는 한 신호의 값이 그에 대응되는 다른 신호에 대한 값으로 표현될 때 넓게 퍼진 점의 양으로 나타난다(그림 7.3 가운데 그림 참조).

좀 더 공식화하면, 두 변수 $\mathrm{Z}=(Z_1, Z_2)$의 결합 엔트로피는 다음과 같다.

$$H(\mathbf{Z}) = -\int_{z_1=-\infty}^{+\infty}\int_{z_2=-\infty}^{+\infty} p_Z(z_1,\ z_2)\ln p_Z(z_1,\ z_2)dz_1dz_2 \tag{7.41}$$

여기서 결합 pdf $p_Z(\mathbf{z})=p_Z(z_1,\ z_2)$는 $\mathbf{z}=(z_1,\ z_2)$에서의 밀도이다. 위 식을 벡터 변수 $\mathbf{z}=(z_1,\ z_2)$를 사용하여 좀 더 간결하게 하면 다음과 같다.

$$H(\mathbf{Z}) = -\int_{\mathbf{z}} p_Z(\mathbf{z})\ln p_Z(\mathbf{z})d\mathbf{z} \tag{7.42}$$

여기서, 결합 pdf $p_Z(\mathbf{z})=p_Z(z_1,\ z_2)$는 $(z_1,\ z_2)$에서의 밀도이다.

식 (7.24)에서 1차원 적분은 단일변량 함수 $\ln p_Z(z)$의 가중치 평균을 의미하는 것처럼, 식 (7.42)도 다변량 함수의 가중치 평균이다.

$$\ln p_Z(\mathbf{z}) = (\ln p_Z(z_1),\ \ln p_Z(z_2),\ \ldots,\ \ln p_Z(z_M)) \tag{7.43}$$

그러므로 식 (7.42)에서 정의된 결합 엔트로피는 다음과 같이 간단히 표현된다.

$$H(\mathbf{Z}) = -E[\ln p_Z(\mathbf{z})] \tag{7.44}$$

만약 다변량 pdf $p_Z(\mathbf{z})$의 M개의 주변(marginal) pdf $(p_Z(z_1),\ p_Z(z_2),\ \ldots,\ p_Z(z_M))$가 각각 독립이면 다음과 같다.

$$\ln p_Z(\mathbf{z}) = \ln \prod_i^M p_Z(z_i) \tag{7.45}$$

$$= \sum_i^M \ln p_Z(z_i) \tag{7.46}$$

위 식은 최대 엔트로피(infomax) 개념에 있어서 아주 중요한 식이다. 왜냐하면 다변량 pdf가 독립적인 주변 pdf로 구성된 원신호의 모델로 사용된다는 가정, 즉 원신호 또한 독립이라는 가정을 구체화하는데 사용되기 때문이다.

N개의 표본화 된 값들의 유한한 집합에 대해 식 (7.44)는 다음과 같이 된다.

$$H(\mathbf{Z}) = -\frac{1}{N}\sum_{t=1}^{N} \ln p_Z(\mathbf{Z}^t) \tag{7.47}$$

이제 복원행렬 $\mathbf{W}$에 의해 추출되는 신호의 집합이 $\mathbf{y} = \mathbf{W}\mathbf{x}$일 때 벡터 변수 $\mathbf{Y} = g(\mathbf{y})$의 엔트로피에 대해 알아보자. pdf p_y의 분포로부터 표본화된 값들의 유한 집합에 대한 엔트로피 $\mathbf{Y}$는 다음과 같이 추정된다.

$$H(\mathbf{Y}) = -\frac{1}{N}\sum_{t=1}^{N} \ln p_Y(\mathbf{Y}^t) \tag{7.48}$$

앞에서 단일 변수 Y에 대해 적용한 것과 같은 논리로, 다변량 pdf $p_Y(\mathbf{Y})$의 엔트로피 $H(\mathbf{Y})$는 그것이 균일적인(uniform) 결합 pdf일 때 최대가 된다.

$\mathbf{Y} = g(\mathbf{y})$일 때, 결합 pdf p_Y는 식 (7.35)의 다변량 형태인 다음 식에 의해 추출된 신호의 결합 pdf p_y와 관련되었다는 것을 증명할 수 있다.

$$P_Y(\mathbf{Y}) = \frac{p_y(\mathbf{y})}{\left|\dfrac{\partial \mathbf{Y}}{\partial \mathbf{y}}\right|} \tag{7.49}$$

여기서 $\partial\mathbf{Y}/\partial\mathbf{y}$는 *Jacobian* 행렬이고 세로 직선 $|\,.\,|$은 행렬식의 절대값이다. 이에 대한 증명은 여기서 다루지 않는 대신에 기하학적인 설명이 그림 7.7에 요약되어 있다.

일반적으로 *Jacobian* 값 J는 스칼라 값이고, *Jacobian* 행렬 J의 행렬식을 말하며, 편미분[7]으로 이루어진 $M \times M$ 행렬이다. 만약 $M = 2$이면 *Jacobian* 행렬은 다음과 같다.

7 편미분에 관한 설명은 제9장에 간단하게 언급된다.

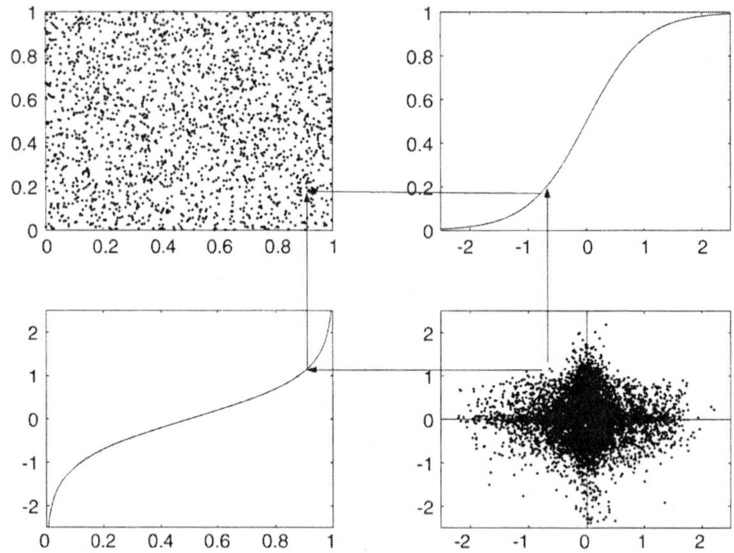

그림 7.7
이 그림은 두 개의 (복원된) 음성신호 산포도(散布度)로부터의 최대 엔트로피 분포를 보여준다. 만약 행렬 $\mathbf{W}$를 이용하여 두 혼합신호 $\mathbf{x}$로부터 두 신호 $\mathbf{y}=\mathbf{Wx}$를 추출한 것이 최적이라면 $\mathbf{y}=\mathbf{s}$이고, 여기서 $\mathbf{s}$는 얻고자 하는 음성신호이다. 그에 따른 $\mathbf{y}$로부터 점들의 결합 분포는 오른쪽 하단 산포도에 나타나 있다. 추출된 신호 $\mathbf{y}=(y_1, y_2)^T$의 cdf g는 y_1와 y_2에 대해 동일하며, 오른쪽 상단과 왼쪽 하단에 서로 대각선 대칭인 관계로 그려져 있다. 만약 각 추출된 신호가 함수 g에 의해 변환된다면 신호 $\mathbf{Y}=g(\mathbf{y})$의 결합 분포는 균일할 것이고, 즉 최대 엔트로피를 가지게 되며, 그 그림은 좌측 상단에 나타나 있다. 한 예로서, 위에 그려진 화살표들은 단일 데이터 점 $\mathbf{y}^t=(y_1^t, y_2^t)^T$가 그에 대응되는 최대 엔트로피 결합 분포의 점 $\mathbf{Y}^t=(g(y_1^t), g(y_2^t))^T=g(\mathbf{y}^t)$으로 변환되는지를 보여준다. 여기서 cdf g는 tanh 함수이고 그것은 우측 하단에 그려진 신호의 점들이 좁은 가우시안 분포를 가진다는 것을 의미한다.

$$\mathrm{J}=\frac{\partial \mathrm{Y}}{\partial \mathrm{y}}=\begin{pmatrix}\partial \mathrm{Y}_1/\partial \mathrm{y}_1 & \partial \mathrm{Y}_1/\partial \mathrm{y}_2\\ \partial \mathrm{Y}_2/\partial \mathrm{y}_1 & \partial \mathrm{Y}_2/\partial \mathrm{y}_2\end{pmatrix} \tag{7.50}$$

식 (7.49)가 임의의 가역 함수에 대해서 모두 만족한다는 사실은 유용할 것이다. 즉, 임의의 벡터 변수 $\mathbf{Z}=(Z_1, Z_2, \ldots, Z_M)$에 대해 $\mathbf{Z}=g(\mathbf{z})$인 변수 $\mathbf{z}=(z_1, z_2, \ldots, z_M)$의 임의의 가역함수 g가 있을 때, $\mathbf{z}$와 $\mathbf{Z}$의 pdf는 다음 식의 관계가 있다.

$$p_Z(\mathbf{Z})=\frac{p_z(\mathbf{z})}{\left|\frac{\partial \mathbf{Z}}{\partial \mathbf{z}}\right|} \tag{7.51}$$

단일변량의 경우, *Jacobian*값은 z^t와 Z^t의 대응값에 관한 길이 비(ration of length)의 극

한값을 나타낸다. 여기서 $\mathbf{z}^t$는 M차원 공간에서의 한 점을 의미하고, *Jacobian* 값은 점 $\mathbf{z}^t$가 점 $\mathbf{Z}^t = g(\mathbf{z}^t)$로 사상되는 ($p_z(\mathbf{z}^t)$의 부피) $\to 0$인 극한에서 부피 비(($p_Z(\mathbf{Z}^t)$의 부피)/($p_z(\mathbf{z}^t)$의 부피))를 나타낸다.

이런 과정을 따라가다 보면 다음과 같이 쓸 수 있다.

$$|\mathbf{J}| = |\partial \mathbf{Y}/\partial \mathbf{y}| = g'(\mathbf{y}) \tag{7.52}$$

g'를 원신호로 추정되는 $g' = p_s$의 pdf로 정의할 수 있다. 식 (7.49)에 대입하면

$$P_Y(\mathbf{Y}) = \frac{p_y(\mathbf{y})}{p_s(\mathbf{y})} \tag{7.53}$$

이다. 그리고 위 식을 식 (7.48)에 대입하면 다음과 같다.

$$H(\mathbf{Y}) = -\frac{1}{N}\sum_{t=1}^{N} \ln \frac{p_y(\mathbf{y}^t)}{p_s(\mathbf{y}^t)} \tag{7.54}$$

만약 추출된 신호 $\mathbf{y} = \mathbf{W}\mathbf{x}$가 다음의 결합 pdf를 갖는 최적의 복원행렬 $\mathbf{W}$가 존재한다면 식 (7.53)에서 정의된 비의 값은 일정하다.

$$p_y(\mathbf{y}^t) = p_s(\mathbf{y}^t) \tag{7.55}$$

이 식은 결합 pdf $P_Y(\mathbf{Y})$가 균일하고 식 (7.54)에서 정의된 엔트로피 $H(\mathbf{Y})$가 최적 행렬 $\mathbf{W}$에 의해 최대가 되는 것을 의미한다. 다시 말해 변수 $\mathbf{Y}$는 독립이고 따라서 추출된 신호 $\mathbf{y} = g^{-1}(\mathbf{Y})$ 또한 역시 독립이다(7.3.1절 참조).

단일변량의 경우처럼 만약 신호 $\mathbf{Y} = g(\mathbf{y})$의 엔트로피를 최대화시키는 복원행렬 $\mathbf{W}$가 존재한다면, $\mathbf{y} = \mathbf{W}\mathbf{x}$에 있는 각각의 추출된 신호의 pdf p_y는 p_s에 사상된다. 그러므로 함수 p_s는 혼합신호 $\mathbf{x}$로부터 추출될 신호의 pdf 모형의 역할을 한다. 엔트로피를 최대화시키는 $\mathbf{W}$는 pdf $p_y = p_s$인 신호 $\mathbf{y}$의 집합을 추출하는 $\mathbf{W}$이기 때문에 함수 p_s는 추출된 신호의 pdf를 구체화할 때 사용될 수 있다.

그러나 추출된 신호 $\mathbf{y}$의 집합에 대해 식 (7.54)를 계산하기 위해서는 $p_y(\mathbf{y})$에 대한 식이 필요하다. 식 (7.51)에 주어진 결과와 사상 $\mathbf{y} = \mathbf{W}\mathbf{x}$를 이용하여 추론하면 다음과 같다.

$$p_y(\mathbf{y}) = \frac{p_x(\mathbf{x})}{\left|\frac{\partial \mathbf{y}}{\partial \mathbf{x}}\right|} \tag{7.56}$$

여기서는 증명없이 *Jacobian* 값 $|\partial \mathbf{y}/\partial \mathbf{x}|$는 다음 값으로 계산한다.

$$\left|\frac{\partial \mathbf{y}}{\partial \mathbf{x}}\right| = |\mathbf{W}| \tag{7.57}$$

여기서 $|\mathbf{W}|$는 복원행렬 $\mathbf{W}$의 행렬식의 절대값이고, 따라서 다음과 같다.

$$p_y(\mathbf{y}) = \frac{p_x(\mathbf{x})}{|\mathbf{W}|} \tag{7.58}$$

Jacobian 값 $|\mathbf{W}|$는 일정하고, *Jacobian* 값 $|\partial \mathbf{Y}/\partial \mathbf{y}|$와는 다르게 $\mathbf{y}$에 의존하지 않는다. 이 사실은 $\mathbf{y}$가 $\mathbf{x}$의 선형 함수임을 반영해 주고 있다.

여기서 pdf $p_x(\mathbf{x})$는 계산할 수 없지만 그것이 별로 문제되지 않는다는 사실을 앞으로 알게 될 것이다. 식 (7.58)을 식 (7.54)에 대입하면 다음과 같다.

$$H(\mathbf{Y}) = -\frac{1}{N}\sum_{t=1}^{N} \ln \frac{p_x(\mathbf{x}^t)}{|\mathbf{W}|\, p_s(\mathbf{y}^t)} \tag{7.59}$$

다시 정리하면 다음과 같다.

$$H(\mathbf{Y}) = \frac{1}{N}\sum_{t=1}^{N} \ln p_s(\mathbf{y}^t) + \ln|\mathbf{W}| - \frac{1}{N}\sum_{t=1}^{N} \ln p_x(\mathbf{x}^t) \tag{7.60}$$

식 (7.47)의 일반적인 정의로부터 식 (7.60)의 마지막 항은 혼합신호 집합 $\mathbf{x}$의 엔트로피 $H(\mathbf{x})$임을 추론할 수 있다.

$$H(\mathbf{x}) = -\frac{1}{N}\sum_{t=1}^{N} \ln p_x(\mathbf{x}^t) \tag{7.61}$$

이 식을 식 (7.60)에 대입하면 다음과 같다.

$$H(\mathbf{Y}) = \frac{1}{N}\sum_{t=1}^{N} \ln p_s(\mathbf{y}^t) + \ln|\mathbf{W}| + H(\mathbf{x}) \tag{7.62}$$

엔트로피 $H(\mathbf{Y})$는 $p_x(\mathbf{x})$와는 관계없이 복원행렬 $\mathbf{W}$에 의해 최대화되는데, 그것은 $p_x(\mathbf{x})$에 의해 혼합신호 $\mathbf{x}$의 엔트로피 $H(\mathbf{X})$가 결정되고, 따라서 $\mathbf{W}$에 의해 영향을 받지 않기 때문이다. 그러므로 식 (7.62)를 최대화하는 $\mathbf{W}$를 구할 때 $H(\mathbf{X})$는 무시할 수 있고, $H(\mathbf{X})$가 포함되지 않는 간단한 함수로 대체할 수 있다.

$$h(\mathbf{Y}) = \frac{1}{N}\sum_{t=1}^{N} \ln p_s(\mathbf{y}^t) + \ln|\mathbf{W}| \tag{7.63}$$

마지막으로, 결합 pdf p_s 모델의 M개의 주변(marginal) pdf들이 독립이라면 식 (7.63)을 다음과 같이 다시 쓸 수 있다.

$$h(\mathbf{Y}) = \frac{1}{N}\sum_{i=1}^{M}\sum_{t=1}^{N}\ln p_s(y_i^t) + \ln|\mathbf{W}| \tag{7.64}$$

만약 원신호 $p_s = (1-\tanh(\mathbf{s})^2)$로 흔히 쓰이는 좁은 가우시안 분포를 갖는(즉, 높은 첨도의) pdf 모델을 사용하면 다음과 같다.

$$h(\mathbf{Y}) = \frac{1}{N}\sum_{i}^{M}\sum_{t}^{N}\ln\left(1-\tanh(\mathbf{w}_i^T\mathbf{x}^t)^2\right) + \ln|\mathbf{W}| \tag{7.65}$$

요약하면, 관측된 혼합신호 $\mathbf{x}$의 집합과 그에 대응되는 추출된 신호 $\mathbf{y}=\mathbf{W}\mathbf{x}$의 집합에 대해 추정되는 어떠한 복원행렬 $\mathbf{W}$라도 식 (7.64)를 이용하면 그 특성을 파악할 수 있다는 것이다. 만약 특정 pdf $p_s = g'$이 높은 첨도의 신호와 대응된다면 식 (7.64)는 $\mathbf{x}$로부터 높은 첨도의 신호를 추출하는 $\mathbf{W}$에 의해 최대화될 것이다. 식 (7.64)와 식 (7.62)가 상수항 $(H(\mathbf{x}))$에 의해 달라지므로, 더 간단한 식 (7.64)를 최대화시키는 복원행렬은 식 (7.62)에서 정의한 $\mathbf{Y}$의 엔트로피 또한 최대화시킨다. 그러므로 최적의 복원행렬에 대해 신호 $\mathbf{Y} = \mathrm{g}(\mathbf{y})$는 최대 엔트로피를 갖고 있으며 독립이라고 추론할 수 있다. 여기서 사용한 결합 cdf 모델은 독립적인 주변(marginal) cdf들을 가지므로 이것은 추출된 신호 $\mathbf{y} = \mathrm{g}^{-1}(\mathbf{Y})$ 또한 독립이라는 사실을 의미한다.

7.3.5 엔트로피를 사용한 독립신호의 추출

엔트로피를 이용하여 원신호를 복원하기 위해서는 복원된 신호 집합의 결합 엔트로피가 추정될 수 있도록 동시에 하나 이상의 복원된 신호를 고려하는 것이 반드시 필요하다.

복원신호와 복원행렬 $\mathbf{W}$에 관한 엔트로피의 정의를 얻었다면, 이제 $\mathbf{Y}$의 엔트로피를 최대화시키는 $\mathbf{W}$를 구할 방법이 필요하며, 이 복원행렬 $\mathbf{W}$는 $\mathbf{y}$의 독립성을 최대화시킨다. 다시 말해 기본적이고 철저한 조사방법을 통해 알아보게 될 것이다. 두 신호의 경우 $\mathbf{W} = (\mathbf{w}_1, \mathbf{w}_2)^T$의 행 벡터 $\mathbf{w}_1^T$와 $\mathbf{w}_2^T$에 대한 가능한 모든 방향에 대한 시도를 포함하고 있다. 그림 7.8에서 $\mathbf{w}_2$는 설명하기 쉽게 하기 위해 최적의 방향으로(즉, S_1'에 수직인 방향으로) 일정하게 유지되었고, h의 값은 $\mathbf{w}_1$가 360도 회전한 것으로 표현되었다. $\mathbf{w}_2$가 일정하기 때문에 변하는 h의 값은 $\mathbf{w}_1$에 의해 추출된 신호 y_1와 관련하여 변하는 엔트로피를 반영한다. 주지하는 바와 같이 엔트로피는 $\mathbf{w}_1$이 정확한 방향을 가질 때만(즉, S_1'에 수직인 방향일 때) 최대가 된다.

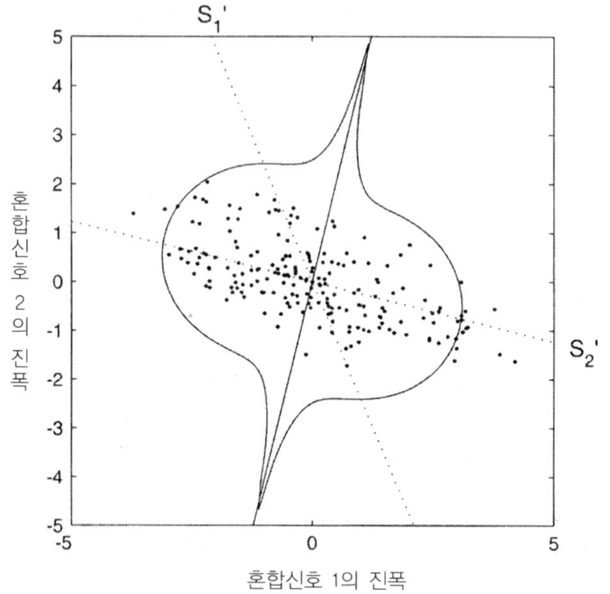

그림 7.8
두 음성 혼합신호의 가중치 벡터 방향에 따라서 결합 엔트로피가 어떻게 변화하는지를 보여주는 그래프. 각 점들은 혼합신호 $1(x_1)$ 대 혼합신호 $2(x_2)$를 나타낸다. 설명의 편의를 위해 2×2 가중치 행렬 $\mathbf{W}=(\mathbf{w}_1, \mathbf{w}_2)^{\mathrm{T}}$이 최적(즉, S_1'에 직교)이 되도록 하나의 가중치 벡터 $\mathbf{w}_2$(그림에는 보이지 않음)를 고정시킨다. 이것을 통하여 가중치 벡터 $\mathbf{w}_1$이 원점을 중심으로 회전함에 따라 엔트로피에 어떤 영향이 미치는지 알아볼 수 있다.

가중치 벡터 $\mathbf{w}_1$의 임의의 주어진 방향에 대하여 추출된 신호 y_1이 $\mathbf{w}_1^T$와 두 혼합신호 $\mathbf{x}=(x_1, x_2)$의 내적으로 주어진다. 즉, $y_1=\mathbf{w}_1^T\mathbf{x}$. 한 쌍의 신호 $\mathbf{Y}=(g(y_1), g(y_2))$의 pdf의 결합 엔트로피는 $\mathbf{w}_1$이 원점을 중심으로 회전함에 따라 변한다. 여기서 $g=\tanh$는 원신호에 대해 가정된 높은 첨도의 모델 cdf이다. $\mathbf{w}_1$에 의해서 표본화된 각각의 위치에서 해당 엔트로피는 $\mathbf{w}_1$ 방향으로, 원점으로부터의 거리로 표현되며 연속적인 곡선으로 그려진다. 임계적으로 $\mathbf{w}_1$이 변환된 축 S_2'에 수직일 때(즉, 점 $\mathbf{w}_1$이 정확하게 단 하나의 원신호 $s_1=y_1$를 추출할 때) 엔트로피는 최대가 된다. 이 때의 엔트로피는 식 (7.65)에 정의되어 있다.

엔트로피가 최대가 될 때 $\mathbf{w}_1$의 위치가 실선으로 그려져 있다. 이 실선이 $\mathbf{w}_1$의 방향(direction)과 같은 위치임을 유의하라. 이 선은 실제로 두 개의 동일한(identical) 엔트로피의 최대값들을 연결시킨다. 벡터 $\mathbf{w}_1$와 $-\mathbf{w}_1$는 모두 같은 선상에 있으므로, 둘 다 부호만 다른 똑같은 신호를 추출한다($\mathbf{w}_1$는 y_1를 그리고 $-\mathbf{w}_1$는 $-y_1$를). 또한, 이 선은 변환된 축 S_2'에 수직인 것에 주의하라.

마지막으로 pdf 모델 p_s가 추출된 신호의 pdf 모델 p_y에 사상될 때 Y의 결합 엔트로피가 최대이면 x와 Y의 상호 정보량 또한 최대가 된다는 사실에 주의하라(Bell & Senjnowski, 1995 참조). 이러한 이유 때문에 위에 설명한 ICA 내용을 최대 엔트로피라고 한다. 다음 절에서는 또 다른 방법을 설명할 계획인데 이 역시 결국 식 (7.64)로 귀결될 것이다.

7.4 최대 우도 ICA

ICA에 관한 일반적인 해석법은 최적의 복원행렬을 추정하는 최대 우도(Maximum Likelihood, ML) 기법이다. 최대 우도 추정(Maximum Likelihood Estimation, MLE)은 주어진 모델에 대하여 추출된 신호 y와 같은 임의의 데이터에 가장 잘 맞는 모델을 제공해 주는 매개변수들을(예를 들어 복원행렬 W와 같은) 찾는데 필요한 표준 통계학적 수단이다.

ML "모델"은 pdf의 상세내용을 포함하고 있으며, 이 경우에는 미지의 원신호 s의 pdf p_s를 의미한다. ML ICA를 사용할 때 그 목적은 추출된 신호 $\mathbf{y} = \mathbf{W}\mathbf{x}$와 함께 미지의 원신호 s의 결합 pdf p_s와 가능한 한 비슷한 결합 pdf를 생성하는 복원행렬을 구하는 데에 있다. 전에 언급한 바와 같이 단지 원신호를 모른다는 것이 그 신호의 pdf까지 알 수 없다는 것을 의미하지는 않는다.

한편 역으로 생각해서 위의 모델의 측면에서 관측된 데이터 x를 얻게 될 확률을 생각해 볼 수 있다. 그리고 여기서 이런 질문을 해보자 : 원신호가 pdf p_s를 가질 때 관측된 혼합신호 x를 가장 잘 생성해낼 것 같은 특별한 혼합행렬 A는? 다시 말해, pdf가 p_s인 어떤 미지의 원신호로부터 관측된 혼합신호를 얻을 확률이 A와 함께 변한다면 이 확률을 최대화시키는 특별한 혼합행렬 A는?

A와 W가 서로 역행렬 관계이므로 모델 매개변수가 A나 W, 둘 중 어느 것으로 표현되던지 상관없다는 점에 유의하라.

그러므로 MLE는 모델 pdf p_s와 모델 매개변수 A가 옳다면, 높은 확률을 가지고 데이터 x가 실제로 관찰될 것이라는 가정에 기초하고 있다. 반대로 만약 A가 올바른 매개변수가 아니라면 낮은 확률로 데이터 관측이 예상될 것이다.

MLE를 사용할 때 모델 매개변수 값(예를 들어, pdf p_s와 행렬 A와 같은)에 대한 관측된 데이터의 확률을 관측된 데이터에 관한 모델 매개변수 값의 우도(likelihood)라고 한다.

모든 원신호가 동일한 pdf p_s를, 그리고 원신호가 높은 첨도의 pdf를 갖고 있다고 가정할 것이며 앞에서 확인한 것처럼 혼합신호로부터 원신호를 추출하는 적절한 기준이 됨을 알게 될 것이다.

pdf p_x를 갖는 (혼합신호) 벡터 변수 x 그리고 pdf p_s를 갖는 (원신호) 벡터 변수 s가 있을 때, y와 x의 관계는 다음과 같다.

$$\mathbf{x} = \mathbf{A}\mathbf{s} \tag{7.66}$$

x와 s의 pdf 간의 일반적인 관계는

$$p_x(\mathbf{x}) = p_s(\mathbf{s})\left|\frac{\partial \mathbf{s}}{\partial \mathbf{x}}\right| \tag{7.67}$$

여기서 $|\partial \mathbf{s}/\partial \mathbf{x}|$는 $\mathbf{x}$에 대한 $\mathbf{s}$의 Jacobian 값이 된다. 식 (7.66)에 대해 다음 식이 성립된다.

$$\mathbf{s} = \mathbf{A}^{-1}\mathbf{x} \tag{7.68}$$

$$= \mathbf{W}^{*}\mathbf{x} \tag{7.69}$$

여기서, 최적의 복원행렬 $\mathbf{W}^{*}$이 혼합행렬 $\mathbf{A}$의 역행렬이다. 앞서 말했듯이, Jacobian 값은 다음과 같다.

$$\left|\frac{\partial \mathbf{s}}{\partial \mathbf{x}}\right| = |\mathbf{W}^{*}| \tag{7.70}$$

식 (7.70)을 식 (7.67)에 대입하면

$$p_x(\mathbf{x}) = p_s(\mathbf{s})|\mathbf{W}^{*}| \tag{7.71}$$

이다. 이것은 최적의 복원행렬과 원신호 $\mathbf{s} = \mathbf{W}^{*}\mathbf{x}$에 대한 관측된 데이터의 확률이다. 임의의 최적이 아닌 복원행렬 $\mathbf{W}$에 대해 추출된 신호는 $\mathbf{y} = \mathbf{W}\mathbf{x}$이고, 혼합신호 $\mathbf{x}$는 다음의 확률을 가진다.

$$p_x(\mathbf{x}) = p_s(\mathbf{y})|\mathbf{W}| \tag{7.72}$$

$$= p_s(\mathbf{W}\mathbf{x})|\mathbf{W}| \tag{7.73}$$

만약 $\mathbf{W}$가 최적의 복원행렬이라면 $p_x(\mathbf{x})$가 자연스럽게 최대값이 될 것이다. 그러므로 식 (7.73)을 이용하여 $p_x(\mathbf{x})$를 최대화시키는 특별한 복원행렬 $\mathbf{W}$를 찾기 위해 추정되는 복원행렬 $\mathbf{W}$의 특성을 파악할 수 있다.

식 (7.73)을 $\mathbf{W}$의 우도(likelihood function, $L(W)$)로 정의한다.

$$L(\mathbf{W}) = p_s(\mathbf{W}\mathbf{x})|\mathbf{W}| \tag{7.74}$$

그러므로 pdf p_s를 가지는 미지의 원신호 $\mathbf{s}$로부터 관측된 혼합신호 $\mathbf{x}$를 만들 수 있을 가능성이 가장 큰 $\mathbf{W}$를 구하려면, $L(\mathbf{W})$를 최대화시키는 $\mathbf{W}$만 찾으면 된다. 식 (7.74)를 최대화시키는 복원행렬은 최적 복원행렬의 MLE라고 한다.

복원신호가 독립이라는 가정, 즉 결합 pdf p_s는 그것의 M개의 주변(marginal) pdf의 곱이라는 가정을 통하여 좀 더 자세히 설명할 수 있다. 이때 각각 주변 pdf는 신호 y_i의 pdf p_s이다.

$$L(\mathbf{W}) = p_s(\mathbf{y})|\mathbf{W}| \tag{7.75}$$

$$= \prod_{i=1}^{M} p_s(y_i)|\mathbf{W}| \tag{7.76}$$

$$= \prod_{i=1}^{M} p_s(\mathbf{w}_i^T\mathbf{x})|\mathbf{W}| \tag{7.77}$$

여기서 $\mathbf{w}_i^T$는 단일 가중치 벡터이고 W의 행이다. 만약 각각 원신호의 모든 값이 서로 독립이라고 가정한다면 다음과 같이 쓸 수 있다.

$$L(\mathbf{W}) = \prod_{i=1}^{M}\prod_{t=1}^{N} p_s(y_i^t)|\mathbf{W}| \tag{7.78}$$

$$= \prod_{i}\prod_{t} p_s(\mathbf{w}_i^T\mathbf{x}^t)|\mathbf{W}| \tag{7.79}$$

마지막으로, 계산을 쉽게 하기 위해 보통 로그 우도(log likelihood)를 사용한다. 로그는 단조증가 함수이므로, 함수 $L(\mathbf{W})$를 최대화시키는 W는 로그함수 $\ln L(\mathbf{W})$ 또한 최대화시킨다. 따라서 식 (7.79)에 로그를 취할 수 있고, 그 결과 로그 우도 함수를 얻게 된다.

$$\ln L(\mathbf{W}) = \sum_{i}\sum_{t} \ln p_s(\mathbf{w}_i^T\mathbf{x}^t) + N\ln|\mathbf{W}| \tag{7.80}$$

최적의 W에 영향을 주지 않으면서 양변을 N으로 나눌 수 있다.

$$\frac{1}{N}\ln L(\mathbf{W}) = \frac{1}{N}\sum_{i=1}^{M}\sum_{t=1}^{N} \ln p_s(y_i^t) + \ln|\mathbf{W}| \tag{7.81}$$

위 식은 식 (7.64)와 동일한 것에 주목하라.

원신호를 널리 쓰이는 높은 첨도의 pdf 모델 $p_s = (1-\tanh(\mathbf{s}^2))$로 대체하면

$$\ln L(\mathbf{W}) = \frac{1}{N}\sum_{i}^{M}\sum_{t}^{N} \ln\left(1-\tanh\left(\mathbf{w}_i^T\mathbf{x}^t\right)^2\right) + \ln|\mathbf{W}| \tag{7.82}$$

이 함수를 최대화시키는 행렬 W는 최적의 복원행렬 $\mathbf{W}^*$의 최대 우도 추정(Maximum Likelihood Estimate, MLE)이라고 한다(제7장 역자의 보충설명 참조).

7.5 최대 우도와 최대 엔트로피(Infomax)의 등가

ICA에 이르는 최대 엔트로피(infomax)와 ML 모두 동일한 식으로 된다는 점은 주목할 가치가 있다. 최대 엔트로피는 식 (7.64)를 그리고 MLE는 식 (7.81)을 도출하는데, 많은 저자

들이 이 관계에 대해 언급했다(Cardoso, 1997 참조).

두 방법 모두 모델 pdf가 구하려고 하는 원신호의 pdf에 정확하게 사상된다는 실제적이지 않은 가정에 의존하고 있다. 하지만 사실상 원신호의 pdf는 일반적으로 알려져 있지 않다. 그럼에도 불구하고 ICA 방법이 가능한 것은 만일 모델 pdf가 원신호 pdf의 근사값이라면 추출된 신호는 원신호가 되기 때문이다(cardoso, 2000과 Amari, 1998 참조).

7.6 기울기 상승법을 사용한 원신호 추출

혼합신호 $\mathbf{x}$에 대하여 신호 $\mathbf{Y} = g(\mathbf{Wx})$의 엔트로피 $H(\mathbf{Y})$를 최대화시키는 복원행렬 $\mathbf{W}$, 혹은 우도 $L(\mathbf{W})$을 최대화시키는 복원행렬을 고려해 보자.

제9장에서 소개될 기울기 상승법을 이용하여 $\mathbf{Y}$의 엔트로피를 최대로 하기 위해 반복적으로 $\mathbf{W}$를 조절하면 최적 행렬 $\mathbf{W}^*$의 추정값 $\mathbf{W}$를 구할 수 있다. 기울기 상승법을 더 효과적으로 사용하려면 행렬 $\mathbf{W}$에 대한 엔트로피의 기울기에 관한 식이 필요한데, 이 식은 부록 D에 유도되어 있다.

7.7 시간 ICA와 공간 ICA

"표준" ICA에서는 각각 M개의 혼합신호들이 N단계 동안 측정되고, M개의 원신호가 $\mathbf{y} = \mathbf{Wx}$로 복원된다. 이때 각각의 원신호는 시간상에서 서로 다른 원신호에 대해 독립이다. 그러나 시간 시퀀스 영상을 고려했을 때, 각 영상은 화소(픽셀, pixel)의 집합으로 이루어져 있고 데이터 배열 $\mathbf{x}$의 각 행은 시간상에서 단일 화소의 시간 시퀀스이다. 그러므로 $\mathbf{x}$의 각 열은 시간상 한 시점에서 기록된 영상이다. 지금까지는 $\mathbf{x}$의 각 행을 혼합신호로 다루었고 ICA를 사용하여 독립적인 시간신호(independent temporal signals)의 집합을 구하였다. 만약 $\mathbf{x}$의 열을 혼합신호로 생각한다면 ICA에 의해 구해지는 신호 집합은 공간 독립 영상(spatially independent images)이 될 것이다. 따라서 ICA는 시간상에서의 독립성을 최대화시키거나, 또는 공간상에서의 독립성을 최대화 시키는 데에 사용될 수 있다(그림 7.9, 7.10 참조).

그러므로 ICA는 두 가지의 상호 보완적인 방법 중 하나를 통해 시간 ICA(temporal ICA, tICA)를 이용해 $\mathbf{x}$의 행들(rows)로부터 시간 원신호를 추출하거나, 혹은 공간 ICA(spatial ICA, sICA)를 이용하여 $\mathbf{x}^T$의 행들로부터 공간 원신호를 추출하는 데에 사용될 수 있다. 예를 들어 음성 원신호를 음성 혼합신호로부터 추출하는 것이 시간 ICA의 예가 되며, 기능성 자기공명영상(functional magnetic resonance image, fMRI) 집합으로부터 특징을 추출하거나 혹은 뇌전도(electroencephalographic, EEG) 전극의 공간 배열로부터 그 특징을 추출하는 것

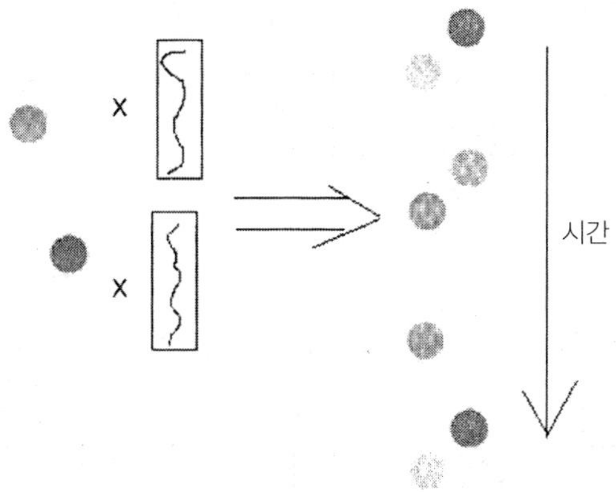

그림 7.9
관측된 영상의 시간 시퀀스에 대한 ICA의 일반적인 혼합 과정(우측). 각각의 두 영상들(좌측)이 다른 시변 신호(좌측 두 개의 세로판)와 곱해져서 영상의 시간 시퀀스를 만들고, 그 시퀀스의 각 영상은 좌측의 두 개 영상들과는 다른 혼합신호이다.
공간(spatial) ICA : sICA는 각각의 관측된 영상(우측)이 독립적인 원영상(좌측)의 혼합형상이고, 관측된 영상 시퀀스에 대한 각각의 원영상의 영향은 시간 신호(좌측 세로판에 그려짐)에 결정된 대로 시간에 따라 변한다.
시간(temporal) ICA : tICA는 그레이레벨(gray level) 각 화소의 관측된 시간 시퀀스가 독립적인 시간 원신호의 혼합신호(좌측 세로판에 그려짐)이고, 각 원신호가 관측된 시간 시퀀스에 주는 영향은 공간(영상)에 따라 변한다.
이러한 제약조건들이 그림에는 반영되지는 않았지만, ICA는 보통 혼합신호 형태인 원신호가 가능한 한 많이 필요로 한다는 사실에 주의하라.

은 공간 ICA의 예가 된다.

본질적으로 sICA와 tICA는 모두 영상집합과 그에 대응되는 시간 시퀀스의 집합을 만들어 낸다. 그러나 tICA는 상호 독립인 시간 시퀀스와 그에 대응되는 제약이 없는 영상의 쌍대(dual) 집합을 만들고, sICA는 상호 독립인 영상과 그에 대응하는 제약이 없는 시간 시퀀스의 쌍대 집합을 만든다.

tICA와 sICA에 의해 해결된 문제들이 본질적으로 동일하며 tICA와 sICA에 사용된 알고리듬(algorithm) 역시 동일하다. 다만, 차이점이 있다면 데이터가 시간상에서 독립으로 가정했는지와(음성신호의 경우), 혹은 공간상에서 독립으로 가정했는지의 여부(기능성 자기공명영상의 경우)가 될 것이다. 이 차이점에 대한 좀 더 구체적인 내용을 알아보기 위해 tICA 혹은 sICA에 의해 분석 가능한 데이터 집합을 생각해 보자.

공간 ICA(sICA)와 기능성 자기공명영상(fMRI) fMRI에 의해 촬영된 두뇌의 2차원 영상을 고려해 보자. 1차 시각 피질(primary visual cortex)과 같은 두뇌의 가시영역의 활성화를 유도

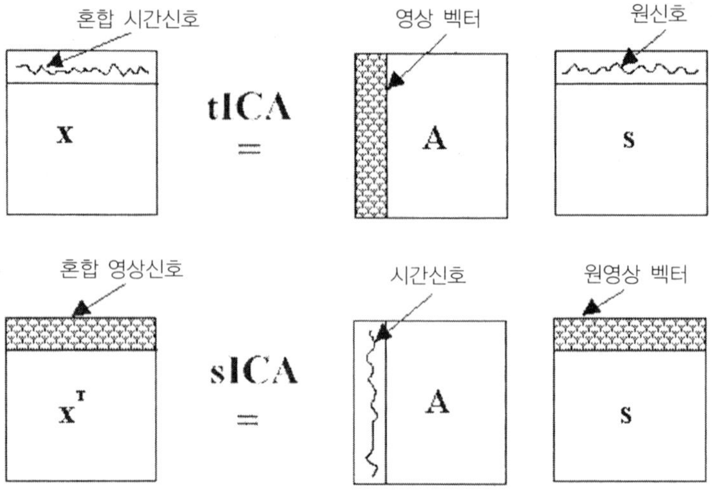

그림 7.10

시간 ICA와 공간 ICA의 혼합 과정을 벡터-행렬 표현으로 나타내었다. 주어진 영상의 시간 시퀀스에 대해 ICA는 혼합신호를 시간 독립신호 혹은 공간 독립영상으로 분해하는 데에 사용될 수 있다. 각 영상은 행들을 연결시켜서(concatenating) 영상 벡터로 표현되고, 그 결과 $M \times M$ 영상이 $M \times M$ 원소를 갖는 단일 영상 벡터를 생성한다는 사실에 유의하라.

시간 ICA : 배열 $\mathbf{x}$ 의 각 행은 $\mathbf{s}$ 의 행들에 있는 서로 다른 독립 시간 원신호의 혼합 시간 신호이다. 시간 ICA를 통하여 관측된 혼합신호 집합 $\mathbf{x}$ 가 독립 시간 원신호의 집합과 그에 대응하는 제약 없는 영상 벡터의 집합으로 분해된다. 각 독립 시간 원신호는 시간에 따라 하나의 영상 벡터($\mathbf{A}$ 의 열)가 관측된 영상 시퀀스에 주는 영향력이 얼마인지를 결정한다.

공간 ICA : 배열 $\mathbf{x}^T$의 각 행은 $\mathbf{s}$ 의 행들에 있는 서로 다른 독립 공간 원신호(영상)의 혼합 영상신호이다. 공간 ICA를 통하여 관측된 혼합 영상 집합 $\mathbf{x}^T$가 독립 원 영상의 집합과 그에 대응하는 제약없는 시간신호의 집합으로 분해된다. 각 독립 원영상 벡터는 공간에 따라 하나의 시간신호($\mathbf{A}$ 의 열)가 관측된 시간 시퀀스에 주는 영향력이 얼마인지를 결정한다. 다른 관점으로 말하면 하나의 독립 원영상 벡터가 시간에 따라 관측된 영상 시퀀스에 어떻게 영향을 주는지를 각각의 시간 시퀀스가 결정하는 것이다.

하기 위해 검은 점과 흰 점의 격자 위에서 번쩍거림을 반복하는 간단한 실험을 할 수 있을 것이다. 비록 뇌 전체를 약 2초마다 2차원 영상 집합으로 보여주지만 시각 피질을 통과하는 단 하나의 단면만 고려할 것이다. 5분간의 정밀 촬영 동안에 시각 피질에 관한 150개의 2차원 영상의 시간 시퀀스가 만들어진다. 편의상 시간 영상 시퀀스가 실제로 144개의 영상으로 구성된다고 가정한다.

기본적인 시간 원신호의 혼합신호를 구성되기 위해 각 화소의 그레이레벨 144개의 영상이 가정되었고, 그것은 마이크 출력의 진폭과 유사하다. 구체적으로 말하자면 각 화소의 시간 시퀀스는 시간 원신호를 기초로 하는 동일한 집합의 혼합신호로 가정하는 것이다. 간략히 하기 위해 화소 시간 혼합신호인 각 화소의 그레이레벨을 고려한다. 보통 영상이 256×256

화소이므로 65,536개의 혼합신호가 있다는 것을 의미하고, 이때 tICA는 그것을 65,536개의 시간 원신호로 분해한다. 이렇게 많은 개수의 시간 원신호는 실제적으로 계산이 가능하지 않으므로, 계산이 가능하도록 각 영상은 12×12 화소로 가정하고, 각 영상당 144개의 화소만이 존재한다고 가정한다. 이러한 1차 시각 피질의 활성화는 tICA와 sICA를 사용하여 분석될 수 있다. 실제로 각 영상의 화소 수는 주성분 분석(Principal Components Analysis, PCA)을 통하여 더 감소될 수 있다(부록 F 참조).

공간 ICA와 마이크 배열(Microphone Arrays) 또 다른 방법으로는 12×12 격자 위에 144개의 마이크가 정돈된 공간 배열을 생각해 볼 수 있다. 이 마이크들이 어떤 방의 천장 위에 있고 이 방에는 144명의 합창단원들이 있다고 할 때, 녹음되는 데이터는 영상의 시간 시퀀스로 볼 수 있고, 이때 각 영상은 12×12 '화소'(마이크)로 구성된다.

7.7.1 시간 ICA

시간 t에서 얻어진 영상의 행들이 연결되어 있다면 144개의 영상 (열)벡터는 $x^t = (x_1^t, x_2^t, \dots, x_{144}^t)^T$이고, x_i^t는 i번째 화소의 그레이레벨이다. 영상 벡터의 시간 시퀀스는 벡터값을 갖는 다음의 변수로 정의된다.

$$\mathbf{x} = (x^1, x^2, \dots, x^{144})^T \tag{7.83}$$

$\mathbf{x}$는 화소값의 144×144 배열이고, 여기서 각 열은 영상 벡터, 각 행은 영상 벡터의 144개 시간 시퀀스에 대한 한 화소의 그레이레벨인 것에 유의하라. 예를 들어, x^2은 영상 $\mathbf{x}$의 시간 시퀀스에 있는 두 번째 영상의 영상벡터인 열벡터를 의미한다.

tICA를 사용하면 추출한 시간 신호 $\mathbf{y}_\mathrm{T}$가 상호 독립(여기서 아래첨자 T는 시간 독립을 의미)이 되는 144×144 복원행렬 $\mathbf{W}_{tICA}$를 구할 수 있다.

$$\mathbf{y}_T = \mathbf{W}_{tICA}\mathbf{x} \tag{7.84}$$

$\mathbf{y}_\mathrm{T}$의 행들은 상호 독립인 시간 시퀀스이다.

$$\mathbf{y}_T = (y_1, y_2, \dots, y_{144})^T \tag{7.85}$$

만약 y_i가 i번째 시간 시퀀스라면, 시간에 따라 이 시퀀스에서 변하는 것은 정확하게 무엇일까? 라는 질문을 할 수 있을 것이다.

간단하게 대답하면 각 시간 시퀀스 y_i는 특정 영상이 시간에 따라 혼합 영상 $\mathbf{x}$의 시간 시퀀스에 어떤 영향을 주는지에 대해 정의한다. 이것은 행렬이 스칼라(scalar)를 다루는 대수학 법칙의 적용을 받는다고 가정하면 증명할 수 있다. 그러면 식 (7.84)의 양변에 복원행렬 $\mathbf{W}_{tICA}$의 역행렬 $\mathbf{W}_{tICA}^{-1}$를 곱할 수 있다.

$$\mathbf{x} = \mathbf{W}_{tICA}^{-1}\,\mathbf{y}_T \tag{7.86}$$

사실상 역행렬을 구하는 것은 일반적으로 복잡하지만, 여기서는 어떤 성과를 이루기 위해서 좀 자세하게 알아볼 필요가 있다.

제시된 방법이 완벽하게 동작한다는 가정 하에 추출된 신호 $\mathbf{y}_T$가 시간 원신호 $\mathbf{s}_T$와 동일하다면, 혼합 과정에 대한 식 (7.86)의 유사성은 다음 식과 같다.

$$\mathbf{x} = \mathbf{A}\mathbf{s}_T \tag{7.87}$$

$$= \mathbf{A}\mathbf{y}_T \tag{7.88}$$

결국, 다음 식에 이른다.

$$\mathbf{A} = \mathbf{W}_{tICA}^{-1} \tag{7.89}$$

더 중요한 것은 위 식은 $\mathbf{A}$의 각 열이 영상 벡터이고, 그 벡터가 $\mathbf{x}$의 모든 열(혼합 영상)에 영향을 준다는 것이다. $\mathbf{x}$의 모든 열에 대한 $\mathbf{A}$에 있는 t번째 영상 벡터의 상대적인 영향은 그림 7.10에서 보이는 것과 같이 $\mathbf{y}_T$의 i번째 시간 시퀀스(행)에 의해 구체화된다. 그러므로 $\mathbf{y}_T$의 각 행 y_i가 $\mathbf{y}$에 있는 모든 행에 대해 독립인 신호를 명시하는 반면, $\mathbf{A}$의 각 열은 y_i의 진폭에 따라 시간에 독립적으로 변화하는 영상으로 구성된다. 일반적으로, $\mathbf{y}$의 행들은 상호 독립인 제약 조건이 붙는 반면에, $\mathbf{A}$의 각 열들(영상)간의 관계는 제약사항이 없는 것에 유의하라.

7.7.2 공간 ICA

sICA를 설명하는 한 가지 방법은 영상을 기본(underlying) 원신호의 혼합신호로, 그리고 영상벡터를 어떤 한 시점에서 측정한 "공간 시퀀스"로 생각하는 것이다. 이것은 tICA와 함께 아주 훌륭하게 잘 대조되고 있는데, 즉 화소의 그레이레벨이 기본 시간 원신호의 혼합 시간 신호로 여겨지며 각 시간 혼합신호는 공간에서의 한 점에서 측정된다(즉, 영상의 시간 시퀀스에서 한 화소의 위치에서 측정된다).

기본적으로 ICA는 독립적인 원신호 집합을 구한다. 이때 이 신호들이 시간 혹은 공간(즉, 영상 벡터) 신호를 나타내는지의 여부와는 관계가 없다. 그러므로 시간 ICA의 경우 $\mathbf{x}$의 각 행은 시간 원신호의 혼합신호가 포함되어 있고, ICA를 통해 독립적인 시간 원신호 집합을 구할 수 있다. 이와 유사하게 만약 각 행이 공간 원신호의 혼합신호(즉, 혼합 영상신호)를 포함하고 있다면, ICA를 통하여 독립적인 공간 원신호(즉, 원 영상신호)의 집합을 구하게 된다.

앞 절에서 정의한 $\mathbf{x}$의 각 열은 영상의 연속적인 행들의 연결(concatenation)로부터 형성된 영상 벡터임을 기억하라. 하지만 sICA의 경우는 각 행에 하나의 영상 벡터가 필요하다. 이는 $\mathbf{x}$의 전치행렬 $\mathbf{x}^T$로 구해진다(전치행렬은 그림 7.10에 나타나 있는 것처럼 단순하게 $\mathbf{x}$를 90° 회전시킴으로써 얻을 수 있다).

행들의 연결이 좀 어색하게 보일 수 있지만 ICA가 단일 영상 화소값의 공간 배치와 관계없이 영상들(영상의 pdf로 정의된다)사이의 독립성을 최대화시키는 것을 상기하라. 그러므로 ICA가 영상 벡터 형태의 영상과 함께 주어지더라도 상관없는 것은 ICA가 그것의 순서가 아닌 오직 화소 그레이레벨 집합에만 관련되기 때문이다. 이러한 점은 사영 추적에도 적용되는데, 그것은 첨도 역시 화소들의 공간 배치에 의해 영향을 안 받기 때문이다. 다시 말하면, 시간 시퀀스의 모든 영상을 섞는 과정(scrambling)은 ICA의 결과에 어떠한 영향도 주지 않는다는 것이다. 이는 섞는 과정이 주어진 시퀀스의 모든 영상에 대해 동일했다면 각각의 화소가 영상의 시퀀스를 넘어서 정렬된 상태로 남아 있는 경우를 말한다.[8]

sICA 방법은 복원행렬 $\mathbf{W}_{sICA}$를 구하게 되는데, 이때 추출된 공간 신호(영상 벡터) $\mathbf{y}_S$는 상호 독립이다(여기서 아래첨자 S는 시간 독립을 의미한다).

$$\mathbf{y}_S = \mathbf{W}_{sICA}\mathbf{x}^T \tag{7.90}$$

여기서 $\mathbf{y}_S$의 각 행은 영상벡터이고,

$$\mathbf{y}_i = \mathbf{w}_i^T\mathbf{x}^T \tag{7.91}$$

여기서, $\mathbf{w}_i^T$는 $\mathbf{W}_{sICA}$의 i번째 행이다.

요약하면, 시간 ICA는 공간상 모든 점에서 화소의 그레이레벨들의 시간 시퀀스가 공간상 모든 다른 점의 시간 시퀀스 **시간에 대해 독립**이라는 가정에 기초하고 있다. 그와 반대로 공간 ICA는 시간상 모든 점에서 모든 화소의 그레이레벨들의 공간 패턴("공간 시퀀스")이 시간상 모든 다른 점의 공간 패턴의 **공간에 대해 독립**이라는 가정에 기초하고 있다.

명백하게, 만약 어떤 특정 데이터 집합에 기본이 되는 원신호의 시간 독립성을 가정하는 것이 타당하다면 시간 ICA가 적용되는 것이 당연하다. 역으로, 만약 어떤 특정 데이터 집합에 기본이 되는 원신호의 공간 독립을 가정하는 것이 타당하다면 공간 ICA가 적용되어야 한다.

8 행 대신 각 영상의 열들이 동일하게 잘 연결되어 있다는 점과 영상 벡터로부터의 영상이 재구성될 필요가 있을 때 행이나 열이 잘 연결되어 있는지 여부를 지속적으로 관찰할 필요성이 있다는 점에 주목하라.

7.7.3 시공간 ICA

만약 공간과 시간의 독립성 모두가 가정된다면 시공간 ICA(stICA)가 적용될 수 있다. tICA가 공간이 아닌 시간에 대한 독립성을, 그리고 sICA가 시간이 아닌 공간에 대한 독립성을 가정한다면, stICA는 시공간에 대한 독립성을 가정한다(Stone 등, 2002 참조).

7.7.4 복원행렬의 크기

앞의 예제를 통하여 각 영상 안에 수많은 화소가 있는 것처럼 시간 시퀀스 안에도 많은 영상들이 존재한다는 가정을 통해 약간의 편법을 사용하였다. 그 결과 영상의 전체 시퀀스에 대한 (144×144)정방 배열을 얻게 되고, sICA와 tICA를 쉽게 비교할 수 있게 되었다. 일반적으로 이런 가정은 유효하지 않지만, sICA와 tICA에 대한 설명에 영향을 주지는 않는다.

sICA의 경우 전치 행렬 $\mathbf{x}^T$의 행들을 혼합신호로 다루게 된다. 데이터 배열 $\mathbf{x}^T$는 N행과 M열로 구성되어 있고, 각 행은 하나의 영상 벡터를 포함한다. 복원행렬이 $N \times N$ 행렬 W_{sICA}로 주어지며 다음 식을 만족한다.

$$\mathbf{y}_S = \mathrm{W}_{sICA}\mathbf{x}^T \tag{7.92}$$

여기서 W_{sICA}는 보통 ICA를 사용하여 추정할 만큼 충분히 작은 값이다.

하지만 tICA의 경우에는 $\mathbf{x}$의 행들을 혼합신호로 사용하고, 여기서 각 혼합신호는 시간 시퀀스이다. 시간 시퀀스(화소)의 수 M은 영상 시퀀스의 수 N보다 훨씬 큰 수가 될 수 있다 ($M \gg N$, 뇌전도(EEG) 데이터의 경우). 그 결과 M개의 행 그리고 N개의 열인 데이터 배열 $\mathbf{x}$를 얻게 되는데, 각 행은 하나의 시간 시퀀스를 포함한다.

$M \times M$ 행렬인 복원행렬은 W_{tICA}이고 다음 식을 만족한다.

$$\mathbf{y}_T = \mathrm{W}_{tICA}\mathbf{x} \tag{7.93}$$

$M \times M$ 행렬 W_{tICA}은 크기가 상당히 큰 행렬일 수 있는데, 그것은 M이 단일 영상 안에 있는 화소들 수와 동일하기 때문이다.

만약 $M \times M$ 정방 복원행렬의 크기가 너무 크면 주성분 분석(Principal Component Analysis ; PCA)을 통하여 더 작은 $K \times K$ 정방 복원행렬로 축소시킬 수 있다(부록 F 참조). 그러나 PCA로 전처리하는 것은 관심 신호가 "최대" 주성분(즉, 최대 고유값과 관련된 성분) 사이에 분포되어 있다는 가정에 의존한다. 단, 이 가정이 반드시 유효하지는 않다(Green 등, 2002 참조). 그 대신에 $K \times M$ 비정방 복원행렬을 이용하여 원 데이터 집합으로부터 ICA를 이용하여 추출될 신호의 정확한 수 K(여기서 K는 혼합신호의 개수 M보다 커서는 안 된다)를 구하는 것이 가능하다(Porrill & Stone, 1997, Amari, 1999, Penny 등, 2001 참조).

신호 구조를 무시하는 ICA ICA가 사영 추적에서와 같은 이유로 신호가 어떤 공간 구조를 가지든지 혹은 어떤 시간 구조를 가지든지 상관없다는 사실은 생각해 볼 가치가 있다(제5, 6장 참조).

7.8 요약

결합(joint) pdf에 관한 독립성과 엔트로피의 개론에 이어 ICA의 최대 엔트로피 해석이 기술되었다. 최대 엔트로피 ICA는 추출된 신호가 특정 모델 결합 cdf에 의해 변환된 후에 그 신호의 엔트로피를 최대화시키는 복원행렬을 찾는다. 이 결합 cdf의 주변(marginal) cdf가 독립이라는 것(즉, 그 곱의 결과가 결합 cdf가 된다는 것)이 가장 중요한 가정이 되고, 이는 추출된 신호들 역시 독립이라는 것을 보장한다. ICA는 본질적으로 모델 cdf에 사상되는 결합 cdf(혹은 결합 pdf)를 통해 신호를 추출하는 "cdf 사상(matching)"법이라고 기술된다.

최대 우도 ICA는 최적 복원행렬의 추정값를 찾는 방법으로 소개되었다. ML ICA와 최대 엔트로피 ICA는 사실상 등가관계임을 보였다.

실제로, ICA는 공간 혹은 시간 영역에 적용될 수 있다. 시간 ICA와 공간 ICA의 관계가 설명되었다.

MatLab 코드 부록 D에 간단한 MatLab 코드가 제공되어 있다. 공간, 시간 그리고 시공간 ICA의 영상 시퀀스에 관한 코드는 다음 웹사이트에서 다운로드 받을 수 있다.

http://jim-stone.staff.shef.ac.uk/bookica.html

역자의 보충설명

[참고문헌 : Therrien and Tummala, Probability and Random Processes For Electrical and Computer Engineers, 2nd Ed., Ch3, Ch7 CRC Press(2012)]

1. 확률밀도 함수의 변환

그림 1에서 보는 바와 같이 랜덤 변수 X가 랜덤 변수 Y로 변하는 과정을 생각해보자.

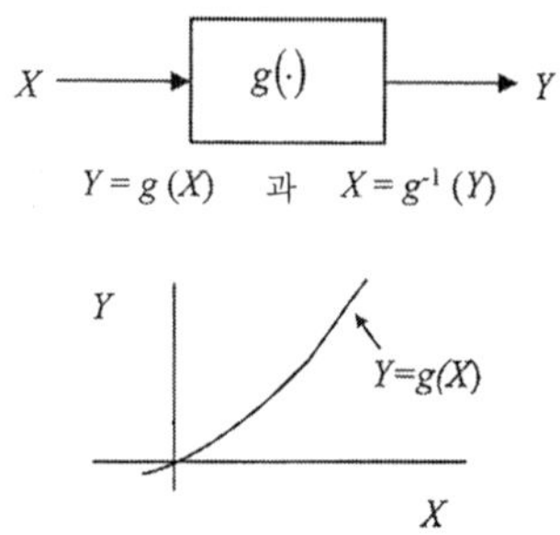

그림 1 랜덤변수의 변환

대부분 이런 변환이 선형(혹은 직선에 의해 표현된다)이다. 그러나 어떤 경우는 비선형인 경우도 있다. 예를 들어, 정류기에 있어서 전압이 다이오드에 인가되거나 교류를 직류로 변환시키는 비선형 소자에 인가되는 경우, 또한 신경회로망에서 입력의 합이 문턱값(threshold)에 비교되기 전에 비선형 함수에 인가되는 경우 등 여러 경우에 있어 입력 확률밀도 함수 $p_X(x)$를 알 때 출력 확률밀도 함수 $p_Y(y)$를 계산할 수 있다는 것은 매우 중요한 점이다.

그림 2에서 보여주듯이 g가 가역(invertible) 함수일 때의 전달특성이 나타나 있다.

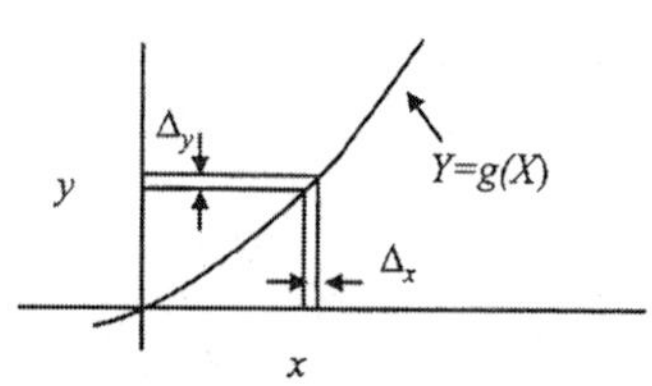

그림 2 가역함수의 전달특성

점 $(x,\ y)$에서 다음 식을 쓸 수 있다.

$$P[y < Y \leq y + \Delta y] = P[x < X \leq x + \Delta x] \tag{1}$$

식 (1)의 양변은 같은 사건을 나타내므로

$$p_Y(y)\Delta y = p_x(x)\Delta x \tag{2}$$

Δx가 더 작은 경우는 근사를 이용해 다음 식으로 표현할 수 있다.

$$\Delta y = \left|\frac{dy}{dx}\right|\Delta x \tag{3}$$

여기서 절대값은 곡선의 기울기가 음수일 경우를 반영한다.

식 (2)와 식 (3)을 결합하면

$$p_Y(y) = \frac{1}{|dy/dx|}p_X(x)\Big|_{x=g^{-1}(y)} \tag{4}$$

여기서 g^{-1}는 역변환을 나타낸다. 왜냐하면 $p_Y(y)$가 y에 의해 표현되어야 하기 때문이다. 예를 들어, 다음과 같은 변환을 가정해보자.

$$Y = aX + b \tag{5}$$

그러면 $dy/dx = a$, $g^{-1}(y) = (y-b)/a$이므로

$$p_Y(y) = \frac{1}{|a|}\,p_X\left(\frac{Y-b}{a}\right) \tag{6}$$

이 식에서 a의 절대값이 함수의 내부에 나타나지 않고 외부에 나타난 것에 유의하라.

2. 일반적인 경우로의 확장(확률밀도 함수의 변환)

다음과 같은 랜덤 벡터의 일반적인 가역 비선형 변환(invertible nonlinear transformation)을 생각해보자.

$$\boldsymbol{Y} = g(\boldsymbol{X}) \tag{7}$$

이 식을 행렬로 표현하면 다음 식으로 표현할 수 있다.

$$\begin{bmatrix} Y_1 \\ Y_2 \\ \vdots \\ Y_K \end{bmatrix} = \begin{bmatrix} g_1(X_1, X_2, \cdots, X_K) \\ g_2(X_1, X_2, \cdots, X_K) \\ \vdots \\ g_k(X_1, X_2, \cdots, X_K) \end{bmatrix} \tag{8}$$

이 변환이 가역적이므로 $\boldsymbol{X}$는 다음 식으로 표현된다.

$$\boldsymbol{X} = g^{-1}(\boldsymbol{Y}) \tag{9}$$

확률밀도 함수 $p_X(x)$와 $p_Y(y)$의 관계는 앞서 설명한 단일 랜덤 변수와 동일한 단계를 거쳐 유도될 수 있다. 이 작은 영역의 체적을 다음과 같이 표시해보자.

$$\Delta V_X = \Delta_1\ \Delta_2 \cdots\ \Delta_k \tag{10}$$

그러면 ΔV_Y는 $\boldsymbol{Y}$ 공간에서 상응하는 체적을 표현한다(그림 3 참조).

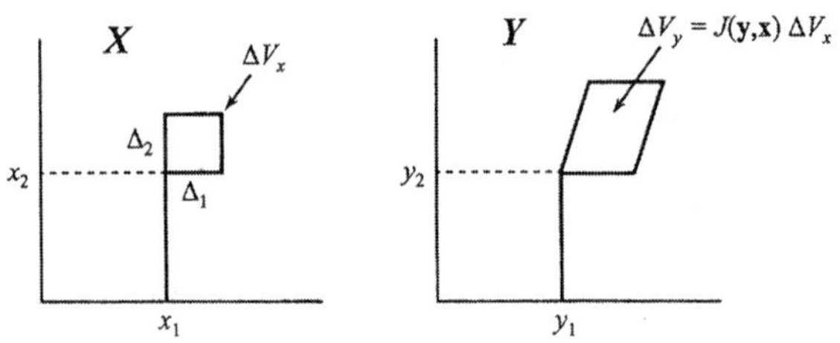

(a) $\boldsymbol{X}$ 공간의 작은 영역 (b) 상응하는 $\boldsymbol{Y}$ 공간의 영역

그림 3 $\boldsymbol{X}$ 공간에서 $\boldsymbol{Y}$ 공간으로의 사상

이 영역이 반드시 직사각형 영역이 될 필요가 없다는 사실에 유의하라. 체적 ΔV_X의 작은 영역의 확률이 체적 ΔV_Y의 상응하는 영역의 확률이 같으므로

$$p_{\boldsymbol{X}}(x)\Delta V_X = p_{\boldsymbol{Y}}(y)\Delta V_Y \tag{11}$$

$\boldsymbol{Y}$ 공간에서의 작은 체적은 다음 식으로 주어진다.

$$\Delta V_Y = J(y,\ x)\Delta V_X \tag{12}$$

여기서 $J(y,\ x)$는 변환의 자코비언(Jacobian)이며, abs는 행렬식의 절대값을 의미한다.

$$J(y,\ x) \overset{\text{def}}{=} abs\begin{vmatrix} \dfrac{\partial g_1(\boldsymbol{x})}{\partial x_1} & \dfrac{\partial g_2(\boldsymbol{x})}{\partial x_1} & \cdots & \dfrac{\partial g_K(\boldsymbol{x})}{\partial x_1} \\ \dfrac{\partial g_1(\boldsymbol{x})}{\partial x_2} & \dfrac{\partial g_2(\boldsymbol{x})}{\partial x_2} & \cdots & \dfrac{\partial g_K(\boldsymbol{x})}{\partial x_2} \\ \vdots & \vdots & & \vdots \\ \dfrac{\partial g_1(\boldsymbol{x})}{\partial x_K} & \dfrac{\partial g_2(\boldsymbol{x})}{\partial x_K} & \cdots & \dfrac{\partial g_K(\boldsymbol{x})}{\partial x_K} \end{vmatrix} \tag{13}$$

식 (12)를 식 (11)에 대입하면 다음 식을 얻으며

$$p_{\boldsymbol{X}}(x)\Delta V_X = p_{\boldsymbol{Y}}(y)J(y,\ x)\Delta V_X \tag{14}$$

ΔV_X항을 소거하고 식 (9)를 적용하면 원하는 식 (15)를 얻는다.

$$p_{\boldsymbol{Y}}(y) = \frac{1}{J(y,\ x)} p_{\boldsymbol{X}}(x) \Big|_{x = g^{-1}(y)} \tag{15}$$

3. 최대 우도함수 추정(Maximum Likelihood Estimation)

[참고문헌 : Therrien, Discrete Random Signals and Statistical Signal Processing, Ch6, Prentice-Hall(1992)]

랜덤 벡터 x에 의해 정의되는 관찰값들의 집합을 고려해 봄으로써 매개변수 추정법을 접근해보자. 벡터 x는 스칼라 값들의 집합으로 표시된다.

$$x = [x_1\ x_2 \cdots\ x_N]^T$$

각각의 관찰값들은 독립적일수도 혹은 아닐 수도 있다. 관찰값 집합의 밀도함수는 안다고 가정하고(예를 들어, 가우시안 함수, 균일 함수 등) 고정은 되었지만 미지의 매개변수에 대해 종속된다고 가정해보자. 그러므로 관찰값의 확률밀도 함수는 다음 식으로 정의된다.

$$p_{X:\theta}(X:\theta) \tag{1}$$

특별한 값 x_0가 주어지면 최대우도 추정은 $\hat{\theta}_{me}$로 정의되며 $p_{X:\theta}(x_0:\theta)$를 최대화시키는 θ이다. 여기서 단일 실수 랜덤 변수 x는 분산이 σ_0^2이며, 평균은 미지의 m인 가우시안 밀도 함수라고 고려해보자. 그러므로 식 (1)은 아래 식으로 표현된다.

$$p_{X:m}(x,\ m) = \frac{1}{\sqrt{2\pi\sigma_0^2}} e^{-\frac{(x-m)^2}{2\sigma_0^2}} \tag{2}$$

다음과 같은 가설 상황을 고려해보자. 그림 1과 같이 평균에 대한 몇 가지 가능한 선택을 가진 밀도 함수와 랜덤 변수 X가 있다. X의 관측값을 x_0로 놓고 이 그림에서 밀도 함수의 평균값을 추정하려고 한다.

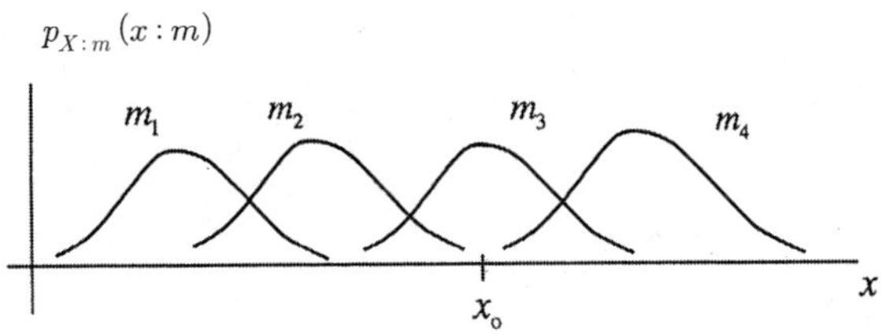

그림 1 평균의 추정선택

그림에 따르면 평균의 선택은 당연히 m_3를 선택하여야 한다. 왜냐하면 주어진 x_0에 가장 근접한 관찰이기 때문이다. 결국 m_1이나 m_2 혹은 m_4를 택하지 않는 이유가 무엇일까? 그 이유는 주어진 x_0가 낮은 확률을 가지고 있기 때문이다.

이런 원리를 최대우도 추정의 원리(Principle of maximum likelihood estimation)라 한다. 이 원리는 결국 매개변수를 추정할 때 매개변수의 값을 관찰값에 가장 가까운 결과로 선택하는 개념이다. 다시 말하면, $p_{X:\theta}$를 최대로 하는 θ의 값을 구하는 개념이다.

$$\hat{\theta}_{ml} = \underset{\theta}{argmax}\ p_{X:\theta}(x:\theta) \tag{3}$$

$\hat{\theta}_{ml}$는 랜덤 벡터 x에 종속되며, 따라서 $\hat{\theta}_{ml}$은 그 자체가 랜덤 변수이다. 여러 개의 독립적인 값들을 가진 랜덤 변수들을 가정하면 $x=[x_1,\ x_2,\ \cdots\ x_N]^T$가 되고 관찰값들이 독립적이므로 그들의 결합 확률밀도 함수는 x_i 각각의 밀도의 곱으로 표현된다. 따라서 우도함수들은 식 (4)로 표현될 수 있다.

$$p_{X:m}(x;m) = p_{X_1X_2\cdots X_{N:m}}(x_1,\ x_2,\ \cdots\ x_n;m) = \prod_{i=1}^{N} \frac{1}{\sqrt{2\pi\sigma_0^2}} e^{-\frac{(x_i-m)^2}{2\sigma_0^2}} \tag{4}$$

로그함수는 단조함수이므로 식 (4)를 최대로 하는 것은 로그 우도함수를 최소로 하는 것과 등가이므로 로그우도함수는 식 (5)로 표시된다.

$$\ln p_{X;m}(x;m) = -N\ln\left(\sqrt{2\pi\sigma_0^2}\right) - \sum_{i=1}^{N} \frac{(x_i-m)^2}{2\sigma_0^2} \tag{5}$$

매개변수 m의 종속성을 명쾌하게 보여주기 위해 이 식을 전개하고 다른 형태로 쓰면 식 (6)으로 표시될 수 있다.

$$\ln p_{X;m}(x;m) = \left(-\frac{N}{2\sigma_0^2}\right)m^2 + \left(\sum_{i=1}^{N}\frac{x_i}{\sigma_0^2}\right)m - \left(N\ln\left(\sqrt{2\pi\sigma_0^2}\right) + \sum_{i=1}^{N}\frac{x_i^2}{2\sigma_0^2}\right) \tag{6}$$

이 식은 m의 2차 함수이며 그림 2에 나타난 것 같이 볼록(convex) 함수이다.

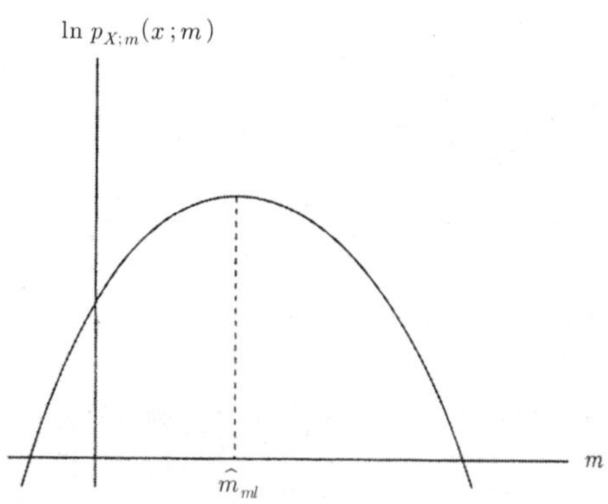

그림 2 가우시안 랜덤 변수의 우도함수

그림 2에서는 미분이 0이 되는 곳에서 단일 최대값을 갖는 우도함수를 보여준다. m에 대하여 미분하고 0으로 놓고 $\hat{m}$을 구하면

$$\frac{\partial \ln p_{X;m}(x;m)}{\partial m} = -\frac{N}{\sigma_0^2}m + \frac{1}{\sigma_0^2}\sum_{i=1}^{N} x_i = 0 \tag{7}$$

혹은

$$\hat{m}_{ml} = \frac{1}{N}\sum_{i=1}^{N} x_i \tag{8}$$

이 추정값을 샘플평균이라 한다.

CHAPTER 8

복잡도 추적

필요 이상으로 가설을 세우지 말라. – William of Ockham(약 1285~1349)
지나치게 단순화시키지 말되 모든 것을 가능한한 단순화시켜라. – Albert Einstein

8.1 서론

물리적인 시스템 내에서 측정되는 거의 모든 신호는 실제로 통계적으로 독립인 원신호들이 혼합된 것이다. 그러나 원신호들은 보통 질량체(예를들면, 얇은 막)의 움직임에 의해서 발생되기 때문에 물리적으로 가능한 원신호들의 형태는 질량체들의 시간에 대한 동특성들에 의해서 지배를 받는다. 이로부터 하나의 관찰된 신호는 다른 물리적 근원들로부터 생성되는 보다 단순한 원신호들이 혼합된 것이라고 볼 수 있고, 이 사실이 관찰된 신호의 복잡성을 가장 간략하게 설명해준다. 이러한 관찰은 혼합신호들로부터 원신호들을 추출해내기 위한 하나의 토대로서 사용될 수 있다.

하나의 원신호들의 집합이 주어질 때 그 원신호들의 혼합으로 이루어진 임의의 혼합신호는 이를 구성하는 원신호들 중에서 가장 단순한(즉, 가장 덜 복잡한) 원신호보다 일반적으로 더 복잡하게 된다(2장 참조). 예를들어, 2개의 원신호를 혼합하여 만든 임의의 혼합신호는 2개의 원신호 중 더 간단한(즉, 덜 복잡한) 원신호보다 복잡도가 더 커진다(그림 2.4 참조). 이러한 복잡도 가설(complexity conjecture)[1]이 혼합신호들의 집합으로부터 획득 가능한 가

1 이 가설은 Stone, 2001에서 표현된 가설과 미묘하지만 중요한 차이가 있다. Stone, 2001에서는 각각의 혼합신호가 그것을 구성하는 개개의 원신호보다 더 복잡하다고 추측하였다. 이 Stone의 가설은 Xie 등(출판중)에서 반박되었는데, Xie 등은 그들의 논문에서 임의의 혼합신호의 복잡도는 그것을 구성하는 원신호들 중에서 가장 복잡한 신호와 가장 덜 복잡한 신호의 복잡도 사이에 놓이게 됨을 증명하였다. 이들 가설들 사이의 미묘한

장 복잡도가 작은 신호를 찾아냄으로써 혼합신호들을 원신호들로 분리해내는 한 방법에 대한 토대를 제공해 준다. 이런 점에서 복잡도 추적(complexity pursuit)은 혼합신호들의 집합으로부터 어떤 신호들을 추출할 것인가를 결정하는데 있어서 오컴의 면도날(Ockham's razor) 법칙을 구현한 하나의 예라고 볼 수 있다. 또한 이 전략은 시각 계통에서의 학습 기능을 모방하는데 사용될 수 있다(11.7절 참조).

복잡도(complexity)는 블라인드 신호원 분리(Blind Source Separation : BSS)를 위한 원리로서 정규성(normality)이나 독립성(independence)보다는 이목을 훨씬 덜 받아왔다.[2] 이것은 정규성과 독립성에 대한 척도는 상대적으로 쉽게 공식화시킬 수 있는 반면에 복잡도의 개념을 공식화시키는 것은 어렵기 때문이다.

여기서는 복잡도 추적이라는 용어를 복잡도가 최소인 원신호들을 찾아내는 여러 종류의 방법들을 언급하는데 사용하지만, 원래 이 이름은 Hyvärinen, 2001에 기술되어 있는 한 특정 방법으로부터 빌려온 것이다. 복잡도 추적이라는 이름은 이러한 방법들이 추출되는 신호의 복잡도가 최소가 되도록 혼합신호들의 집합에 대한 직교 사영(orthogonal projection)을 제공하는 가중치 벡터를 찾으려고 한다는 사실로부터 유래한 것이다.

복잡도 추적에 관한 방법들은 복잡도에 대한 정보 이론적인 척도들로부터 직접 이끌어낼 수 있지만, 그러한 방법들은 많은 BSS 문제들에서 필요로 하는 것보다 더 일반적이고 더 복잡해지는 경향이 있다. 이에 반해서 아래 기술되어질 특별한 방법(Stone, 2001)에서는 Kolmogorov 복잡도(Cover & Thomas, 1991)라는 매우 간단한 척도를 최소화시킨다. Stone, 2001에서 사용된 척도는 Hyvärinen, 2001에서 정의된 복잡도에 대한 척도들과 유사한데, 그 척도들은 Kolmogorov 복잡도와 명백하게 관련되어 있다.

복잡도 추적: 물리적인 유사 정확한 유사는 아니지만, 다음에 의해 복잡도 추적에 대한 직관적 이해를 얻을 수 있다. 일정 길이의 철사가 복잡한 3차원 형상으로 구부러져 있다고 생각해보기로 한다. 이 물체의 그림자는 광원의 방향(direction)과 물체의 방향(orientation)에 따라 다소 복잡한 모습을 가지게 된다. 만약 이 물체가 모든 가능한 방향들로 천천히 회전한다면, 그 물체의 3차원 구조에 의해 생기는 그림자의 복잡한 정도가 변하게 된다. 분명히 다른 어떤 방향에서보다 덜 복잡한 그림자를 갖는 하나의 방향이 존재하게 된다. 이것이 복잡도 추적에 의해서 찾아지는 방향(orientation)이 될 것이다.

차이는 이 책에 기술된 알고리듬에 어떠한 영향을 미치지 않는다. 이 책에서의 알고리듬은 Stone, 2001에서의 알고리듬과 동일하고, 혼합신호들의 집합으로부터 추출할 수 있는 가장 복잡도가 작은 신호는 원신호라는 단순한 가정에 기반을 두고 있다.

2 그러나 몇몇 저자들은 복잡도로부터 이끌어낸 제약조건들을 갖는 독립성에 기반한 방법들을 발표하였다(예를 들면, Pearlmutter & Parra, 1996, Stone & Porrill, 1999, Penny 등, 2001).

독자들이 추측할 수 있듯이 위에서 철사 위의 각 점은 한 시점(time)에서 3개의 혼합신호의 진폭을 나타내며, 인접하는 점들은 연속적인 시점을 나타낸다. 광원은 한 개의 신호를 추출하는 가중치 벡터를 나타내고, 그 그림자는 혼합신호들로부터 추출된 신호를 나타낸다. 그러나 물체를 회전시키는 대신에 동등하게 광원의 방향을 회전시키고, 물체의 그림자를 관찰할 수 있도록 하나의 평면이 언제나 광원의 반대편에 놓이게 할 수 있다. 여기서 그림자는 2차원이고 복잡도 추적에 의해서는 1차원의 신호가 추출되는 것이기 때문에 정확한 유사는 아니다. 그럼에도 불구하고, 이 유사는 복잡도 추적을 떠받치는 전략에 대한 개략적인 개념을 제공해준다.

8.2 예측가능성과 복잡도

복잡도(complexity)에 대한 하나의 간단한 척도를 예측가능성(predictability)에 의해서 공식화시킬 수가 있다. 구체적으로 말하면, 하나의 신호의 각 값이 이전의 신호값들에 의하여 쉽게 예측된다면 그 신호는 낮은 복잡도를 가진다. 역으로, 한 신호의 연속적인 값들이 랜덤하다면(즉, 서로 독립적이라면) 원리적으로 예측은 불가능하고, 그러한 신호는 높은 복잡도를 가진다.

앞에서 언급한 것처럼 Kolmogorov 복잡도(Cover & Thomas, 1991)(엔트로피와 연관된)는 복잡도에 대한 하나의 매우 강인한 척도를 제공한다. 그러나 시간상(temporal) 예측가능성은 직관적이고 측정하기가 비교적 쉬운 반면, Kolmogorov 복잡도는 덜 직관적이고 정확하게 측정하는 것이 불가능하다.

시간상 예측가능성에 대한 하나의 척도 $F(\mathbf{w}_i,\ \mathbf{x})$를 정의하고, 주어진 가중치 벡터 $\mathbf{w}_i$에 의해 추출된 신호 y_i(여기서, $y_i = \mathbf{w}_i^T\mathbf{x}$)의 복잡도를 추정하는데 사용하기로 한다. 원신호들의 집합이 주어질 때, 한 원신호 s_i가 다른 원신호들보다 더 예측가능하다면 추출된 신호 y_i의 예측가능성을 최대화시키는 $\mathbf{w}_i$의 값은 하나의 원신호(즉, $y_i = s_i$)를 산출한다. 최대의 예측가능성은 최소의 복잡도에 대응하고, 그 반대도 성립함을 주목하기 바란다.

8.3 신호의 예측가능성을 이용한 복잡도 측정

먼저 예측가능성에 대한 척도 F를 추출되는 신호 $y_i = \mathbf{w}_i^T\mathbf{x}$에 의하여 정의하기로 한다. M개의 혼합신호들로 이루어진 집합 $\mathbf{x} = (x_1,\ x_2,\ \ldots,\ x_M)^T$로부터 원신호 $y_i = s_i$를 추출하기 위해서는 y_i의 예측가능성을 최대화시키는, 즉 복잡도를 최소화시키는 가중치 벡터 $\mathbf{w}_i$를 찾는 것이 필요하다.

N개의 시간 단계에 걸쳐서 관측된 M개의 혼합신호들로 이루어진 집합 $\mathbf{x} = (\mathbf{x}^1, \mathbf{x}^2, \dots, \mathbf{x}^N)$으로부터 신호 $y_i = (y_i^1, y_i^2, \dots, y_i^N)$를 추출해내는 가중치 벡터 $\mathbf{w}_i$가 주어질 때, 여기서 사용된 예측가능성 F에 대한 정의는 다음과 같다.

$$F(\mathbf{w}_i, \mathbf{x}) = \ln \frac{\sum_{t=1}^{N} (\bar{y}_i - y_i^t)^2}{\sum_{t=1}^{N} (\tilde{y}_i^t - y_i^t)^2} \tag{8.1}$$

$$= \ln \frac{V_i}{U_i} \tag{8.2}$$

여기서, $y_i^t = \mathbf{w}_i^T \mathbf{x}^t$는 시간 t에서의 추출된 신호 y_i의 값이고, $\mathbf{x}^t = (x_1^t, x_2^t, \dots, x_M^t)^T$는 시간 t에서 M개의 혼합신호 값들로 이루어진 벡터 변수이다.

분자 V_i는 추출된 신호의 전체 분산값이며, 신호가 상수(constant)가 되어 예측가능성은 높아지지만 쓸모가 없는 신호를 추출하지 않도록 보장해 준다.

분모 U_i는 추출된 신호 y_i의 시간상 매끄럽지 못함(roughness)을 나타내는 척도로서 매끄럽지 못한 신호들에 대해서는 큰 값을 갖고 매끄러운 신호에 대해서는 작은 값을 가진다. 특히, U_i는 y_i^t가 y_i의 이전 값들로 이루어진 단구간(short-term) 이동 평균값 $\tilde{y}_i^t$에 의해서 예측되는 정도를 반영한다. y_i^t에 대한 예측값 $\tilde{y}_i^t$는 시간 $(t-1)$까지 측정된 신호값들에 대하여 지수함수적으로 가중치를 곱하여 더한 값으로서 과거의 값들에 비해 최근 값들에 더 큰 가중치를 부여하게 된다.

$$\tilde{y}^t = \lambda \tilde{y}^{(t-1)} + (1-\lambda) y^{(t-1)} \qquad : 0 \le \lambda \le 1 \tag{8.3}$$

λ에 대한 전형적인 값으로서 0.9를 사용한다. 이것은 y^t에 대한 예측값이 다음 식과 같이 주어짐을 의미한다.

$$\tilde{y}^t = 0.9y^{t-1} + 0.9^2 y^{t-2} + 0.9^3 y^{t-3} \dots \tag{8.4}$$

$$= 0.9y^{t-1} + 0.81y^{t-2} + 0.729y^{t-3} \dots \tag{8.5}$$

$\lambda = 0$이면 $\tilde{y}_i^t = y_i^{t-1}$, 즉 y_i^t에 대한 예측값이 단순히 y_i^{t-1}임을 주목하기 바란다.

$$\tilde{y}^t = 0\,\tilde{y}^{(t-1)} + (1-0) y^{(t-1)} \tag{8.6}$$

$$= y^{(t-1)} \tag{8.7}$$

위 식은 가장 간단한 예측 모델을 나타내는데, 이는 y_i가 상수(즉, $y_i^t = y_i^{t-1}$)라는 가정을 기반으로 하기 때문이다. 대부분의 신호들은 이 가정에 위반되며, 따라서 예측가능성 F에 대한 앞에서의 정의는 시간에 대해서 매끄럽게 변하지만 전체적인 분산값이 큰 신호들(즉, F에 내포된 모델과 최대로 일치하는 신호들)을 추출하게 해준다.

U_i를 상수값으로 유지하면서 F를 최대화시키면 시간상 구조에 어떠한 구속이 없는 큰 분산값을 가지는 신호를 얻게 된다. 역으로, V_i를 상수값으로 유지하면서 F를 최대화시키게 되면 예측가능성이 높으면서 완전히 쓸모없는 (즉, 상수값을 갖는) 신호를 얻게 된다. 양쪽 모두 의미가 없는 해가 얻어진다. 이에 반해서 다음 두 조건이 만족될 때만 비(ratio) F는 최대가 될 수 있다: (1) y값의 범위는 0이 아니다(즉, 큰 분산값을 가진다). (2) y의 값은 시간에 대해서 천천히 변한다(즉, 이전의 값들로부터 예측할 수 있다). 또한 F의 값은 $\mathbf{w}_i$의 길이(length) $|\mathbf{w}_i|$에 독립이며, 따라서 $\mathbf{w}_i$의 방향(orientation)이 변화될 때만 F의 값에 영향을 준다는 것을 주목하기 바란다.

복잡도 관점에서 F의 재해석 약간의 다른 관점으로 예측가능성을 살펴보면 $y = \mathbf{w}^T\mathbf{x}$의 예측가능성 F를 최대화시키는 $\mathbf{w}_i$는 마찬가지로 $|\mathbf{w}_i| = 1$의 조건하에서 다음 식과 같이 주어지는 복잡도에 대한 하나의 간단한 척도를 최소화시킴을 알 수 있다.

$$\ln \sum_{t=1}^{N} \left(\tilde{y}_i^t - y_i^t \right)^2 \tag{8.8}$$

로그함수는 단조함수이므로, 식 (8.8)을 최소화시키는 임의의 $\mathbf{w}_i$는 다음 식을 최소화시킨다.

$$U_i = \sum_{t=1}^{N} \left(\tilde{y}_i^t - y_i^t \right)^2 \tag{8.9}$$

다시 말해서, 혼합신호들의 집합으로부터 가장 예측가능한 신호를 추출해내는 가중치 벡터는 $\mathbf{w}_i$의 길이를 1로 설정한다면 U_i를 최소화시킴으로써도 구할 수가 있다.

(4.2.1절로부터) 벡터 $\mathbf{w}_i$의 길이는 추출되는 신호의 형태에 영향을 끼치지 않으며, $|\mathbf{w}_i|$를 어떤 0이 아닌 상수로 설정하면 벡터 $\mathbf{w}_i$가 영(zero)으로 줄어들지 않게 된다는 것을 알고 있기 때문에 $|\mathbf{w}_i| = 1$라는 조건은 놀랄만한 것이 못된다.

$\lambda = 0$으로 놓으면 U_i는 단지 추출되는 신호 $y_i = \mathbf{w}_i^T\mathbf{x}$의 연속적인 값들 사이의 차이에 대한 척도일 뿐이다(좀 더 일반적으로, $\lambda > 0$이면 U_i는 y_i^t와 시간 t 이전의 y_i 값들에 대한 가중 평균치 사이의 차이에 대한 척도이다).

추출되는 신호의 복잡도에 대한 척도를 최소화시키면 연속적인 신호 값들이 동일하지는 않고, 가능한 한 유사하게 되는 신호가 생성된다. $|\mathbf{w}_i| = 0$이라면 연속되는 신호 값들 사이의

차이가 정확하게 0이 될 수 있지만, 이미 $|\mathbf{w}_i|=1$이라는 조건이 규정되어 있음을 주목하기 바란다.

8.4 예측가능성의 최대화에 의한 신호 추출

이 방법은 2개의 원신호들과 이 원신호들에 의한 2개의 혼합신호들(x_1과 x_2)에 대해서 x_1에 대한 x_2의 그림을 그린 후 F 값이 최대가 될 때까지 가중치 벡터 $\mathbf{w}_i$를 원점에 대해서 회전시킴으로써 그래프적으로 증명할 수가 있다. F가 최대가 되는 방향의 가중치 벡터에 의해 추출되는 신호 $y_i = \mathbf{w}_i^T\mathbf{x}$는 최대의 예측가능성, 즉 최소의 복잡도를 가진다(그림 8.1 참조).

다수의 신호들을 두 가지 방법에 의해 추출할 수가 있다. 첫째, 부록 E에 기술된 고속(fast) 고유치 방법을 사용하여 신호들을 동시에 추출할 수가 있다. 둘째, 사영 추적의 경우에서처럼 신호들을 순차적으로 추출할 수가 있다. 즉, 각 신호를 9장에 기술된 일반적인 기울기(gradient) 기반의 방법을 사용하여 추출할 수 있으며, 그런 다음 혼합신호들의 집합으로부터 그 신호를 제거한다. 이제 이렇게 첫 번째 신호가 제거된 후 잔여(remaining) 혼합신호들의 집합에 대해서, 이장의 첫 번째 페이지에 주어진 가설이 성립된다. 이것은 잔여 혼합신호들의 집합으로부터 얻을 수 있는 가장 덜 복잡한 신호를 찾음으로써 다음 원신호를 얻을 수 있음을 의미한다. 이 과정을 모든 원신호들이 추출될 때까지 반복할 수가 있다.

다른 확률밀도 함수를 갖는 신호들로 이루어진 혼합신호들에 대한 분리 추출되는 신호들이 동일한 모델의 확률밀도 함수를 갖는 ICA와 달리 복잡도 추적방법은 신호들의 복잡도에만 의존한다. 그러므로 복잡도 추적법은 (몇몇 형태의 사영 추적법과 마찬가지로) 다른 확률밀도 함수들(예를 들어, 좁은 가우시안 분포, 넓은 가우시안 분포 또는 가우시안 분포)을 갖는 신호들을 추출하는데 사용할 수가 있다.

3개의 원신호들 $\mathbf{s} = (s_1,\ s_2,\ s_3)$이 그림 8.2에 나타나 있다.

1. 좁은 가우시안(super-gaussian) 분포를 갖는 신호(기차의 기적 소리)
2. 넓은 가우시안(sub-gaussian) 분포를 갖는 신호(사인파)
3. 가우시안(gaussian) 분포를 갖는 신호[3]

이 3개의 신호들을 무작위적인(random) 3×3 행렬 $\mathbf{A}$를 사용 혼합하여 3개의 혼합신호들

3 신호 3은 MatLab의 *randn* 함수에 의해 생성되었다. 그리고 생성된 값들을 시간축에 대하여 오름차순으로 정렬하여 표시하였다.

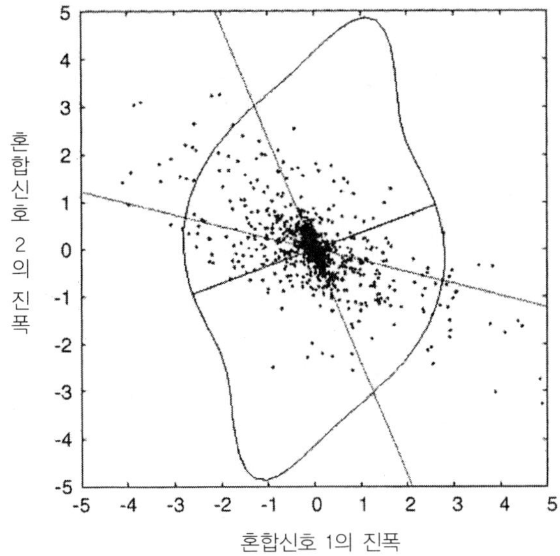

그림 8.1

2개의 음성 혼합신호들에 대해서 복잡도가 가중치 벡터의 방향에 따라 어떻게 변하는지를 나타낸 그림. 그림에서 점들은 혼합신호 1(x_1)의 진폭에 대한 혼합신호 2(x_2)의 진폭을 나타낸다. 하나의 가중치 벡터 $\mathbf{w}$에 대한 임의의 방향이 주어질 때, 추출신호 y는 $\mathbf{w}$와 $\mathbf{x}=(x_1,\ x_2)^T$의 내적 $y=\mathbf{w}^{\mathrm{T}}\mathbf{x}$으로서 주어진다. y의 복잡도는 $\mathbf{w}$가 원점 주위로 회전함에 따라 변한다. $\mathbf{w}$의 각 방향에 대해 관련된 복잡도는 $\mathbf{w}$의 방향으로 원점으로부터의 거리로써, 하나의 연속적인 곡선으로 그려져 있다. 결정적으로, 복잡도는 $\mathbf{w}$가 변환 축 S_1' 또는 S_2'(대시선들(dashed lines)로 그려져 있음)에 직교할 때 최소가 되고, $\mathbf{w}$는 이들 방향의 각각에서 정확히 하나의 원신호를 추출한다. 여기에서 복잡도는 $1/F$로서 정의되고, F는 추출되는 신호의 시간상 예측가능성이다(본문 참조).

복잡도의 한 최소값에 대응하는 $\mathbf{w}$의 방향이 실선(solid line)으로 그려져 있다. 이 선은 $\mathbf{w}_2$가 향하는 쪽과 같은 방향을 가진다. 이 선은 실제로 복잡도가 동일하게 최소가 되는 2개의 점을 연결한다. 왜냐하면, $\mathbf{w}_2$와 $-\mathbf{w}_2$ 모두 같은 방향을 가지고, 그러므로 단순히 부호만 반대인 같은 신호가 추출되기 때문이다(즉, $\mathbf{w}_2$는 y_2를 추출하고 $-\mathbf{w}_2$는 $-y_2$를 추출한다). $\mathbf{w}_2$는 변환 축 S_1'에 직교한다.

의 집합 $\mathbf{x}=\mathbf{A}\mathbf{s}$를 생성하였다. 각 신호는 3000개의 샘플들로 이루어져 있는데, 각 혼합신호의 첫 번째 1000개의 샘플을 그림 8.3에 나타내었다. 3개의 복원된 신호들 각각은 원신호 중 어느 하나하고만 상관계수의 값이 $r>0.99$이었고 다른 상관계수들의 값은 0에 가까웠다. 이 방법은 또한 음성신호에 대해서(Stone, 2001), 그리고 스테레오 시차를 추출하도록 학습시키는데 있어서(11.7절 참조)도 잘 작용함이 증명되었다.

복잡도 추적법은 신호의 구조를 무시하지 않는다. 복잡도 추적법으로 분류되는 모든 방법들은 원신호들이 정보를 함유하는 유용한 시간상(temporal) 또는 공간상(spatial) 구조를 가지고 있다는 가정에 의존한다. 예를 들어, Stone, 2001, Hyvärinen, 2001, 그리고 Molgedey &

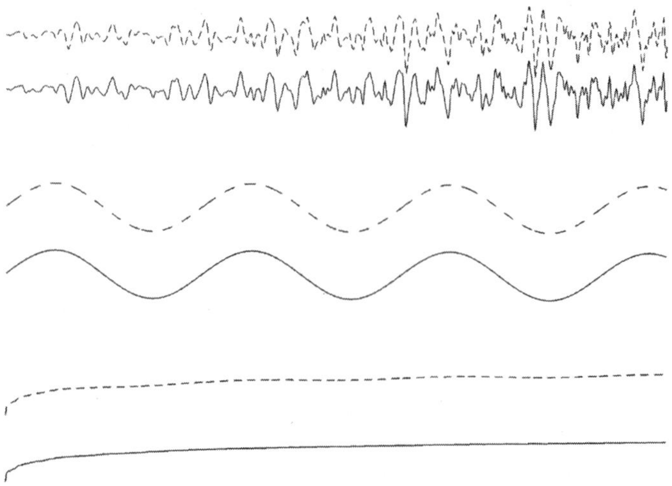

그림 8.2

서로 다른 확률밀도 함수를 3개의 신호들, 즉 좁은 가우시안 분포를 갖는 기차의 기적 소리, 넓은 가우시안 분포를 갖는 사인파, 그리고 오름차순으로 값이 정렬된 가우시안 분포를 갖는 잡음 신호가 위에서 아래로 표시되어 있다. 각 그래프에서 그림 8.3의 혼합신호들을 합성하는데 사용된 원신호들은 굵은 선으로, 그리고 이들 혼합신호들로부터 복원된 대응하는 신호들은 대시선(dashed line)으로 표시되어 있다. 각각의 신호와 이에 대응하는 복원된 신호는 표시를 위해서 수직으로 이동되어 있다. 원신호들과 복원신호들 사이의 상관계수의 값들은 $r=0.999$ 이상이었다. 사용된 9,000개의 샘플 중 앞의 1,000개만을 여기에 표시하였다. 종축은 신호의 진폭을 나타낸다.

Schuster, 1994, Attias, 2000의 방법들이 있다. 이미 논의된 것처럼 이는 모든 공간상 및 시간상 구조를 무시하는 ICA 및 사영 추적법과 대조를 이룬다.

8.5 요약

원신호들은 보통 질량체의 움직임에 의해서 발생된다. 따라서 물리적으로 가능한 원신호들의 형태는 질량체들의 시간에 대한 동특성들에 의해서 지배를 받는다. 이로부터 하나의 관찰된 신호는 다른 물리적 근원들로부터 생성되는 보다 단순한 원신호들이 혼합된 것이라고 볼 수 있고, 이 사실이 관찰된 신호의 복잡성을 가장 간략하게 설명해준다.

이러한 단순한 관찰이 혼합신호들의 집합으로부터 얻을 수 있는 가장 복잡도가 작은 신호들을 찾아냄으로써 혼합신호들을 그 기초가 되는 원신호들로 분리해내는 방법에 대한 토대로서 사용되었다.

복잡도를 Kolmogorov 복잡도의 관점에서 논의하였다. 복잡도에 대한 간단한 척도를 정의하였고, 어떤 가중치 벡터에 의해서 추출된 가장 낮은 복잡도를 가진 신호를 하나의 원신호

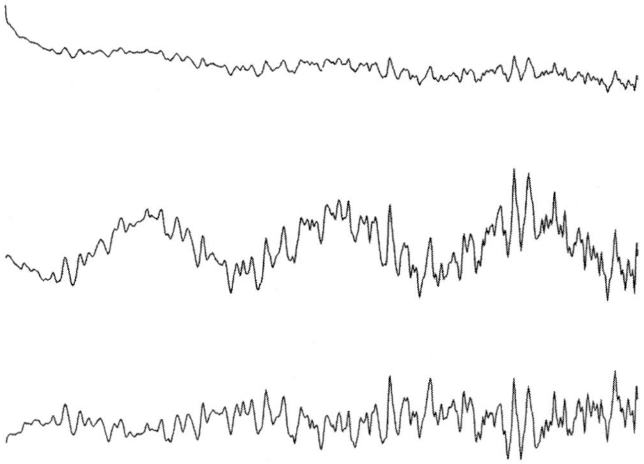

그림 8.3
이 방법에 대한 입력으로서 3개의 혼합신호들이 사용되었다. 이 혼합신호들을 합성하는데 사용된 3개의 원신호들에 대한 설명은 그림 8.2에 있다. 여기서는 실험에 사용된 9,000개의 샘플 중 앞의 1,000개만을 표시하였다. 수직축은 신호의 진폭을 나타낸다.

로서 가정하였다. 이 방법을 좁은 가우시안 분포, 넓은 가우시안 분포, 그리고 가우시안 분포를 갖는 신호들로 이루어진 혼합신호들을 대상으로 증명하였다.

MatLab 코드 부록 E에 간단한 데모 코드가 제공되어 있다. 그리고 소리 신호들을 추출해 내는 코드를 다음 주소로부터 제공받을 수 있다.

http://jim-stone.staff.ac.uk/bookica.html

CHAPTER 9

기울기 상승법

9.1 서론

지금까지는 원신호들이 혼합신호들로부터 언제 복원되었는지를 확인하는데 사용될 수 있는 여러 척도들(예를 들면, 독립성)에 대해 고찰하였다. 예를 들면, 추출된 신호들이 더 독립적일수록, 그 신호들이 원하는 원신호들이 될 가능성이 더 크게 된다. 그러나 그러한 척도들을 최대화시키는 방법에 대해서는 고찰하지 않았다. 단지, 원신호들의 개수가 둘을 넘어 증가함에 따라 점점 더 소모적으로 되는 소모적인 탐색방법만을 소개하였는데, 이 방법은 어떤 종류의 계산 문제들에서는 탐색하는데 걸리는 시간이 무한정으로 빠르게 증가할 수가 있다.

이러한 이유 때문에 다른 탐색 전략이 요구된다. 언덕의 꼭대기에 도달하기를 원한다면, 하나의 간단한 전략은 더 이상의 오르막길이 없을 때까지 위로 올라가기를 계속하는 것이다. 기울기 상승법(gradient ascent)은 이러한 전략에 기초한 탐색방법이다. 이 전략은 여러 결점들을 가지고 있지만, 이들에 대한 논의는 다음으로 미루도록 한다.

간단히, 첨도(kurtosis)를 사용하여 이 전략에 대해 검토해 보기로 한다. 우리의 목적상 언덕(hill)의 높이는 첨도의 양에 해당하고, 수평의 기준 평면(ground plane)을 따라 측정된 거리는 2개의 복원계수들(unmixing coefficients)이 갖는 여러 값들에 해당한다. 따라서 추출되는 신호의 첨도를 증가시키기 위해 복원계수들의 값들을 점증적으로 변화시킴으로써 첨도 값이 최대인 신호, 즉 원신호라고 가정되는 신호를 추출해내는 최적 복원계수들의 집합이 얻어진다.

만약 첨도를 나타내는 언덕 위에 서 있다면, 다음에 어느 방향으로 움직여야 하는지를 어떻게 알까? 다시 말해서, 첨도를 최대화시키는 방향으로 움직이기 위해서는 각 복원계수를 얼마만큼 변화시켜야 하는지를 어떻게 알까? 자연스러우면서도 합리적이며 현명한 하나의 전략은 가장 가파른 오르막 경사를 갖는 방향; 즉 가장 가파른 기울기(gradient)를 갖는 방향을 선택하는 것일 것이다. 가장 가파른 기울기 방향의 오르막으로 발을 약간 내딛으면 서있는 언덕의 높이가 증가할 것이며, 이는 추출되는 신호들의 첨도가 증가함을 의미한다. 이것이 기울기 상승법이라고 이름 지은 이유이다.

언덕 위에 서있는 사람들은 어느 방향이 가장 가파른 경사를 갖고 있는가를 볼 수 있으므로 이 전략이 문제가 되지 않는다. 이에 비해서, 모든 기울기 상승법은 다른 수단에 의해서 최급상승(steepest ascent)의 방향을 추정해야만 한다.

주어진 점에서 최급상승의 방향을 찾는 가장 효율적인 방법은 각 복원계수에 대한 국부적인(local) 첨도의 변화율 즉 도함수를 계산하는 것이다. 특히, 복원계수들의 각각에 관련된 수평방향으로 첨도의 도함수를 계산함으로써 최급상승의 방향을 얻을 수 있다. 임의의 주어진 점에서 첨도의 기울기는 각 복원계수에 대해 다르므로, 각 기울기의 결합이 기준 평면 위에서 한 방향을 정의한다. 기준 평면 위에서의 이 방향이 첨도 언덕 위에서의 최급상승의 방향에 부합된다. 따라서 기준 평면 위에서의 이 방향으로의 작은 움직임은 다른 어느 방향보다 더 많은 첨도의 증가를 보장해준다. 특히, 이 방향으로의 움직임은 계수들에 대한 새로운 값(기준 평면위에서의 새로운 위치에 대응)을 정의하며, 이 계수들이 첨도가 증가된 신호를 추출하도록 해준다.

이것이 어떻게 수학적인 기법으로 전환되는 가를 알아보기 위해서 기울기 상승법과 관련된 간단한 문제를 가지고 시작해 보기로 한다.

9.2 직선위에서의 기울기 상승법

2개의 혼합신호들의 집합으로부터 추출된 어떤 신호에 대한 첨도 K의 값이 ψ라고 불리는 단지 하나의 매개변수에 의해 결정된다고 가정한다. K를 최대화시키기 위해서 K의 기울기(gradient)의 방향으로 움직여야 한다.

수학적으로, K의 기울기는 ψ에 대한 K의 도함수를 취함으로써 얻을 수 있다. 여기서, 도함수는 $dK/d\psi$로 나타낸다. 몇몇 기호를 정의한 것 말고는 실제적으로 아직 어떠한 일도 하지 않았음을 주목하기 바란다. 당분간, K가 하나의 매개변수에만 의존한다면 도함수 $dK/d\psi$는 부호를 가진 하나의 수(number)임을 아는 것만으로도 충분하다. 부호는 어느 방향이 기울기의 방향 즉, K가 증가하는 방향인가를 명시하고, 수의 크기는 기울기의 가파름을 명시한다.

간단한 예에 대하여 이것이 어떻게 작용하는지를 관찰해 보기 위해서 다음처럼 K가 ψ의 제곱과 관련이 있다고 가정한다.

$$K = -(\psi+1)^2 + 25 \tag{9.1}$$

그림 9.1은 K와 ψ 사이의 관계를 보여준다. 기울기의 값이 ψ의 여러 값들에 대해 화살표로써 표시되어 있다. 각 화살표의 길이는 화살표가 시작하는 점에서의 기울기의 크기를 나타내고, 기울기의 방향(즉, 왼쪽(−) 또는 오른쪽(+))은 각 화살표의 방향에 내재되어 있다. 일반적으로, 어떤 함수의 최대(또는 최소) 값에서의 기울기 값은 0이다.

그림 9.1에서 ψ가 -4로부터 4로 증가함에 따라 기울기의 크기는 감소하다가 다시 증가하며, K가 최대인 점에 대응하는 $\psi = -1$에서 0의 값을 가짐을 쉽게 알 수 있다. 이는 다음 식과 같은 미분 계산으로 얻어지는 기울기의 결과와 일치한다.

$$\frac{dK}{d\psi} = -2(\psi+1) \tag{9.2}$$

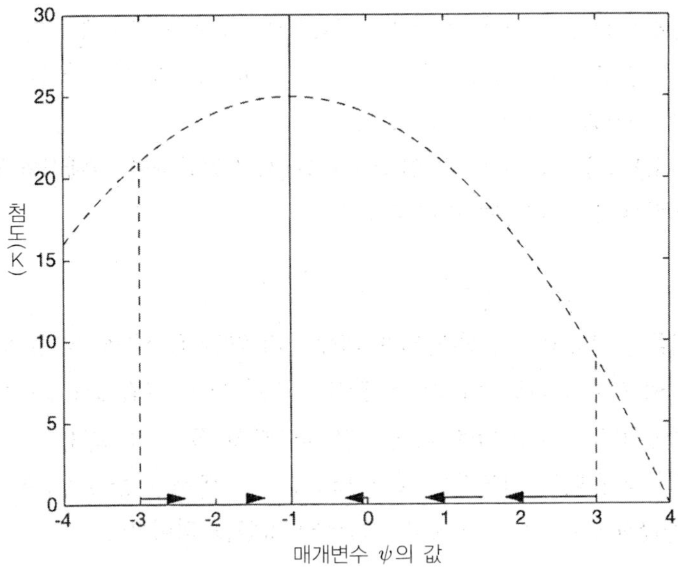

그림 9.1
만약 첨도가 식 (9.1)에 의해 정의될 때(첨도가 이렇게 정의되는 것은 아님), 첨도 K가 단일 복원계수 ψ에 대하여 어떻게 변하는가를 보여주는 그래프. 기울기의 값이 여러 점들에서 화살표에 의해 표시되어 있다. 각 화살표의 길이는 화살표 시작점에서의 기울기의 크기를 명시하고, 기울기의 방향(즉, 왼쪽 또는 오른쪽)은 각 화살표의 방향에 의해 주어진다.

$$-2(\psi+1)=0 \tag{9.3}$$

지금부터는 위의 기울기를 이용하여 앞에서 개략적으로 기술한 기울기 상승법에 대해 살펴보기로 한다. $\psi=-3$의 값에 대해서 시작하기로 한다. 이때, 식 (9.2)로부터 기울기는 다음과 같이 구해진다.

$$\frac{dK}{d\psi}=-2(\psi+1) \tag{9.4}$$

$$=-2(-3+1) \tag{9.5}$$

$$=+4 \tag{9.6}$$

기울기 상승법에서 ψ는 다음과 같이 기울기에 비례하여 증가해야 한다.

$$\psi_{new}=\psi_{old}+\eta\frac{dK}{d\psi} \tag{9.7}$$

여기서, η[1]는 작은 상수이며, 전형적으로 $\eta=1/1000$이다. 이 경우 식 (9.7)은 다음과 같이 된다.

$$\psi_{new}=\psi_{old}+\eta(+4) \tag{9.8}$$

이 갱신 규칙에 의해 ψ가 약간 증가하며, 결과적으로 K는 증가하게 된다. 이 사실을 그림 9.1로부터 관찰할 수가 있다. 그림에서 $\psi=-3$으로부터 오른쪽으로 약간의 움직임(ψ의 증가)에 의해 K가 증가함을 볼 수가 있다.

마찬가지로, 기울기가 $dK/d\psi=-8$인 $\psi=+3$에서 시작한다면, 위에서와 같은 기울기 상승 전략을 사용하는 경우 다음과 같이 된다.

$$\psi_{new}=\psi_{old}+\eta(-8) \tag{9.9}$$

이 경우에 기울기 상승법의 갱신 규칙에 의해 ψ가 약간 감소하게 되며, K는 위에서처럼 증가하게 된다. 이 사실을 그림 9.1로부터 관찰할 수가 있다. 그림에서 $\psi=+3$으로부터 왼쪽으로 약간의 움직임(ψ의 감소)에 의해 K가 증가함을 볼 수가 있다.

$\psi=-1$로 접근함에 따라 기울기는 감소하고, $\psi=-1$에서 기울기가 0이 됨을 주목하기 바란다. 이는 정확히 $\psi=-1$일 때 ψ의 변화량이 0임을 의미한다.

$$\psi_{new}=\psi_{old}+\eta(0) \tag{9.10}$$

1 그리스 문자 에타(eta)

그 결과 $\psi=-1$에서 더 이상의 변화가 생기지 않게 된다. 이때 기울기 상승법은 해 $\psi=-1$에 수렴했다고 말한다. 무엇보다 중요한 것은 이 값이 추출되는 신호들의 첨도 K를 최대화시키는 복원 매개변수 ψ의 값이다.

9.3 언덕위에서의 기울기 상승법

앞에서 기술한 하나의 단일 곡선을 따라 최대인 점을 찾기 위한 방법은 언덕(hill) 위에서 최대인 점을 찾는데도 일반화될 수 있다. 이 경우 언덕 위로부터 기준 평면까지의 수직선은 2개의 복원계수들에 대한 값을 정의한다.

이 3차원(3D) 언덕은 $n-1$개의 복원계수들에 대응하는 n-차원 언덕으로 일반화될 수 있다. 그러나 여기서는 통상적인 3D 언덕으로 시작하기로 한다.

그림 9.2는 2개의 복원계수들(α, β)에 대한 함수로서의 첨도의 변하는 모습을 보여주는 가상적인 그래프이다. 계수 값들의 각 쌍은 기준 평면 위에서의 한 점을 정의하고, 이에 대응하는 기준 평면에 대한 함수 f_K의 높이는 (α, β)에 대한 첨도 K의 값을 나타낸다. 공식적으로, 첨도는 함수 f_K에 의해 다음과 같이 정의된다.

$$K=f_K(\alpha,\ \beta) \tag{9.11}$$

이 경우에, 첨도를 약간 다르게 하나의 2차 함수로서 정의해 보기로 한다.

$$f_K(\alpha,\ \beta)=-(\alpha^2+\beta^2)+25 \tag{9.12}$$

되풀이해서 말하면, 매 쌍의 (α, β)에 대해 이 계수들에 의해 추출되는 신호의 대응하는 첨도는 그림 9.2에 그려진 것처럼 곡면의 높이로서 주어지고, 그 값은 식 (9.11)에 의해 주어진다.

최급상승의 방향을 찾는 것은 여러 개의 부(sub) 문제들로 분해될 수 있다. 특히, 각 복원계수에 대한 최급상승의 방향을 안다면, 기준 평면 위에서의 최급상승의 방향을 구할 수가 있다. 지금 각 계수에 대한 최급상승의 방향은 이전 절의 예에서와 같이 얻어진다.

기하학적으로는, 하나의 특정 값 $\beta=\beta_1$에서 함수 f_K를 수직으로 자르면 그림 9.1에 그려진 것과 같은 형태의 곡선이 생성된다. 이 곡선은 다음 식의 형태로 정의된다.

$$K=-(\alpha^2+\beta_1^2)+25 \tag{9.13}$$

한 예로서 $\beta_1=-0.8$로 놓으면, 기울기는 그림 9.2에서처럼 α축에 평행한 화살표가 가리키는 방향을 향하고, 화살표의 길이에 비례하는 크기를 갖는 하나의 스칼라(scalar)가 된다.

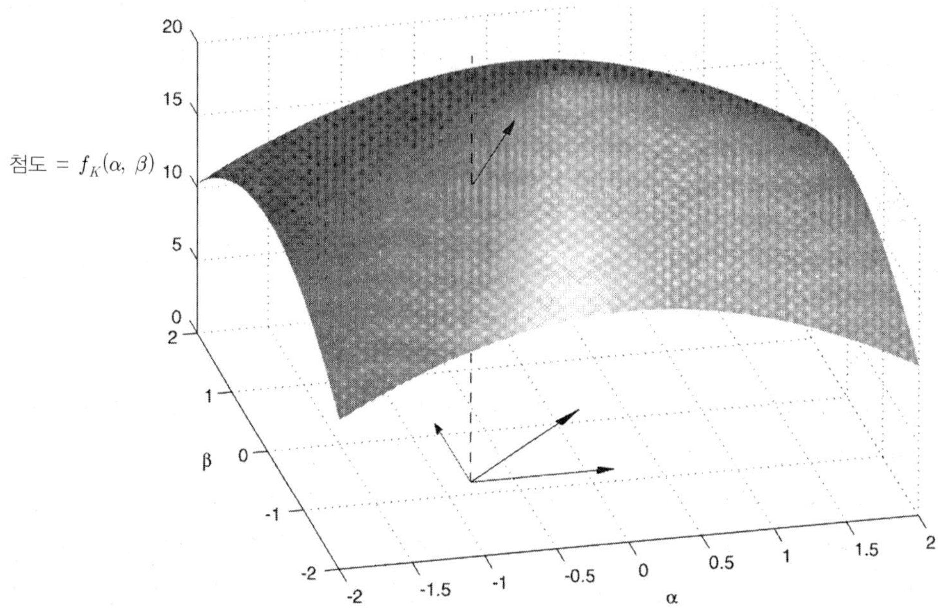

그림 9.2

만약 첨도가 식 (9.12)에 의해 정의될 때(첨도가 이렇게 정의되는 것은 아님), 첨도 K가 2개의 복원계수들 (α, β)에 대하여 어떻게 변하는지를 보여주는 그래프. 첨도는 2개의 복원계수들(α, β)에 대한 함수 (즉, $K= f_K(\alpha, \beta)$)로서 변화한다. (α, β)의 값들은 2개의 수평축들에 의해서 나타내어져 있으며, 하나의 기준 평면을 정의한다. 수직의 대시선(dashed vertical line)은 기준 평면 위에 있는 점 $(\alpha, \beta, K)=$ (−0.8, −0.8, 0)과 점 $(\alpha, \beta, K)=$(−0.8, −0.8, 22.5)를 연결한다. 그러므로 K=22.5에서 함수 f_K에 의해 정의되는 곡면과 서로 만난다. 계수들 (α, β)의 각각에 대한 기울기는 축과 평행한 2개의 화살표들로 표시되어 있다. 이 2개의 기울기들에 대한 합성벡터는 하나의 벡터 기울기 $\nabla f_K = (\partial f_K/\partial\alpha,\ \partial f_K/\partial\beta)$이며, 수평의 대각선 방향의 화살표로 표시되어 있다. 이 기울기는 f_K에 의해 정의된 곡면 위에 화살표에 의해서 표시된 것처럼 함수 f_K의 최급상승의 방향을 가리킨다. 함수 f_K를 이익 함수(merit function)라 하고, 그것이 정의하는 곡면을 오차 곡면(error surface)이라 한다.

이 기울기는 편미분에 의해 다음 식과 같이 주어진다.

$$\frac{\partial f_K(\alpha,\ \beta)}{\partial\alpha} = -2\alpha \tag{9.14}$$

편미분이라는 용어는 다른 매개변수들에 대한 도함수들은 무시하고 여러 가능한 매개변수들(이 경우는 여럿은 둘을 나타냄) 중 하나에 대해서만 기울기가 계산됨을 의미한다. 스칼라 함수에 대한 도함수가 기호 d(예를 들어, dy/dx)에 의해서 정의되는 반면, 편미분들은 기호 ∂(예를 들어, $\partial y/\partial x$)에 의해서 정의됨을 주목하기 바란다.

마찬가지로, 하나의 특정 값 $\alpha = \alpha_1$에서 함수 f_K를 수직으로 자르면, 그림 9.1에 그려진 것과 같은 형태의 곡선이 생성된다. 이 곡선은 다음 식의 형태로 정의된다.

$$K = -(\alpha_1^2 + \beta^2) + 25 \tag{9.15}$$

한 예로서 $\alpha_1 = -0.8$로 놓으면 기울기는 그림 9.2에서처럼 β축에 평행한 화살표가 가리키는 방향을 향하고, 화살표의 길이에 비례하는 크기를 갖는 하나의 스칼라가 된다. 이 기울기는 편미분에 의해 다음과 같이 주어진다.

$$\frac{\partial f_K(\alpha,\ \beta)}{\partial \beta} = -2\beta \tag{9.16}$$

최급상승의 방향은 이 2개의 편미분들을 결합함으로써 얻을 수 있다. 특히, 함수 f_K와 관련해서 각 편미분은 축과 평행한 벡터를 정의한다.

$$\left(\frac{\partial f_K(\alpha,\ \beta)}{\partial \alpha},\ 0\right) = (-2\alpha,\ 0) \tag{9.17}$$

$$\left(0,\ \frac{\partial f_K(\alpha,\ \beta)}{\partial \beta}\right) = (0,\ -2\beta) \tag{9.18}$$

이 벡터들에 대한 벡터 합, 즉 합성벡터(resultant)는 그림 9.2의 기준평면 위에 대각선 방향의 화살표에 의해서 나타낸 것처럼 최급상승의 방향을 가리킨다. 2개의 벡터들에 대한 합성은 그들의 합에 의해서 얻어지는데, 각 벡터의 대응하는 원소들을 더함으로써 얻어진다.

$$\left(\frac{\partial f_K}{\partial \alpha},\ 0\right) + \left(0,\ \frac{\partial f_K}{\partial \beta}\right) = \left(\frac{\partial f_K}{\partial \alpha} + 0,\ 0 + \frac{\partial f_K}{\partial \beta}\right) \tag{9.19}$$

$$= \left(\frac{\partial f_K}{\partial \alpha},\ \frac{\partial f_K}{\partial \beta}\right) \tag{9.20}$$

여기서 명료하게 보이기 위해 함수 f_K의 인수들인 $(\alpha,\ \beta)$를 생략하였다.

이 벡터 도함수는 $grad\ f_K$로 알려져 있으며, ∇f_K로 표시한다.[2] 따라서 계수들$(\alpha,\ \beta)$에 대한 f_K의 도함수 ∇f_K는 정확히 다음과 같다.

$$\nabla f_K = \left(\frac{\partial f_K}{\partial \alpha},\ \frac{\partial f_K}{\partial \beta}\right) \tag{9.21}$$

다시 반복해서, $\partial f_K / \partial \alpha$는 α에 대응하는 방향(즉, 수평방향 $(\alpha,\ 0)$)으로의 기울기를 나

2 기호 ∇은 나블라(nabla) 또는 델(del)이라고 부른다.

타내고, $\partial f_K/\partial\beta$는 β에 대응하는 방향(즉, 수평방향 $(0,\ \beta)$)으로의 기울기를 나타낸다. 따라서 ∇f_K는 이 방향으로의 작은 움직임이 K 값의 증가를 보장해주는 기준 평면 위에서의 한 방향을 가리키는 2개의 인수를 갖는 하나의 벡터이다.

1차원의 경우에서처럼, 복원계수들에 대한 기울기 상승을 수행하는 규칙은 다음과 같다.

$$\mathbf{w}_{new} = \mathbf{w}_{old} + \eta \nabla f_K^T \tag{9.22}$$

그러므로 η가 충분히 작다면, $\mathbf{w}_{new}$는 $\mathbf{w}_{old}$보다 더 큰 첨도를 갖는 신호를 추출하도록 보장해준다.

식 (9.22)는 임의의 개수의 복원계수들에 대해서도 기울기 상승을 수행하게 하는 방법이다. 이 방법을 눈으로 보이게 하기는 어렵지만, 2개의 매개변수들에 대한 기울기 상승법의 원리는 $n > 2$인 매개변수들에 대해서도 동등하게 잘 적용된다.

만약 상수 η가 크다면 원하는 f_K의 최대점을 바로 지나쳐버리거나 바로 건너편으로 나아가게 됨을 주목하기 바란다. 이것이 η를 작은 값으로 설정하고 매 연속적인 스텝마다 ∇f_K를 새로이 계산하게 되는 중요한 이유이다.

위의 방법을 아래에 기술할 방법들과 구별하기 위해서 단순 기울기 상승법(simple gradient ascent)이라고 하기로 한다.

주의 앞의 논의가 2개의 매개변수에 종속되는 한 문제에 적용되었지만, 복원 문제는 가중치 벡터 $\mathbf{w} = (\alpha,\ \beta)^T$의 길이(length) $|\mathbf{w}|$에 종속되지 않고, 그 방향(orientation) ψ에 종속됨을 이미 알고 있다. 그래서 복원 문제가 $n = 2$, 즉 매개변수 α와 β에 종속되는 것처럼 보이지만, 복원 문제는 실제적으로 α와 β의 함수인 단지 하나의 매개변수 ψ(여기서, $\mathbf{w}$의 방향은 $\psi = \arctan(\alpha/\beta)$로서 주어진다)에 종속된다. 일반적으로, n개의 계수들을 갖는 하나의 복원 문제는 단지 $n-1$개의 각들(angles)에 종속된다. 이것은 외견상 2개의 매개변수들 (α, β)에 대한 최적값들을 추정하는 문제가 실제적으로는 1개의 암묵적 매개변수인 벡터 $\mathbf{w}$의 방향 ψ에 대한 추정을 요구하는 문제임을 의미한다. 좀 더 일반적으로, 혼합신호들의 수가 증가될 때, 추정해야 할 매개변수들의 수는 복원계수들의 수보다 1개 적게 된다. 실제로, 이 사실은 어떠한 부정적인 영향을 끼치지 않는다면 기울기 상승법에서 보통 무시된다.

9.4 2차 방법들

앞 절에서 기술한 기울기 상승법은 적절하기는 하지만 두 가지 근본적인 문제들에 부딪히게 된다.

첫째로, 최급상승의 방향은 반드시 최대점으로 똑바로 향하지는 않는다. 그 결과 최대점까지의 경로 길이(즉, 스텝의 수)는 필요이상으로 더 길어지게 된다.

둘째로, 아마도 더 중요할 수 있는데, 임의의 함수에 대한 기울기의 크기(magnitude)는 최대점에 접근함에 따라 감소하게 된다. 이는 차례로 최대점까지의 거리가 감소됨에 따라 연이어 스텝의 크기들(step sizes)을 감소시킨다. 왜냐하면, 스텝의 크기가 기울기의 크기에 비례하기 때문이다. 따라서 원칙적으로 무한한 수의 스텝이 지난 후에야 최대점에 도달할 수가 있게 된다(이는 제논의 역설과 유사하다). 이점에도 불구하고, 단순 기울기 상승법은 최적의 매개변수 값들에 대한 훌륭한 추정치를 제공해준다.

위에 명기한 두 문제들은 2차 방법들(second order methods)을 사용하여 크게 경감시킬 수 있다. 그러한 방법들에서는 함수에 대한 기울기(gradient)가 아니라 국소 곡률(local curvature)을 추정하고 이를 이용하여 추정된 최대점으로 점프하게 된다. 곡률이란 단순히 기울기의 기울기(gradient of the gradient)로서, 2개의 매개변수들인 경우 Hessian 행렬이라고 하는 2차 도함수들로 이루어진 2×2 행렬에 의해 정의된다. 좀 더 일반적으로, n개의 매개변수들로 이루어진 문제는 곡률이 $n\times n$ Hessian 행렬에 의해서 주어지는 함수를 정의한다. 2×2 복원행렬의 경우에 매개변수(복원계수)들의 수는 4이며, 이는 4×4 Hessian 행렬을 정의한다. Broyden-Fletcher-Goldfarb-Shanno(BFGS)[3] 방법과 좀 더 단순한 공액 기울기(conjugate gradient) 방법과 같은 2차 방법들은 이 책의 범위를 벗어난다. 여기서는 2차 방법들과 단순 기울기 상승법이 매개변수 값들을 추정함에 있어 동일한 해에 도달하지만, 2차 방법들은 이 해에 좀 더 빠르게 도달하게 된다는 사실을 얘기하는 것만으로도 충분하다. 이 방법들에 대한 실제적인 입문은 다른 책(Press 등, 1989)에서 찾아 볼 수 있다.

2차 방법들은 최대점에 접근되어 있을 때만 실질적인 이점을 가진다. 이는 점프가 이루어지는 지점에서 함수가 2차 함수에 의해서 잘 근사화 될 경우에만 추정된 최대점으로의 점프가 방향과 크기의 측면에서 정확하게 이루어지기 때문이다. 다행스럽게도, 원칙적으로 적합(reasonable) 함수들은 함수에 대한 테일러 전개(Tayler expansion) 및 기하학적인 측면에서 볼 수 있듯이 그 함수들의 극대점들 근처에서 하나의 2차 함수로 근사화 시킬 수가 있다.

왜 그렇게 되는가를 보기 위해서 함수의 극대점으로부터 거꾸로 테일러 전개에 대한 기하학적인 해석을 살펴보기로 한다. 임의의 함수 $K=f(\psi)$는 그 극대점에서 비록 작은 평면이기는 하나, 국부적으로 하나의 평면으로 근사화 될 수 있다. 이것은 국부적인 근사화에 대해서만 고려할 때 우리의 목적에 잘 맞는다. 극대점으로부터 벗어남에 따라 함수의 국부적인 곡률로 인하여 함수는 더 이상 국부적으로 평면으로서 근사화 시킬 수가 없게 된다. 이 경우에는 함수를 국부적으로 저차의 곡면, 특별히 2차 함수에 의해 정의된 곡면(그림 9.2에 그려

3 BFGS 방법은 하나의 표준적인 유사 뉴턴(quasi–Newton)법이다.

져 있듯이)으로 근사화 시킬 수가 있다. 극대점으로부터 더 멀리 나아감에 따라 2차 함수에 의한 근사화 또한 약간씩 흔들리게 되고, 점점 더 고차의 근사 함수를 도입하게 된다. 실제로, 임의의 함수를 1차(예를 들어, 2ψ), 2차(예를 들어, $\psi^2+\psi$), 3차(예를 들어, $\psi^3+\psi^2+\psi$) 함수들과 같은 연속적인 고차 함수들의 선형 결합으로 근사화 시키는데 테일러 전개를 사용할 수가 있다. 요점은 어떠한 적합 함수도 임의의 선택된 지점 주위의 작은 지역 내에서 2차 함수에 의해 잘 근사화 된다(흔히 극대점 주위에서 이 목적이 특히 잘 이루어지지만)는 사실이다. 이 점이 2차 방법들과 아래에 기술할 자연 기울기법이 단순 기울기 상승법에 비해 속도면에서 상당한 이점을 제공하도록 보장해준다.

9.5 자연 기울기법

자연 기울기(natural gradient)법은 단순 기울기 상승법들을 수정한 방법으로 독립성분분석(ICA) 연구자 그룹 내에서 집중적인 조명을 받았다(Amari 등, 1996, Amari, 1998, Cichoki & Amari, 2002). 본질적으로, 자연 기울기법은 함수 f_K가 항상 그렇듯이 하나의 극대점 근방에서 2차 함수에 의해 국부적으로 잘 근사화 된다면(앞의 내용 참조), 자연 기울기가 f_K의 극대점을 바로 가리키도록 함수 f_K의 국부적인 변형을 일으킨다.

그러나 자연 기울기법을 사용하는 것이 하나의 표준적인 2차 방법(예를 들어, 공액 기울기법)을 채용하는 것보다 더 효율적인 것 같지는 않다. 그리고 두 방법들에 대한 시간 복잡도(time complexity)는 비록 이러한 추측들이 경험적으로 테스트되어야 하겠지만 실질적으로 다르지 않을 수 있다.

9.6 전역 및 국부 극대점

위에 기술된 주어진 이익 함수(merit function)(예를 들어, f_K)를 최대화 시키는 매개변수 값들(예를 들어, ψ)을 찾기 위한 기울기 기반의 여러 탐색법 각각은 동일한 해(즉, 최종 매개변수 값들)를 생성한다. 그러므로 이 탐색법들 사이의 유일한 차이는 이 해들에 대한 성질이 아니라 해들이 얻어지는 속도이다. 게다가 이러한 여러 기울기 기반의 방법들에 대한 시간 복잡도(해를 찾기 위해 요구되는 시간이 매개변수들의 수에 어떻게 비례하는가를 나타낸 것)는 매우 유사할 수가 있다(Stone & Lister, 1994 참조).

초기 매개변수 값들의 집합과 이익 함수 f가 주어질 때, 대부분의 탐색법들(및 위에 기술한 모든 기울기 기반의 방법들)은 f의 가장 가까운 극대점을 향하여(다소간에 효율적으로) 이동하기 위해서 매개변수 값들을 조정한다. 만약에 f가 단 하나의 극대점을 가지고 있다면 가장 가까운 극대점을 향하여 이동하는 것은 좋은 전략임을 의미한다. 그러나 문제들은 흔히 많은 극대점들을 지닌 함수들을 가진다. 앞에서 고려한 것처럼 하나의 언덕을 갖기 보다는 f는 하나의 산맥과 유사하게 된다. f의 가장 높은 극대점을 f의 전역 극대점(global maximum)이라 하고, 각각의 다른 극대점을 국부 극대점(local maximum)이라 한다. 기울기 기반 탐색법들에 대한 주요 단점은 그것들이 국부 극대점들을 찾는 경향이 있다는 점이다.

$M \times M$의 복원행렬을 가지는 ICA의 경우에 적어도 M개의 동일한 높이를 갖는 극대점들이 있는데, 이들 각각은 W 내 열들(columns)의 순서를 다르게 배열하는 것과 관련이 있다. 또한, 방금 기술한 것들과 유사한 높이를 갖는 M개의 동등한 극대점들로 이루어진 다른 극대점 집합들이 있는 것처럼 보인다. 그러나 이것은 연구가 진행되고 있는 분야이며, 왜 ICA와 또한 사영 추적법이 대부분의 문제들에 대해서 잘 수행되는가 하는 것은 다소 불가사의한 면이 있다.

8장에 기술한 특별한 복잡도 추적법은 최적의 복원행렬 W가 유일한 전역 극대점과 관련된 1개의 가중치 벡터(W의 행)를 갖도록 하고 나머지 모든 가중치 벡터들은 안장점들(saddle points)(즉, 안장처럼 보이는 f의 영역들)과 관련되도록 하는 이익 함수를 가진다. 여기서는 이에 대한 상세한 내용에 관심을 가질 필요가 없고, 다만 그러한 이익 함수가 복원행렬 W에 대해서 단 하나의 전역 극대점을 갖도록 행동한다는 점을 얘기하는 것만으로 충분하다. 그러한 이익 함수들에 대한 자세한 내용은 선형대수에 관한 표준적인 책(예를 들어 Borga, 1998)에서 찾아볼 수가 있다.

9.7 요약

매개변수들의 집합에 대한 어떤 이익 함수가 주어질 때 그 이익 함수를 최대화시키는 매개변수 값들을 구하는 방법으로 기울기 상승법이 기술되었다. 이것은 1차원 또는 2차원으로 하나의 언덕에서 가장 높은 점을 찾는 측면으로 소개되었는데, 여기서 기준 평면위의 각 점은 하나의 특정 매개변수 값들의 집합에 대응하고 높이는 함수값에 대응한다. 더 이상 도달할 높이가 없을 때까지 반복적으로 높이를 증가시킴으로써 최적의 매개변수 값들을 얻는다. 언덕 꼭대기에 도달하게 될 때, 이에 대응하는 매개변수 값들이 최적의 매개변수 값들이 된다. 기울기 상승법은 매개변수들에 대한 이익 함수의 도함수에 관한 식을 필요로 함을 보여주었다. 2차 방법들이 최적의 매개변수 값들을 구하는데 있어서 단순 기울기 상승법보다 더 효율적인 기울기 기반의 방법임을 소개하였다. 또한, 단순 기울기 상승법보다 효율적인 방법의 하나로서 자연 기울기법을 간단히 기술하였다. 마지막으로, 전역 극대점을 찾는 문제에 대하여 논의하였다.

CHAPTER 10

주성분 분석과 인자 분석

10.1 서론

ICA가 유일한 수단은 아니다. 역사적으로, 주성분 분석(principal component analysis: PCA)과 인자 분석(factor analysis: FA)이 현재 ICA에 의해 연구되고 있는 동일한 형태의 문제들에 널리 사용되어 왔다. ICA와 PCA/FA 사이의 주요한 차이점은 ICA가 가우시안 분포를 갖지 않으며 독립적인(independent) 원신호들을 얻는 반면에, PCA/FA는 (단지) 가우시안 분포를 갖는 상관성이 없는(uncorrelated)[1] 원신호들을 얻는다. 이 미묘한 차이로 인하여 ICA 방법들이 PCA/FA 방법들에 비해 더 큰 힘을 발휘한다.

이 장에서는 ICA와 관련지어 PCA와 FA에 대해 간략하게 그 개요를 소개하기로 한다. PCA와 FA에 대한 더 자세한 설명은 Everitt, 1984, Chatfield & Collins, 2000을 살펴보기 바란다. 먼저 ICA와 PCA를 비교하고, 뒤의 절에서 FA에 대해 고찰하기로 한다.

10.2 ICA와 PCA

PCA는 원신호들이 가우시안 분포를 갖는 신호들이라고 가정한 경우의 ICA라고 볼 수 있

---

1 엄격히 말하면, 가우시안 분포를 갖는 신호들을 독립적인 신호들로 만들기 위해서는 상관성이 없도록 만드는 것으로 충분하다. 즉, 상관성이 없는 가우시안 신호들은 또한 독립적이다. 그러나 독립적인 가우시안 신호들은 단지 상관성이 없을 뿐이며, 따라서 서로 다른 음성신호들과 같은 어떤 물리적으로 의미있는 신호원들에 대응하는 것은 아니다.

기 때문에 블라인드 신호원 분리 방법들 중의 하나로 받아들여질 수 있다. 하지만, ICA와 PCA사이의 본질적인 차이는 PCA는 혼합신호들의 집합을 상관성이 없는, 즉 비상관 신호들의 집합으로 분해하는 반면, ICA는 혼합신호들의 집합을 독립적인 신호들의 집합으로 분해한다.

이것은 모멘트의 관점에서 PCA가 결합 확률밀도 함수(joint pdf) $p_{\mathbf{x}}(x_1,\ x_2)$를 갖는 혼합신호들의 집합 $\mathbf{x}=(x_1,\ x_2)$를 상관성이 없는 새로운 신호들의 집합 $\mathbf{y}=(y_1,\ y_2)$로 변환하는 하나의 행렬을 구하는 것을 의미한다. 비상관 신호들은 다음 식을 만족하는 결합 pdf를 가짐을 상기하기 바란다.

$$E[y_1\, y_2]=E[y_1]E[y_2] \tag{10.1}$$

이에 반해서 ICA는 결합 pdf $p_{\mathbf{x}}(x_1,\ x_2)$를 갖는 혼합신호들의 집합 $\mathbf{x}=(x_1,\ x_2)$를 독립적인 새로운 신호들의 집합 $\mathbf{y}=(y_1,\ y_2)$로 변환하는 하나의 행렬을 구하게 된다. 독립적인 신호들은 모든 양의 정수값 p와 q에 대해서 다음 식을 만족하는 결합 pdf를 가짐을 상기하기 바란다.

$$E[y_1^p,\ y_2^q]=E[y_1^p]E[y_2^q] \tag{10.2}$$

실제로, PCA는 단순히 새로운 신호들이 상관성이 없도록 해주는 혼합신호들에 대한 하나의 변환을 찾아내는 것 이상의 일을 수행한다. PCA는 추출되는 신호들을 그들의 분산 값에 따라 정렬을 한다(분산은 전력 혹은 진폭과 동일시할 수가 있다). 그 결과, 높은 분산을 갖는 신호들은 낮은 분산을 갖는 신호들보다 더 중요한 것으로 간주된다. 이에 반해서, ICA는 본질적으로 추출되는 신호 각각에 관련된 분산 값을 알지 못한다.

PCA에 의해서 추출된 신호들이 가우시안이라고 한다면 식 (10.1)의 조건은 그 신호들이 상관성이 없을 뿐만 아니라 독립적이라는 것을 의미함을 주목할 가치가 있다. 이것은 가우시안 신호들의 pdf가 2차 모멘트에 의해서 완전히 결정되기 때문이다. 일단 2차 모멘트가 확정되면, 모든 고차 모멘트들이 결정된다. 따라서 원칙적으로 PCA는 추출된 신호들이 가우시안일 때만이 독립적인 신호들의 집합을 제공한다.

비상관 가우시안 신호들의 집합이 요구된다는 조건을 붙이는 것은 얻어지는 신호에 대해 거의 제약을 가하지 않는 것과 마찬가지이다. 그러므로 임의의 혼합신호들의 집합으로부터 무한한 독립적인 가우시안 신호들의 집합들이 얻어질 수 있다(혼합신호들은 가우시안이 되는 경향이 있음을 상기하기 바란다). 예를 들어, Gram-Schmidt 직교화(GSO)와 같은 비교적 간단한 과정들이 하나의 비상관 신호들의 집합을 얻는데 사용될 수 있으며, 그렇게 얻어지는 집합은 전적으로 GSO 과정을 시작하는데 사용되는 신호에 의해 결정된다(부록 C 참조). 이는 유일한 신호들의 집합을 얻어내는 임의의 과정이 단순한 비상관화를 위한 과정보다 제약 조건이 더 필요하게 되는 이유이다. ICA의 경우는 이러한 추가적인 제약 조건으로서 혼합신호들의 결합 pdf에 대한 고차 모멘트들을 포함한다. PCA의 경우는 이러한 추가적인 제약 조건으로서, 얻어지는 가우시안 신호들에 대한 정렬(ordering)을 포함한다. 특히 PCA는 혼합신호들의 집합의 변화성(variability)에 대해 점점 더 작게 영향을 미치는 순서로 정렬된 비상관 가우시안 신호들의 집합을 얻게 된다. 얻어진 신호의 비상관 성질은 이들 각기 다른 신호들이 혼합신호들의 집합에서 중첩되지 않는, 즉 겹치지 않는 일정 양들의 변화성을 차지하도록 해준다. 여기서, 이러한 변화성은 분산(variance)으로서 형식화된다.

10.3 고유벡터와 고유값

ICA에서처럼 0-평균 혼합신호들의 집합 $\mathbf{x} = (x_1, x_2)^T$로부터 추출신호들의 집합 $\mathbf{y} = (y_1, y_2)^T$로의 변환은 행렬 $\mathbf{W}_{pca}$에 의해서 구현된다.

$$\mathbf{y} = \mathbf{W}_{pca}\mathbf{x} \tag{10.3}$$

여기서, 행렬 $\mathbf{W}_{pca}$의 각 행은 벡터인데, 고유벡터(eigenvector)로서 알려져 있다. 따라서

$$\mathbf{W}_{pca} = (\mathbf{w}_1, \mathbf{w}_2)^T \tag{10.4}$$

이다.

각 고유벡터는 단위길이(즉, $|\mathbf{w}_i| = 1$)를 가졌고 혼합신호들의 집합 $\mathbf{x}$로부터 정확히 하나의 신호 y_i, 즉 주성분(principal component : PC)[2]을 추출한다. 각 PC의 분산은 그것의 고유값(eigenvalue)으로 알려져 있으며, 보통 기호[3] λ로 나타낸다. ICA의 가중치 벡터들과는 달리 고유벡터들은 상호 직교(mutually orthogonal)하며, 이 성질은 그 고유벡터들이 상관성이 없는 신호들을 추출하도록 해준다.[4]

더 구체적으로 말하자면, 고유벡터는 0-평균 변수들의 $M \times N$ 데이터 배열인 $\mathbf{x}$에 의해 얻어지는 대칭의 $M \times M$ 공분산 행렬(covariance matrix) $\mathrm{S} = \mathbf{x}\mathbf{x}^T$에 대해서 정의된다. S의 ij번째 원소는 다음과 같은 중심 모멘트로서 정의되는 x_i와 x_j 변수들 사이의 공분산이다.

2 고유벡터들과 주성분들 사이의 이러한 구별이 언제나 인정되는 것은 아니다.

3 람다(Lambda)

4 고유벡터들은 일반적으로 직교하지는 않지만, 여기서 고려하는 신호원 분리 문제에 있어서는 직교한다. 이것은 혼합신호들의 집합에 대한 공분산 행렬이 대칭이며, 이는 결과적으로 고유벡터들이 직교함을 보장해주기 때문이다.

$$\mathrm{S}_{ij} = E[x_i x_j] \tag{10.5}$$

다음을 만족하면 벡터 $\mathbf{w}_i$는 S의 고유벡터이다.

$$\lambda_i \mathbf{w}_i^T = \mathrm{S}\mathbf{w}_i \tag{10.6}$$

따라서 $\mathbf{w}_i$가 행렬 S의 하나의 고유벡터이라면 S를 사용하여 $\mathbf{w}_i$를 변환시키는 것은 $\mathbf{w}_i$의 방향에 어떠한 영향도 주지 않는다. 그러나 $\mathbf{w}_i$의 길이 즉 크기 $|\mathbf{w}_i|$는 인자 λ_i에 의해서 변하게 된다. 다시 말해서, $\mathbf{w}_i$가 행렬 S의 하나의 고유벡터라면 S는 단순히 $\mathbf{w}_i$의 크기만을 인자 λ_i배만큼 변화시킨다. $M \times M$ 행렬 S는 M개의 고유벡터들을 가진다.

10.4 음성 혼합신호들에 적용된 PCA

정의에 의해 PCA에 의해서 얻어지는 하나의 고유벡터 $\mathbf{w}_1$는 다음 식 (10.7)과 같은 내적에 의해 정의되는 직교 사영(orthogonal projection)이 다른 어떤 방향의 벡터 $\mathbf{w}_1$에 의해서도 넘어설 수 없는 큰 분산 값 σ_1^2를 갖는 신호 y_1을 추출하도록 하는 방향을 가진다.

$$y_1 = \mathbf{w}_1^T \mathbf{x} \tag{10.7}$$

그림 10.1에 보인 것처럼 2개의 혼합신호 x_1과 x_2에 의해서 정의된 2차원 공간에서 단위 길이의 벡터를 회전시킴으로써 이 사실을 그래프로 살펴볼 수가 있다. 이 경우는 혼합신호들이 음성신호들로 구성되어 있다. 벡터 $\mathbf{w}$의 각 방향에서 추출된 신호의 분산은 매끄러운 곡선으로 그려져 있다. PCA를 이 혼합신호들의 집합에 적용할 때, PCA는 원신호들을 추출하는데 실패하게 된다.

첫 번째 고유벡터는 2개의 변환 축 $S_1^{'}$과 $S_2^{'}$사이의 대충 중간 방향을 향하며, 최대 분산을 갖는 신호(PC)를 생성한다. 4장에서 하나의 원신호를 추출하기 위해서는 고유벡터가 이 변환 축의 하나와 직교해야만 한다는 것을 알았다. 그렇지 않으면, 고유벡터에 의해서 구해지는 신호는 여기서의 경우처럼 단순히 원신호들의 선형 결합에 의한 하나의 새로운 혼합신호이기 때문이다.

두 번째 고유벡터는 최소 분산을 갖는 신호(PC)를 생성한다. 일반적으로 마지막의 PC는 분산값이 최소가 된다. 예를 들어, 세 개의 혼합신호에 의해 이루어진 3차원(3D) 공간을 생각한다면, 세 번째 고유벡터가 최소 분산을 갖는 신호(PC)를 추출하게 될 것이다. 또한, 중간의 고유벡터들에 의해서 추출되는 PC들은 어떤 물리적 의미를 갖지 않으며, 따라서 어떤 특정한 물리적 성질을 가지지 않는다. 중간의 고유벡터들은 단순히 이전의 모든 고유벡터들에

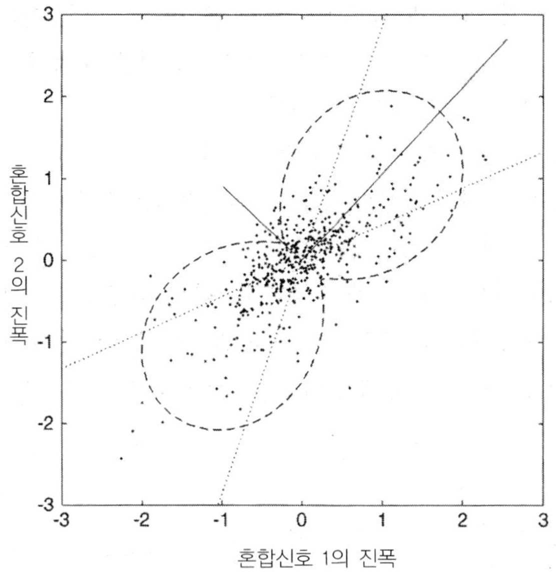

그림 10.1

2개의 음성신호들에 대한 PCA. 각 실선은 하나의 고유벡터를 정의한다. 이는 ICA에서의 가중치 벡터에 해당한다. 각 고유벡터는 그의 고유치에 비례하는 길이를 가진다. ICA와는 대조적으로, 고유벡터들은 언제나 직교하고, 이는 그것들이 상관성이 없는 신호들을 추출해내도록 보장해준다. 고유벡터들 중 어느 것도 (점선으로 그려져 있는) 변환 축 S_1' 또는 S_2'에 직교하지 않으며, 또한 고유벡터는 그것이 이 변환 축들의 어느 하나와 직교할 때만이 원래의 음성신호를 추출해낼 수 있음을 주목하기 바란다. 그러므로 각 고유벡터는 본질적으로 원 음성신호들이 선형 결합된 하나의 임의의 신호를 추출하게 된다.

직교하도록 결정된다. 실제로, 이것이 중간의 고유벡터들에 대한 규정된 특징이다. 그 것들은 첫 번째 고유벡터의 방향에 의해 크게 지배를 받으며, 결국 최대의 분산을 갖는 PC와 관련된 방향에 의해 결정된다. 이것을 강조하는 이유는 단순히 혼합신호의 진폭을 변화시킴으로써 첫 번째 PC와 그리고 결과적으로 다른 PC들이 변할 수 있기 때문이다. 예를 들어, 음성의 경우에 한 음성신호 s_1의 출력 진폭을 배로 증대시키면 첫 번째 고유벡터는 그 신호와 관련된 방향(즉, 변환 축 S_1')을 향하여 움직이게 될 것이다. 이 과정에는 어떠한 제한이 없으며, 매우 크게 증폭된 신호 s_1은 첫 번째 고유벡터를 점차 S_1'의 방향에 더 가깝게 정렬시키게 되며, 그 결과 원 음성신호들이 선형 결합된 하나의 혼합신호가 추출될 것이다. 이는 PCA에 의해서 얻어지는 고유벡터들의 집합에 큰 영향을 줄 것이다. 이와 같이 PCA는 원신호들의 본래의 전력(raw power)에 좌우된다. 큰 분산값의 신호들을 찾는 것이 목적이라면 이것이 유용할 수 있지만, 일반적으로 이것은 바람직하지 못하다.

PCA는 분산값에 의해 정렬된 직교하는 PC들의 집합을 제공하므로, 흔히 PCA는 많은 수의 측정변수들을 처음 몇 개의 PC들로 이루어진 좀 더 작은 변수들의 집합으로 바꾸는데 사용된다. 아주 작은 분산값을 갖는 PC들이 버려지므로, 남은 PC들은 보통 원래의 혼합신호들에 대한 주요한 통계적 구조를 지니게 된다.

추출된 신호들의 분산 값에 따른 이러한 정렬은 흔히 주어진 데이터 집합의 크기를 감소시키는데 사용된다(부록 F 참조 바람). 예를 들어, 혼합신호의 개수가 6개이며, PCA가 분산값에 의해 정렬된 6개의 신호를 찾는데 사용될 수 있다. 만약에 추출된 6개의 신호들 중 처음 3개에 대한 분산들이 크고 나중 3개에 대한 분산들이 0에 가깝다면, 나중 3개는 버려질 수 있다. 이렇게 함으로써, 원래의 데이터 집합과 관련된 대부분의 분산값을 유지한 채 데이터 집합의 크기를 반으로 줄일 수 있게 된다. 이 경우에 감소된 데이터 집합 $(y_1, y_2, y_3)^T$는 다음 식과 같다.

$$\begin{pmatrix} y_1^1, & y_1^2, & \ldots, & y_1^N \\ y_2^1, & y_2^2, & \ldots, & y_2^N \\ y_3^1, & y_3^2, & \ldots, & y_3^N \end{pmatrix} = \begin{pmatrix} w_{11}, & w_{12}, & \ldots, & w_{16} \\ w_{21}, & w_{22}, & \ldots, & w_{26} \\ w_{31}, & w_{32}, & \ldots, & w_{36} \end{pmatrix} \begin{pmatrix} x_1^1, & x_1^2, & \ldots, & x_1^N \\ x_2^1, & x_2^2, & \ldots, & x_2^N \\ & & \vdots & \\ x_6^1, & x_6^2, & \ldots, & x_6^N \end{pmatrix}$$

$$= (\mathbf{w}_1, \mathbf{w}_2, \mathbf{w}_3)^T (x_1, x_2, x_3, x_4, x_5, x_6)^T \qquad (10.8)$$

여기서, 작은 분산값의 PC들과 관련된 고유벡터들인 $\mathbf{w}_4$, $\mathbf{w}_5$와 $\mathbf{w}_6$이 버려졌다. 이 식을 다음과 같이 더 간결하게 쓸 수 있다.

$$\mathbf{y} = \mathbf{W}_{pca}\mathbf{x} \qquad (10.9)$$

어떻게 PCA에 의해 어떤 특정 원신호에 부합되지 않는 임의의 첫 번째 PC가 찾아지는지에 대한 한 예가 그림 10.2에 나타나 있다.

10.5 인자 분석

인자 분석(FA)은 본질적으로 PCA의 한 형태로서 각 혼합신호와 연관된 센서 잡음을 모델링한 여분의 항이 더해진 것이다. 이와는 달리 ICA와 PCA는 모두 그러한 잡음이 0이라는 가정에 기반을 두고 있다.

예를 들어 여러 음원들이 있는 실내에서 마이크들을 사용한 물리적인 측정들의 집합에, FA는 각 혼합신호(마이크)와 연관된 잡음에 대한 모델을 포함시킨다. FA는 흔히 심리학적인 데이터에 적용될 때 잘 맞는다. 왜냐하면, 기본적으로 동일한 심리적인 반응 능력에 대한 두 개의 다른 심리학적 테스트는 매우 다른 분산값을 가질 수 있는데, 이것은 FA에 의해서 잡음으로서 적절하게 모델링될 수 있기 때문이다.

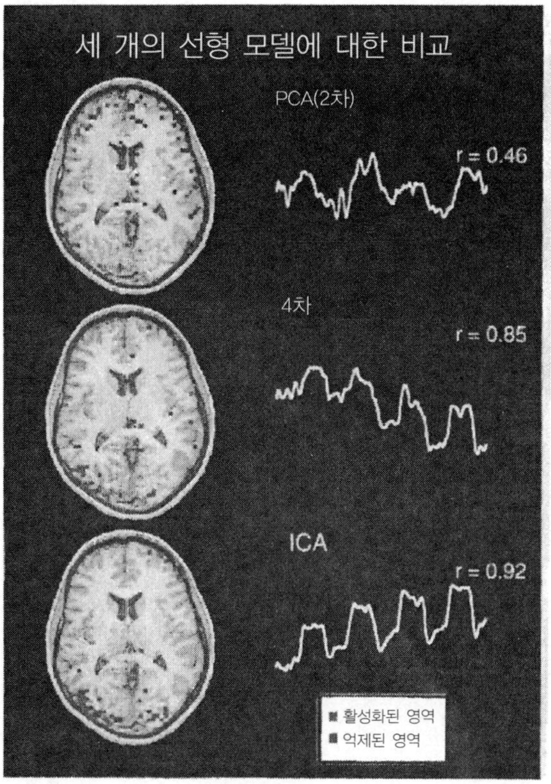

그림 10.2 fMRI 데이터에 적용된 PCA, 사영 추적(PP), ICA.
PCA, PP(4차라고 표시되어 있음), 그리고 ICA가 fMRI 뇌(brain) 데이터로부터 공간 신호들(spatial signals)을 추출하는데 사용되어졌다. (여기에 나타나 있지는 않지만) 일련의 fMRI 뇌 영상들이 기록되었으며, 각 시점에서 기록된 영상은 기저의(underlying) 원형 뇌 영상들의 혼합신호로서 간주되어 진다. PCA, PP, 그리고 ICA가 이 원형 영상들(prototypical images)을 추정하는데 사용되어졌다. 이 원형 영상들은 PP와 ICA를 사용하였을 때만 피검자에 가해진 시각적인 자극에 일치하는 1차 시각 영역(어두운 영역)들에서의 뇌의 활동을 드러낸다. 더욱이, ICA와 PP(ICA보다는 덜하지만)에 의해서 추출된 원형 영상들과 연관된 시간 신호들(오른쪽)은 연속적인 on-off 형태의 시각적인 자극을 반영하고 있다. 이와는 대조적으로, PCA에 의해서 얻어진 시간 신호는 이러한 시각적인 자극과 거의 관련이 없는 모습을 지닌다. 추출된 시간 신호들(오른쪽)과 on-off 형태의 시각적인 자극 신호와의 상관계수는 PCA=0.46, PP=0.85, ICA =0.92이다. 출처 : McKeown 등, 1998.

하나의 주어진 혼합신호 x_i에 대해 FA에 의해 나타내어지는 모델은 다음과 같다.

$$x_i = \lambda_{i1} s_1 + \lambda_{i2} s_2 + e_i \tag{10.10}$$

여기서, s_1과 s_2는 원신호들 또는 인자들(factors)이고, λ_1과 λ_2는 혼합계수들 또는 인자 가중치들(factor loadings)이다. 그리고 e_i는 i 번째 측정장치(예를 들어, 심리학적 테스트, 마이크)와 관련된 잡음이다. 기호 λ는 관습적으로 FA에서는 인자 가중치들을, PCA에서는 고유값들을 나타내는데 사용된다.

FA를 사용함에 있어서 혼합신호들의 개수와 원신호들의 개수는 동일할 필요가 없다. 실제로, 주어진 관찰된 혼합신호들의 집합에 대해서 보통 적은 수의 기저(underlying) 인자들이 존재한다고 가정된다.

이는 $M=3$의 혼합신호들과 $K=2$의 원신호들이 있는 경우 다음과 같이 나타내어진다.

$$\begin{pmatrix} x_1^1, & x_1^2, & \ldots, & x_1^N \\ x_2^1, & x_2^2, & \ldots, & x_2^N \\ x_3^1, & x_3^2, & \ldots, & x_3^N \end{pmatrix} = \begin{pmatrix} \lambda_{11} & \lambda_{12} \\ \lambda_{21} & \lambda_{22} \\ \lambda_{31} & \lambda_{32} \end{pmatrix} \begin{pmatrix} s_1^1, & s_1^2, & \ldots, & s_1^N \\ s_2^1, & s_2^2, & \ldots, & s_2^N \end{pmatrix} + \begin{pmatrix} e_1^1, & e_1^2, & \ldots, & e_1^N \\ e_2^1, & e_2^2, & \ldots, & e_2^N \\ e_3^1, & e_3^2, & \ldots, & e_3^N \end{pmatrix}$$

또는 다음과 같이 더 간결하게 표현할 수 있다.

$$\begin{pmatrix} x_1 \\ x_2 \\ x_3 \end{pmatrix} = \begin{pmatrix} \lambda_1 \\ \lambda_2 \\ \lambda_3 \end{pmatrix} \begin{pmatrix} s_1 \\ s_2 \end{pmatrix} + \begin{pmatrix} e_1 \\ e_2 \\ e_3 \end{pmatrix} \tag{10.11}$$

여기서, $\lambda_i = (\lambda_{i1}, \lambda_{i2})$이다. 이것을 다음 식처럼 다시 쓸 수 있다.

$$\mathbf{x} = \Lambda \mathbf{s} + \mathbf{e} \tag{10.12}$$

여기서, 인자 가중치들로 이루어진 행렬 Λ[5]는 ICA의 혼합행렬 A에 대응한다.

10.6 요약

ICA와 PCA 사이의 본질적인 차이는 PCA는 혼합신호들의 집합을 상관성이 없는 신호들의 집합으로 분해하지만, ICA는 혼합신호들의 집합을 독립적인 신호들의 집합으로 분해한다는 점이다. 이 차이가 중대하다는 사실을 보여주었는데, 이것은 PCA에 의해 추출되는 신호들에 대한 제약조건이 ICA 및 관련 방법들에 의해 추출되는 신호들의 제약조건에 비해 덜하다는 것을 의미하는 것이기 때문이다. 예를 들어, 음성신호에 대한 예에서 혼합신호들의 집합이 주어졌을 때 PCA는 단지 하나의 새로운 혼합신호들의 집합을 추출하게 됨을 보여주었는데, 이는 추출되는 신호들의 집합이 상관성이 없도록 하는 약한 제약조건을 구현한 결과이다.

5 Λ는 λ(lambda)의 대문자이다.

IV

응용

CHAPTER 11

ICA의 응용

11.1 서론

ICA가 많은 여러 문제들에 적용되어 왔는데, 신경영상진단(neuroimaging)의 분야에서 가장 두드러지게 이용되고 있다. 공간 ICA(spatial ICA: sICA) 또는 시간 ICA(temporal ICA: tICA)로서 구현되는 ICA의 응용 범위를 실증적으로 보여주기 위해서 ICA로부터 얻어진 결과들에 대해 간단히 개요를 살펴보도록 한다.

여기에 포함되지 않은 ICA의 응용분야는 다음과 같다.

- 신경에 대한 광학적 영상진단(Brown 등, 2001)
- 신경 스파이크 분류(Lewicki, 1998)
- 얼굴 인식(Bartlett, 2001, 1장 참조)
- 1차 시신경의 수용장(receptive fields) 모델링(Bell & Sejnowski, 1997, Hyvärinen 등, 2001b)
- 주가의 예측(Back & Weigend, 1997)
- 무선 전화 통신(개요를 보기 위해서는 Hyvärinen 등, 2001a 참조)
- 색깔에 의한 토마토 원숙도(ripeness) 검출(Polder & van der Heijden, 2003)

11.2 음성 혼합신호들에 대한 시간 ICA

이 책에서 빈번하게 인용된 예는 음성 데이터에 대한 ICA의 응용이다. 이에 대한 간단하지만 효과적인 실증적인 예가 지금은 고전이 된 Bell과 Sejnowski에 의한 논문(Bell & Sejnowski, 1995)에 나타나 있다. 그림 11.1을 참조하기 바란다.

이 예는 하나의 방안에서 5명의 사람들이 동시에 말을 하고 또한 서로 다른 위치에 5개의 마이크가 놓여있는 상황을 가정한 실험이다. 따라서 각 마이크에는 5개의 음성들이 각기 다르게 혼합된 신호가 들어온다. 이 예에서 ICA에 의해서 추출되는 신호들과의 비교가 이루어질 수 있도록 5개의 원 음성신호들 $\mathbf{s} = (s_1,\ s_2,\ s_3,\ s_4,\ s_5)^T$는 알고 있다. 5개의 혼합신호들에 대한 임의의 집합 $\mathbf{x} = (x_1,\ x_2,\ x_3,\ x_4,\ x_5)^T$는 랜덤하게 생성된 5×5 혼합행렬 $\mathbf{A}$를 이용하여 얻어졌으며, 여기서 $\mathbf{x} = \mathbf{A}\mathbf{s}$ 이다. 각 혼합신호는 5개 마이크 중 하나에 의해 녹음된 소리를 나타낸다. 음성신호들은 높은 첨도를 가지고 있기 때문에 ICA는 원신호들에

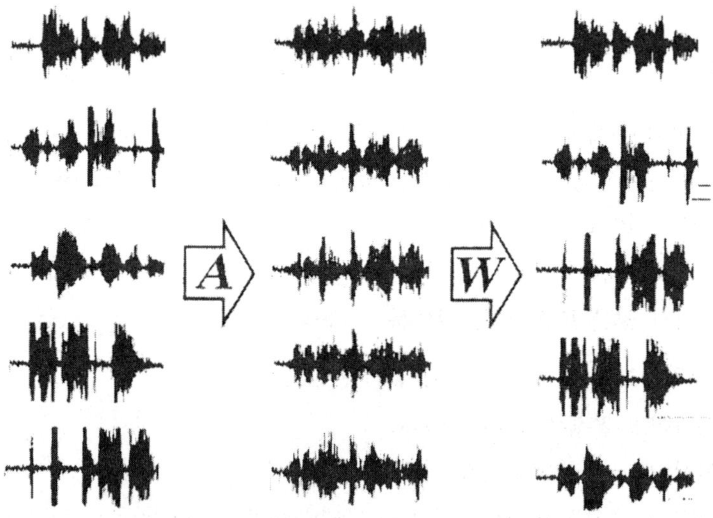

그림 11.1 음성 분리

음성 데이터에 대한 ICA의 응용 예. 이 인위적인 예는 하나의 방안에서 5명의 사람들이 동시에 말을 하고 또한 서로 다른 위치에 5개의 마이크가 놓여있는 상황을 나타낸 것이다. 따라서 각 마이크에는 5개의 음성들이 각기 다르게 혼합된 신호가 들어온다. 왼쪽에 5개 기지의(known) 원신호들 $\mathbf{s} = (s_1,\ s_2,\ s_3,\ s_4,\ s_5)^T$를 보여준다. 혼합신호들 $\mathbf{x} = (x_1,\ x_2,\ x_3,\ x_4,\ x_5)^T$는 5×5 혼합행렬 $\mathbf{A}$를 이용하여 얻어졌으며, 여기서 $\mathbf{x} = \mathbf{A}\mathbf{s}$ 이다. 독립성분분석에 의해 5개의 독립 성분들이 추출되는데, 각 독립성분은 본래의 원신호들(즉, 단일 음성들) 중 하나에 대한 추정신호로 간주된다(독립성분분석은 신호들을 재정렬하므로, 추출된 신호 y_i와 그에 대응하는 원신호 s_i는 반드시 같은 행에 놓이지 않음을 주목하기 바란다).

출처 : Bell & Sejnowski, 1995.

대한 고-첨도(high kurtosis) 모델의 확률분포 함수(cdf)를 사용하여 이 혼합신호들에 적용되었다. ICA에 의하여 추정된 복원행렬 W가 5개의 본래의 원신호들에 대응하는 5개의 신호들인 $y = Wx$를 추출하는데 사용되었다.

이 예는 ICA의 일반적인 활용을 보여주는 것이기 때문에 하나의 방안에서 녹음된 혼합신호들로부터 원래의 음성신호들을 추출하는 것과 관련해서 일어날 수 있는 많은 문제들을 배제하였다. 예를 들어, 각 화자(speaker)가 각 마이크로부터 떨어져 있는 거리가 다르므로 각 마이크에 들어오는 다른 음성 사이에는 약간의 시간 지연이 일어난다. 게다가, 주위의 벽들로 인해 각 혼합신호에는 반향(echos)들이 섞이게 된다. 이 영향들을 모델링하고 제거할 수는 있지만, 특별히 확장된 형태의 ICA(Lee 등, 1997, Lee, 2001)가 요구된다. 본질적으로 전송 시간이 0인 데이터(예를 들어, 뇌전도(EEG)의 전기신호들)에 대해서는 그러한 문제들이 일어나지 않는다.

11.3 뇌전도에 대한 시간 ICA

인간의 뇌에 있는 모든 신경은 활동 중일 때 하나의 작은 발전기처럼 동작한다. 많은 신경들이 한꺼번에 활동을 하면 합성된 전기적 결과들을 머리 표면에 배열된 전극들을 이용하여 측정하는 것이 가능하다. 이러한 시간 신호들의 집합을 뇌전도(electroenchephalogram), 혹은 EEG라고 한다. 측정된 신호들이 섬광과 같은 특정 자극의 인가에 기인한 것이라면, 그것을 유발전위(event-related potential), 즉 ERP라고 한다.

128개 전극들의 각각에서 측정되는 신호는 기저의(underlying) 원신호들이 각각 다르게 혼합된 것이다. EEG 연구자들이 직면하는 하나의 주요한 문제는 그러한 원신호들을 추출해내고 또한 각 원신호가 뇌의 어느 위치에서 발생하는지를 추정하는 것이다.

EEG 데이터는 많은 점에서 이상적으로 ICA를 적용하기에 적합하다. 왜냐하면, 신호원과 각 전극 사이의 전송 지연이 무시할 수 있을 만큼 적고, 또한 측정된 각 신호가 원신호들의 하나의 선형 혼합이라는 가정이 인간의 생체 조직을 통하여 이동하는 전기적인 신호들에 대하여 잘 부합되기 때문이다. 더욱이, 복원행렬의 역은 ICA에 의해서 추출되는 각 원신호에 대한 머리 표면 위 관련 위치에서의 공간 맵(spatial map)을 제공한다.

ERP 데이터에 대한 ICA의 전형적인 적용 예는 Makeig 등, 1997에 있으며, 그림 11.2와 11.3을 참고하기 바란다. 이 연구에서 피검자들은 약하고 느리게 시작하는 돌발 잡음(noise burst) 신호를 탐지할 때마다 단추를 누르라고 요구받았다. 이 돌발 잡음을 목표신호(target)라 칭하고, 비 목표신호인 순음(pure tone)신호와 구별하였다. 이 연구에서는 목표신호들을 탐지한 경우와 탐지하지 못한 경우의 ERP들을 비교하였다. 목표신호들을 탐지한 경우와 탐

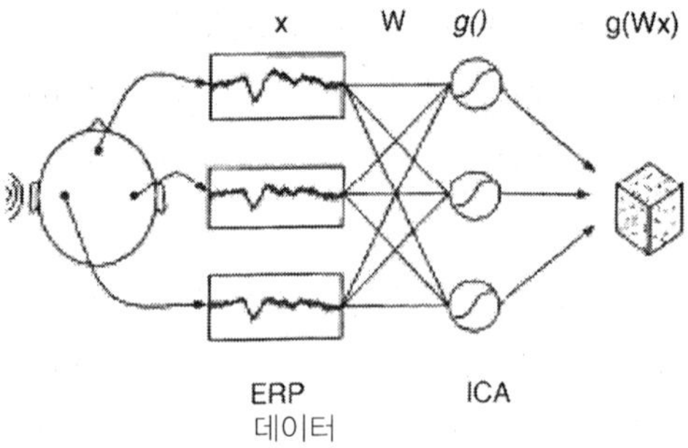

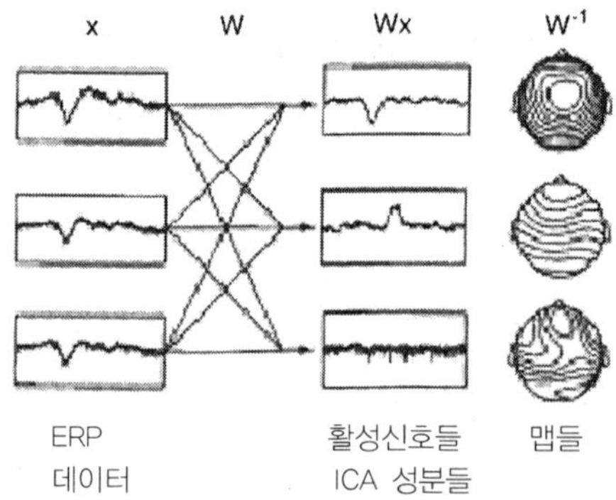

그림 11.2 ERP 데이터에 대한 시간 ICA(tICA)의 개념도

위 : tICA는 전극의 출력들을 결합 pdf가 최대 엔트로피의 분포(균등분포)를 갖도록 변환한다. 14개의 전극들 중 3개를 그림에 나타내었다. 이들의 출력은 혼합신호들의 집합 $\mathbf{x}=(x_1,\ x_2,\ x_3)^T$을 형성한다. tICA는 혼합신호들 $\mathbf{x}$를 최대로 독립적인 신호들 $\mathbf{y}=\mathbf{W}\mathbf{x}$(여기서, $\mathbf{y}=(y_1,\ y_2,\ y_3)^T$)로 변환하는 하나의 복원행렬 $\mathbf{W}$를 찾아낸다. 복원행렬 $\mathbf{W}$는 추출된 신호들인 $\mathbf{y}$에 대한 함수 $\mathbf{Y}=g(\mathbf{y})$가 최대 엔트로피의 분포(균등분포)를 갖도록 조정된다. 신호들 $\mathbf{Y}$에 대한 결합 pdf는 한 입방체내에 점들로 표시되었으며, 여기서 각 점은 시간 t에서의 $\mathbf{Y}$의 값 $\mathbf{Y}^t=(Y_1^t,\ Y_2^t,\ Y_3^t)^T$를 나타낸다.

아래 : tICA에 의해 복원행렬 $\mathbf{W}$가 얻어지면, 추정된 원신호들인 $\mathbf{y}=\mathbf{W}\mathbf{x}$를 계산해낼 수가 있다. 각 원신호의 공간 분포, 즉 공간 맵은 머리 표면 위 각점에서 그 원신호의 상대적 진폭으로서 정의된다. i번째 원 시간 신호와 관련된 공간 맵은 복원행렬 $\mathbf{W}$의 역행렬 $\mathbf{W}^{-1}$의 i번째 열에 의해서 얻어진다.

출처 : Makeig 등, 1997.

지하지 못한 경우의 ERP들에 대한 14개 전극들의 출력에 대해 tICA 분해를 수행한 결과 두 개의 매우 다른 추정된 원 시간 신호들의 집합이 생성되었다. 또한, 각 원신호와 관련된 공간 영상 맵은 목표신호들을 탐지한 경우와 탐지하지 못한 경우에 대해 위치와 부호가 다른 하나의 정점(peak)을 가졌다.

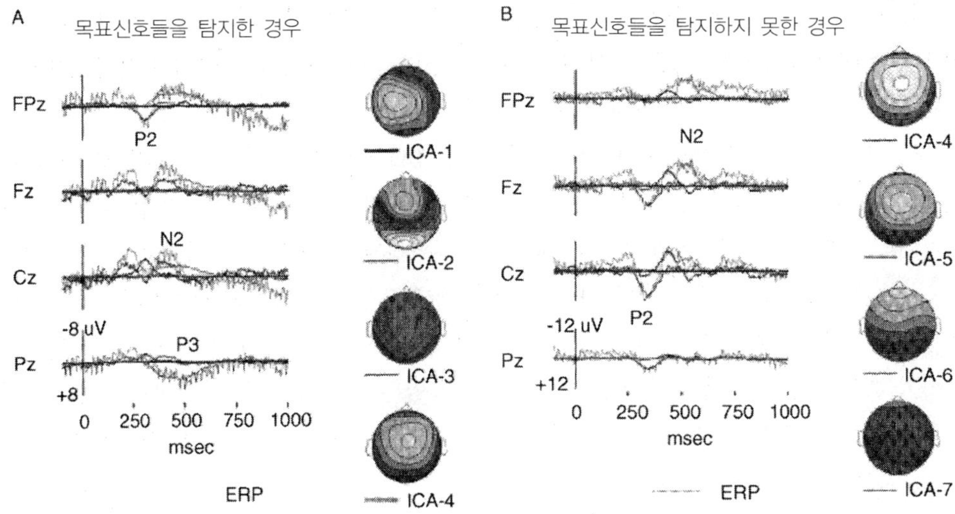

그림 11.3
목표신호들을 탐지한 경우와 탐지하지 못한 경우에 대한 ERP 데이터의 시간 ICA(tICA). 목표신호들을 탐지한 경우와 탐지하지 못한 경우의 ERP들에 대한 14개 전극들의 출력에 대해 tICA 분해를 수행한 결과 두 개의 매우 다른 추정된 원 시간 신호들의 집합이 생성되었다. 각 원신호와 관련된 공간 영상 맵은 목표신호들을 탐지한 경우와 탐지하지 못한 경우에 대해 위치와 부호가 다른 하나의 정점을 가졌다. 각 시간 궤적의 왼쪽에 있는 기호들은 그 궤적을 기록하는데 사용된 전극의 머리 표면 위에서의 공간적인 위치를 나타낸다. P2, P3, N2와 같은 기호들은 양(P) 또는 음(N)의 방향으로 ERP 편위(excursion)가 발생했음을 의미한다. P2와 P3는 각각 200 ms와 300 ms의 시점에서 양의 방향으로, N2는 200 ms의 시점에서 음의 방향으로 ERP 편위가 일어났음을 의미한다.

11.4 fMRI 데이터에 대한 공간 ICA

기능성 자기공명영상법(functional magnetic resonance imaging : fMRI)은 뇌의 활동과 관련한 뇌 조직의 자기적 성질들의 작은 변화에 민감하며, 3차원(3D)의 전뇌(whole-brain) 영상을 매 1~3초마다 한 번씩의 비율로 기록하는데 사용될 수 있다.

뇌의 한 부위에 있는 신경들의 집합이 흥분될 때 산소와 화합된 신선한 혈구들(blood cells)의 국부적인 유입이 일어난다. 이에 의해서 산소와 유리된 혈구들에 대한 산소와 화합된 혈구들의 국부적인 비율이 변하게 된다. 이것은 차례로 국부적인 자화율(magnetic susceptibility)을 변화시킨다. 왜냐하면, 산소가 적혈구들 안에 있는 헤모글로빈에 전달되는데,

헤모글로빈은 산소와 결합되면 자기적 성질이 변하는 소량의 철을 함유하고 있기 때문이다. fMRI에 의해서 검출되는 것은 국부적인 자기적 성질들에 있어서의 이러한 변화들이다.

McKeown 등은 fMRI 데이터의 ICA에 관한 대표적인 논문(McKeown 등, 1998)에서 각 피검자를 6분 동안 스캔하여 시간적으로 연속적인 144개의 전뇌(whole-brain) 3D 영상들을 얻었다. 각 피검자는 40초 동안의 Stroop 임무와 이에 이은 40초 동안의 억제(control) 임무를 교대로 수행하도록 요구받았다. Stroop 임무는 인쇄된 단어의 잉크 색깔과 그 단어가 뜻하는 색깔이 서로 다를 때 인쇄된 단어의 잉크 색깔을 말하는 것으로 이루어져 있다. 예를 들어, “빨간색”이란 단어가 녹색 잉크로 인쇄되어 있을 수 있으며, 피검자는 이 인쇄된 단어의 잉크 색깔을 말할 것을 요구받는다. 추측할 수 있듯이 단어가 뜻하는 색깔을 무시한 채 잉크의 색깔에 주의를 기울이는 것은 얼마간의 정신적 노력이 요구되며, 따라서 Stroop 임무는 fMRI를 위한 이상적인 실험이 된다.

McKeown과 동료들은 Stroop 임무로부터 얻어진 fMRI 데이터에 공간 ICA(sICA)를 적용하였다. 연속적인 144개의 영상들은 144개의 추정된 공간(spatial) 원신호들(3D 영상들)을 생성하였다. 추정된 각 원영상과 관련된 시간 추이를 복원행렬의 역으로부터 계산하였더니, 몇몇 흥미로운 결과들이 나타났다. 가장 인상적인 발견은 한 원영상은 실험 규약(experimental protocol)의 시간 추이와 거의 정확하게 일치하는 시간 추이를 가졌다는 점이다. 특히, 그림 11.4에 보인 것처럼 40초 간격으로 교대로 수행되는 Stroop 임무와 억제 임무가 한 원영상에

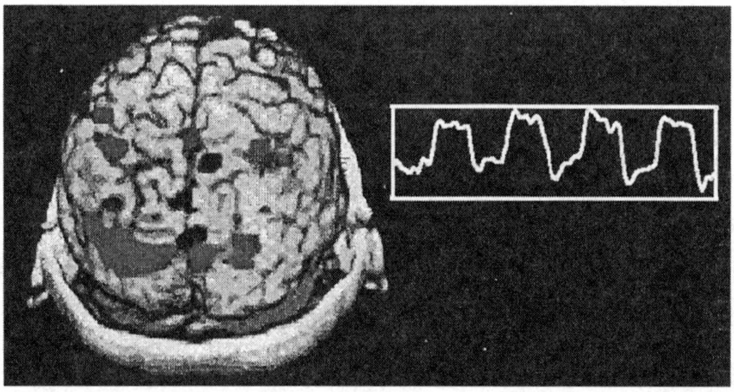

그림 11.4

fMRI 데이터에 대한 공간 ICA(sICA). sICA가 시간적으로 연속적인 144개의 3차원(3D) 전뇌(whole-brain) 영상들에 적용되었다. 중요 활성 영역들은 밝은 회색으로 표시되어 있고, 중요 비활성 영역들은 어두운 회색으로 표시되어 있다. 그림은 뒤에서 본 전뇌의 영상이고, 이와 관련된 시간 축에서의 활성화 추이가 오른쪽에 삽입되어 있다. 이는 40초 주기로 교대로 반복되는 Stroop 임무와 억제 임무로 구성되어 있는 실험 규약(본문 내용 참조바람)과 거의 정확하게 일치하는 시간축 상의 모습을 보여주고 있다. 이 그림은 McKeown 등, 1998에 있는 그림을 3차원으로 나타낸 것이다.

대한 시간 추이에 분명하게 표시되어 있음을 볼 수 있었다. 더욱이, 이 원영상에 대한 뇌의 활성 영역들에는 Brodmann 영역(전형적인 언어 영역)과 복잡한 임무들에 의하여 활성화되는 전두면 피질이 포함되어 있었다. 다른 추정된 원영상들은 관련된 과도적인 임무 또는 머리의 움직임 잡음들(motion artifacts)을 암시하는 시간 신호들과 연관되어 있었다.

11.5 컬러 MRI 데이터에 대한 공간 ICA

MRI에 기반한 정확한 진단은 결정적으로 백색질 신경로와 회백질과 같은 서로 다른 뇌조직들을 구별할 수 있는가에 달려있다. 불행하게도, 표준 MRI 영상들은 단색으로 표현되어 있어 서로 다른 조직들을 상세하게 보여주지 못한다. 그러나 여러 관심있는 조직들과 연관되어있는 원신호들에 대한 다른 혼합을 얻을 수 있도록 MRI 설정을 다르게 하는 것이 가능하다(그림 11.5와 11.6 참조). 양자 밀도 강조(proton density weighted) MRI 영상은 조직마다 다른 물 분자들의 국소 밀도를 반영한다. 그러므로 결과적으로 얻어지는 영상은 관심있는 조직들과 연관되어 있는 원신호들에 대한 하나의 특정 혼합을 나타내는데, 이때 한 유형의 조직이 영상에 미치는 상대적 영향은 그 조직의 물의 농도와 관련있게 된다. 각기 다른 MRI 설정은 다른 종류의 신호들을 검출하므로, 각 설정은 서로 다른 유형의 조직들에 대한 다

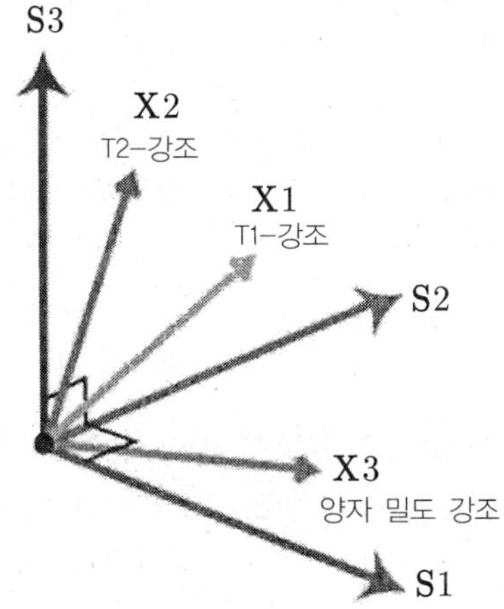

그림 11.5
높은 대비(high contrast)의 컬러 MRI에 대한 이론적 모델. 각기 다른 MRI 설정(즉, T1, T2, 양자 밀도)은 서로 다른 유형의 조직들이 다소간에 뚜렷이 나타나는 하나의 영상을 제공한다. 그러므로, 각 MRI 설정은 기저의 독립적인 원영상들$(s_1,\ s_2,\ s_3)^T$에 대한 각기 다른 혼합영상$(x_1,\ x_2,\ x_3)^T$을 제공한다. 여기서, 각 원영상은 단지 하나의 조직 유형과 연관될 수 있다. sICA를 사용하여 이 공간 원영상들을 식별해낼 수 있고, 이 원영상들을 결합하여 뇌에 대한 높은 대비의 정밀한 컬러 영상을 얻을 수 있다.

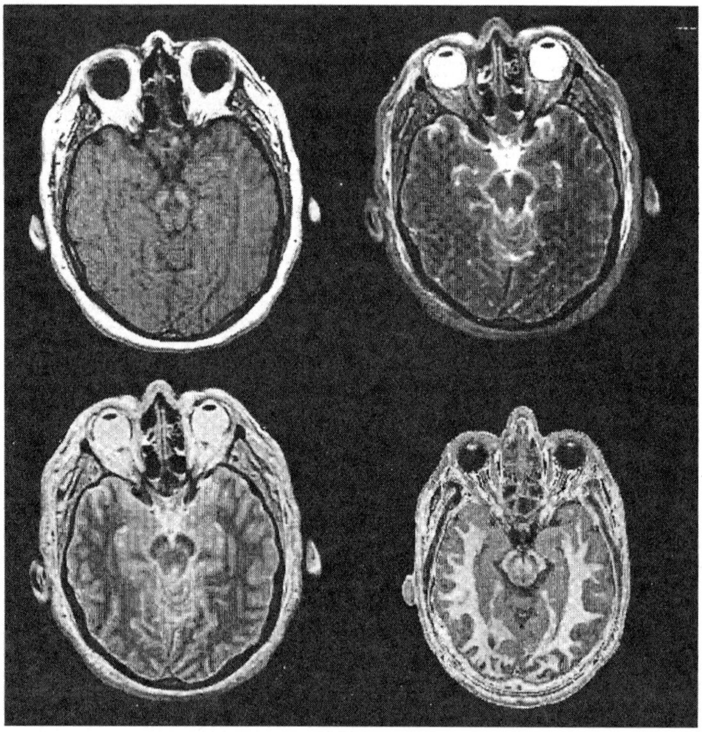

그림 11.6

공간 ICA를 사용하여 뇌에 대한 높은 대비의 컬러 MRI 영상 얻기. 각 패널(panel)은 머리를 수평으로 자른 단면을 보여주며, 패널의 위쪽에 눈이 있다. 3개의 다른 MRI 설정들(즉, T1, T2, 그리고 양자 밀도)은 각기 다른 영상(각각, 상단 왼쪽, 상단 오른쪽, 그리고 하단 왼쪽)을 생성한다. 각 MRI 설정은 기저의 원영상들에 대한 각기 다른 혼합영상을 제공한다. 여기서, 각 원영상은 단지 하나의 조직 유형과 연관된다. sICA를 사용하여 이 공간 원영상들을 식별해낼 수 있고, 이 원영상들을 결합하여 뇌에 대한 높은 대비의 정밀한 컬러 영상을 얻을 수가 있다. 여기서는 단색으로 표현하였다.[Muraki, S., Nakai, T., Kita, Y., and Tsuda, K., "An Attempft for coloring Multichannel MR Imaging Data", IEEE Trans. on Visualization and Computer Graphics(July 2001), pp. 265–274 참조]

른 혼합영상을 제공한다. 그러므로 공간 ICA를 사용하여 이 혼합영상들의 집합을 기저의 (underlying) 공간 원신호들로 분해할 수가 있다. 한 사람의 뇌에 대한 어떤 하나의 실제 컬러 영상에 대하여 추출된 MRI 원영상들을 크기 조정을 한 후에 이들을 결합하여 그 사람의 뇌에 대한 높은 대비(high contrast)의 정밀한 컬러 영상을 얻을 수가 있다. 이 영상에서는 백색질, 회백질 그리고 뇌척수액(뇌 주위로 흐르는 액체)이 명확하게 구별된다. 비록 그림 11.6의 하단 오른쪽에 있는 영상이 단색으로 표현되어 있지만, 다른 유형의 조직들 사이의 높은 대비가 뚜렷이 나타나 있다.

11.6 태아 심장 감시를 위한 복잡도 추적

태아의 심박동을 감시하기 위한 비침습적(non-invasive) 방법들은 불가피하게 임산부와 태아의 심장 신호들이 혼합된 신호들을 생성한다. 태아 심자도(Fetal magnetocardiography: FMCG)는 심장의 신호를 측정하기 위해서 심장에서의 전기적 활동에 의해 발생되는 자계를

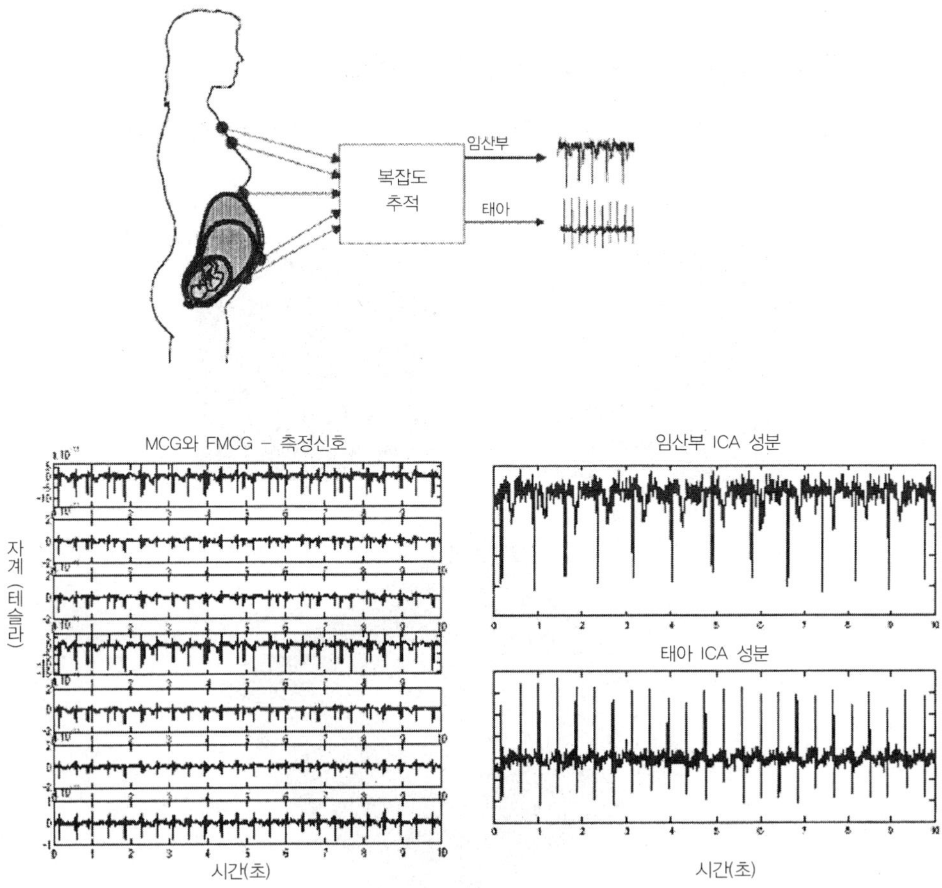

그림 11.7 태아 심장의 감시

위 : 태아 심자도(FMCG)를 사용하여 심장에서의 전기적 활동에 의해 발생되는 자계를 37개의 다른 위치에서 측정하였다. 각 측정신호는 태아의 심장 신호와 임산부의 심장 신호에 대한 별개의 혼합신호이다. 시간 구조에 대한 AR 모델링이 첨가된 형태의 복잡도 추적법(Araujo 등, 2003)을 사용하여 37개의 혼합신호들을 분해하여 임산부와 태아의 심장 신호들에 대응하는 2개의 추정된 원신호들을 생성하였다.

아래 : 10/37의 측정된 신호들(왼쪽)과 측정된 신호들로부터 분리된 임산부와 태아의 심장 신호들에 대한 상세 모습. 출처 : Araujo 등, 2003.

이용한다(그림 11.7 참조). Araujo 등, 2003은 FMCG를 사용하여 동시에 측정한 37개의 혼합신호들로부터 임산부와 태아의 신호들을 분리하는데 간단한 형태의 복잡도 추적법(시간 구조에 대한 AR(autoregressive)모델링이 첨가된)을 사용할 수 있음을 보였다. 그림 11.7 하단 왼쪽 패널에 측정된 신호들의 예를 보여주고 있으며, 하단 오른쪽 패널에 복잡도 추적법을 37개 혼합신호들의 전체 집합에 적용한 결과들을 보여주고 있는데, 임산부와 태아의 심장 신호들이 명확하게 정의되어 있음을 알 수 있다.

11.7 스테레오 시차 학습을 위한 복잡도 추적

하나의 물체를 볼 때 두 개의 눈은 약간 다른 위치에서 사물을 바라보기 때문에 각 눈은

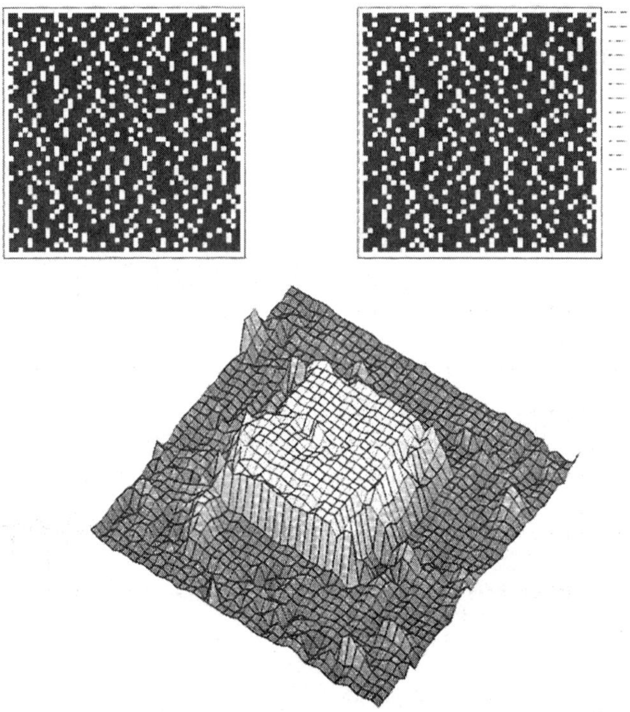

그림 11.8 한 쌍의 스테레오 영상들로부터의 스테레오 시차 학습

위 : 무선점 입체도(random dot stereogram). 이 영상들이 시각적으로 융합되면, 배경 평면 위에 하나의 작은 평면을 포함하고 있는 3차원 영상이 관찰된다.

아래 : 신경회로망 출력. 스테레오 영상들의 대응하는 작은 구획들(patches)이 인공 신경회로망에 대한 입력으로서 사용되었으며, 신경회로망은 그의 출력들에 대한 복잡도가 최소화되도록(특히, 함수 F를 최대화시킴으로써) 학습되었다. 이 그림은 결과적으로 얻은 신경회로망의 출력들을 보여주는데, 입체도에 의해 내포된 3차원 깊이와 정확하게 일치한다.

약간 다른 영상을 보게 된다. 왼쪽 눈과 오른쪽 눈에서의 한 쌍의 스테레오 영상들 사이의 이러한 작은 차이들을 스테레오 시차(stereo disparities)라 하고, 뇌에 의해서 3D 깊이를 추정하는데 사용된다. 가장 간단명료한 형태로, 스테레오 시차는 그림 11.8의 상단에 보여준 것 같은 무선점 입체도(random dot stereogram: RDS)의 형태로 시각 계통에 제공될 수 있다. RDS에서 각 영상은 랜덤하게 배치된 동일한 점들의 집합에 기반을 두고 있지만, 양쪽의 영상 사이에 어떤 점들의 위치 차이가 약간 있으며, 그 점들에 대한 시차로 인하여 깊이의 효과가 생긴다. RDS의 각 영상이 입체안경을 통하여 눈에 전달되면 흥미롭게도 3D의 구조가 인지된다.

복잡도 추적법이 스테레오 영상 쌍들로부터 이러한 스테레오 시차를 추출하도록 학습시키는데 사용되었다. 이것은 인공 신경회로망을 사용하여 혼합신호들로부터 원신호들까지의 비선형 매핑을 학습시킴으로써 달성되었다. 신경회로망의 매 입력(즉, 혼합영상)은 한 쌍의 스테레오 영상들로부터의 한 쌍의 대응하는 작은 영역들(예를 들면, 그림 11.8에 있는 스테레오 쌍으로부터의 임의의 작은 영역들)이었으며, 원신호의 값은 이러한 매 입력 영역들에 내재된 스테레오 시차의 양이었다. 신경회로망에는 정확한 출력 원신호(즉, 스테레오 시차)가 주어지지 않았다. 신경회로망은 식 (8.2)에 정의된 함수 F를 최대화시키기 위해 그의 복원계수(가중치)들을 조정하는 과정에서 스테레오 시차를 추출하는 능력을 효과적으로 취득하였다(Stone, 1999, Stone, 1996a, Stone, 1996b).

이것은 복잡도 추적법의 전략이 일반적으로 활용될 수 있음을 보여준다. 여기서는, 함수 F를 최대화시킴으로써 비선형 신경회로망이 스테레오 시차를 추출하도록 학습되어졌다. 이에 반해서, Stone, 2001에서는 8장에서 사용되었던 동일한 함수 F를 최대화시킴으로써 혼합신호들의 집합으로부터 다수의 신호들을 추출하도록 선형 변환에 대한 복원계수들(즉, 복원행렬 W)이 학습되어졌다.

V

부록

부록 A

벡터 행렬 학습

벡터와 행렬에 대한 단 하나의 중요한 사실은 벡터는 공간상에 놓여있는 한 점을 나타내고 행렬은 그 점을 다른 위치로 이동시킨다는 것이다. 다른 모든 것은 이를 자세히 기술한 것에 불과하다. 그 중 몇 가지 내용을 여기에 기술하기로 한다.

Lay, 1997은 선형대수에 대한 하나의 좋은 실용적인 입문서이다.

벡터 1.234와 같은 하나의 수를 스칼라(scalar)라고 하며, 이러한 스칼라들을 순서대로 나열한 것을 벡터(vector)라고 한다. 다음은 두 개의 성분 α와 β를 가진 벡터의 한 예이다.

$$\mathbf{w} = (\alpha,\ \beta) \tag{A.1}$$

벡터들은 굵은체(bold type)로 씌어짐을 주목하기 바란다. 벡터 $\mathbf{w}$는 그래프 상에서 한 점으로 나타낼 수 있는데, 이 점의 위치는 약속에 의해서 원점으로부터 수평축으로 α만큼 떨어지며, 또한 원점으로부터 수직축으로 β만큼 떨어진 지점이다.

2개의 스칼라들의 순서적인 나열이란 개념은 임의의 개수의 스칼라들 또는 성분들에까지 확장될 수 있다. 예를 들면, 3개의 성분들을 가진 하나의 벡터는 3차원(3D) 공간상의 한 점(예를 들어, 정육면체 안의 한 점)으로 정의된다.

$$\mathbf{w}_3 = (\alpha,\ \beta,\ \gamma) \tag{A.2}$$

단지 까다로운 문제는 벡터를 이루는 성분들의 수가 3을 초과하면 어떻게 벡터를 눈에 보이제 나타낼 수 있는가하는 점이다. 실제로 그렇게 하는 것은 거의 불가능하다. 다행히, 3개의 성분들을 가진 벡터들에 대한 수학적인(formal) 성질들은 임의의 개수의 성분들을 가진 벡터들의 수학적인 성질들과 매우 같게 된다. 따라서 3차원에서 구체화될 수 있는 임의의 벡터 성질들은 보통 3차원보다 큰 공간들에 대해서도 잘 성립한다.

벡터 덧셈 두 벡터들에 대한 벡터 합(vector sum)은 그들의 대응하는 요소들(elements)을 더하는 것이다. 두 개의 스칼라 쌍인 $(x_1,\ x_2)$와 $(\alpha,\ \beta)$에 대한 다음 합을 생각해보기로 한다.

$$(\alpha + x_1),\ (\beta + x_2) \tag{A.3}$$

명백히, $(x_1,\ x_2)$와 $(\alpha,\ \beta)$는 각각 벡터로서 나타낼 수 있으므로,

$$\mathbf{z} = (\alpha + x_1),\ (\beta + x_2) \tag{A.4}$$

$$= (x_1,\ x_2) + (\alpha,\ \beta) \tag{A.5}$$

$$= \mathbf{x} + \mathbf{w} \tag{A.6}$$

이다. 이와 같이 두 벡터들의 합은 또 다른 벡터가 되며, 이 벡터를 더해지는 두 벡터의 합성 벡터(resultant)라고 한다.

벡터 뺄셈 벡터들에 대한 뺄셈도 마찬가지로 대응하는 요소들을 뺌으로써 구현된다. 따라서, 다음 식과 같이 된다.

$$\mathbf{z} = \mathbf{x} - \mathbf{w} \tag{A.7}$$

$$= (x_1 - \alpha),\ (x_2 - \beta) \tag{A.8}$$

벡터 곱셈 두 개의 스칼라 쌍인 $(x_1,\ x_2)$와 $(\alpha,\ \beta)$의 곱에 의해 주어지는 다음의 합을 생각해보기로 한다.

$$y = \alpha x_1 + \beta x_2 \tag{A.9}$$

명백히, $(x_1,\ x_2)$와 $(\alpha,\ \beta)$는 벡터로서 나타낼 수 있으므로 다음과 같이 표현된다.

$$y = (x_1,\ x_2).(\alpha,\ \beta) \tag{A.10}$$

$$= \mathbf{x} \cdot \mathbf{w}_1 \tag{A.11}$$

여기서, 식 (A.11)은 식 (A. 9)를 의미한다. 대응하는 벡터 요소들끼리의 곱셈은 내적(inner product), 스칼라 곱(scalar product) 또는 도트 곱(dot product)으로 알려져 있으며, 여기에서처럼 흔히 점(dot)에 의해서 나타내어진다. 아래첨자 “1”이 $\mathbf{w}_1 = (\alpha,\ \beta)$에 사용되었는데 곧

더 많은 w 벡터들을 정의하는 것이 필요하기 때문이다.

$\mathbf{x}$가 하나의 벡터 변수라고 한다면 t번째 값들의 쌍만을 표현할 때는 $\mathbf{x}^t = (x_1^t,\ x_2^t)$로 나타내야 한다. 그러나 한 쌍의 값들만을 고려하기 때문에 여기서는 위첨자 t를 생략하였다.

벡터의 길이 먼저, 각 벡터는 공간상의 한 점을 나타내므로 원점으로부터의 거리를 갖게 된다. 이 거리를 그 벡터의 길이(length)라고 하며, 벡터 $\mathbf{x}$에 대해서 $|\mathbf{x}|$로서 나타낸다. 두 개의 성분을 갖는 하나의 벡터 $\mathbf{x} = (x_1,\ x_2)$에 대해서 이 거리는 x_1과 x_2를 양변으로 하는 직각삼각형의 빗변이 된다. 즉, 다음과 같다.

$$|\mathbf{x}| = \sqrt{x_1^2 + x_2^2} \tag{A.12}$$

이를 임의의 M개의 성분을 갖는 벡터들에 대해서 다음과 같이 일반화시킬 수 있다.

$$|\mathbf{x}| = \sqrt{x_1^2 + x_2^2 + \cdots + x_M^2} \tag{A.13}$$

벡터들 사이의 각 임의의 두 벡터가 주어질 때 그들 사이의 각(angle)은 다음과 같이 정의된다.

$$\cos\theta = \frac{\mathbf{x}\cdot\mathbf{w}}{|\mathbf{x}||\mathbf{w}|} \tag{A.14}$$

벡터들 사이의 각에 대한 정의는 내적을 포함하고 있음을 주목하기 바란다. 식 (A.14)를 재배열하면 내적을 벡터의 길이들과 벡터들 사이의 각에 의해 표현할 수가 있다.

$$\mathbf{x}\cdot\mathbf{w} = |\mathbf{x}||\mathbf{w}|\cos\theta \tag{A.15}$$

만약 길이 $|\mathbf{x}|$와 $|\mathbf{w}|$가 1이라면 다음과 같이 된다.

$$\mathbf{x}\cdot\mathbf{w} = \cos\theta \tag{A.16}$$

따라서 길이가 1인 벡터들에 대해서, 그들의 내적은 단지 그들 사이의 각에 의해서만 결정된다.

$\theta = 90°(\pi/2[\mathrm{rad}])$이라면 $\cos\ 90° = 0$이므로 벡터들의 길이들에 관계없이 내적은 0이 된다. 서로 간에 90°를 이루는 벡터들을 직교 벡터들(orthogonal vectors)이라고 하며, 일반적으로 임의의 직교하는 두 벡터들에 대한 내적은 0이 된다.

행벡터 및 열벡터 벡터들은 두 가지 기본적인 형태, 즉 행벡터(row vector) 및 열벡터(column vector)로 나타내어진다. 외관상으로는 사소해 보이지만 이러한 차이에는 충분한 이유가 있다.

행벡터의 성분들은 다음과 같이 옆으로 나열된다.

$$(x_1,\ x_2) \tag{A.17}$$

반면에, 열벡터의 성분들은 아래와 같이 위아래로 나열된다.

$$\begin{pmatrix} x_1 \\ x_2 \end{pmatrix} \tag{A.18}$$

행벡터$(x_1,\ x_2)$를 열벡터(또는 그 역)로 변환시키는 간단한 도구는 전치 연산자(transpose operator)이며, 다음과 같이 사용된다.

$$(x_1,\ x_2)^T = \begin{pmatrix} x_1 \\ x_2 \end{pmatrix} \tag{A.19}$$

여기서는 전치 연산자를 T로 나타내었지만, 이는 책마다 다를 수가 있다.

행벡터와 열벡터를 가지는 이유는 자주 여러 벡터들을 하나의 행렬로 결합하여 다음과 같이 정의되는 하나의 벡터에 곱하는 데에 사용하기 때문이다.

$$\mathbf{x} = (x_1,\ x_2)^T \tag{A.20}$$

그러한 경우에 어떤 벡터들이 행벡터들이고 어떤 벡터들이 열벡터들인지 지속적으로 주시하는 것이 필요하다. 다음과 같이 $\mathbf{w}$를 열벡터로서 재정의하면 다음과 같다.

$$\mathbf{w} = \begin{pmatrix} \alpha \\ \beta \end{pmatrix} \tag{A.21}$$

$$= (\alpha,\ \beta)^T \tag{A.22}$$

내적 $\mathbf{w} \cdot \mathbf{x}$를 다음과 같이 쓸 수 있다.

$$y = \mathbf{w}^T \mathbf{x} \tag{A.23}$$

$$= (\alpha,\ \beta)\begin{pmatrix} x_1 \\ x_2 \end{pmatrix} \tag{A.24}$$

$$= \alpha x_1 + \beta x_2 \tag{A.25}$$

여기서, 행벡터 $\boldsymbol{w}^T$의 각 요소는 열벡터 $\boldsymbol{x}$의 대응하는 요소와 곱해지고, 그 결과들은 더해진다. 내적을 이러한 방식으로 쓰게 되면 여러 쌍의 그러한 곱들을 하나의 벡터-행렬 곱의 형태로 표현할 수가 있다.

$\boldsymbol{x}$가 벡터 변수이고 그의 성분 x_1 및 x_2가 N번 측정되었다면(예를 들어, 연속적으로 같은 시간 간격으로 N번) y는 N개의 값들을 갖는 변수가 된다.

$$\left(y^1,\ y^2, \ldots,\ y^N\right) = (\alpha,\ \beta)\begin{pmatrix} x_1^1, & x_1^2, & \ldots, & x_1^N \\ x_2^1, & x_2^2, & \ldots, & x_2^N \end{pmatrix} \tag{A.26}$$

$$= (\alpha,\ \beta)\begin{pmatrix} x_1 \\ x_2 \end{pmatrix} \tag{A.27}$$

$$= (\alpha,\ \beta)(x_1,\ x_2)^T \tag{A.28}$$

$$= \mathbf{w}^T\mathbf{x} \tag{A.29}$$

여기서, 하나의 요소를 갖는 각 열 y^t는 $\mathbf{x}$의 대응하는 열과 행벡터 $\mathbf{w}^T$와의 내적으로서 주어진다. 이것을 다음과 같이 간결하게 다시 쓸 수 있다.

$$y = \mathbf{w}^T\mathbf{x} \tag{A.30}$$

벡터 $\mathbf{w}$는 본질적으로 $\mathbf{x}$로부터 y를 추출한다는 사실을 인지하기 바란다.

벡터 행렬 곱셈 지금 $\mathbf{x}$의 측정된 횟수를 $N=1$로 놓고 다음과 같이 내적에 의해서 주어지는 두 개의 스칼라 값 y_1과 y_2에 대해서 생각해보기로 한다.

$$y_1 = \mathbf{w}_1^T\mathbf{x} \tag{A.31}$$

$$y_2 = \mathbf{w}_2^T\mathbf{x} \tag{A.32}$$

여기서, $\mathbf{w}_1 = (\alpha,\ \beta)^T$ 그리고 $\mathbf{w}_2 = (\gamma,\ \delta)^T$이다. y_1과 y_2의 쌍을 하나의 벡터 $\mathbf{y} = (y_1,\ y_2)^T$라고 생각하면 식 (A.31)과 (A.32)를 다음과 같이 다시 쓸 수가 있다.

$$(y_1,\ y_2)^T = (\mathbf{w}_1^T\mathbf{x},\ \mathbf{w}_2^T\mathbf{x})^T \tag{A.33}$$

열벡터 $\mathbf{w}_1$과 $\mathbf{w}_2$를 결합하면 다음과 같은 하나의 행렬 $\mathbf{W}$를 정의할 수 있다.

$$\mathbf{W} = (\mathbf{w}_1,\ \mathbf{w}_2)^T \tag{A.34}$$

$$= \begin{pmatrix} \alpha & \beta \\ \gamma & \delta \end{pmatrix} \tag{A.35}$$

이제 식 (A.33)을 다음과 같이 다시 쓸 수 있다.

$$(y_1,\ y_2)^T = \begin{pmatrix} \alpha & \beta \\ \gamma & \delta \end{pmatrix}(x_1,\ x_2)^T \tag{A.36}$$

위의 식은 다음과 같이 더욱 간결하게 쓸 수 있다.

$$\mathbf{y} = \mathbf{W}\mathbf{x} \tag{A.37}$$

이것은 벡터-행렬 곱셈에 대한 표준 법칙(syntax)을 정의한다. 열벡터 $(x_1,\ x_2)^T$가 W의 첫 번째 행과 곱해져서 y_1이 얻어지며 W의 두 번째 행과 곱해져서 y_2가 얻어짐을 주목하기 바란다. 벡터 x가 평면상의 한 점을 나타내는 것처럼 벡터 y도 평면상의 한 점(보통은 다른 점)을 나타낸다. 이와 같이 행렬 W는 x로부터 y로의 점들에 대한 하나의 선형 기하학적 변환을 구현한다. 본질적으로, 하나의 행렬에 의해서 구현되는 선형 기하학적 변환은 직선들을 직선들로 사상시킨다(그러나 보통은 다른 길이들과 방향들을 갖도록).

좀 더 일반적으로, $N > 1$에 대해서 y의 t번째 열 $(y_1^t,\ y_2^t)^T$는 x의 t번째 열 $(x_1^t,\ x_2^t)^T$와 W의 행벡터들과 곱에 의해서 얻어진다.

$$\begin{pmatrix} y_1^1, & y_1^2, & \dots, & y_1^N \\ y_2^1, & y_2^2, & \dots, & y_2^N \end{pmatrix} = \begin{pmatrix} \alpha & \beta \\ \gamma & \delta \end{pmatrix} \begin{pmatrix} x_1^1, & x_1^2, & \dots, & x_1^N \\ x_2^1, & x_2^2, & \dots, & x_2^N \end{pmatrix}$$

$$= (\mathbf{w}_1,\ \mathbf{w}_2)^T (x_1,\ x_2)^T \tag{A.38}$$

$$= \mathbf{Wx} \tag{A.39}$$

위의 식에서 왼쪽 항은 원신호들의 쌍 $\mathbf{y} = (y_1,\ y_2)^T$이다. 따라서 이 식을 다음과 같이 다시 쓸 수 있다.

$$\mathbf{y} = \mathbf{Wx} \tag{A.40}$$

$y_1^t = \alpha x_1^t + \beta x_2^t$가 주어졌을 때 식 (A.39)를 이해하는 올바른 방법은 다음과 같다.

y_1의 각 열은 대응하는 x의 열을 W의 첫 번째 행벡터 $\mathbf{w}_1^T$와 내적을 취함으로써 얻어지는 하나의 스칼라이다. 마찬가지로, y_2의 각 열은 대응하는 x의 열을 W의 두 번째 행벡터 $\mathbf{w}_2^T$와 내적을 취함으로써 얻어지는 하나의 스칼라이다.

이는 벡터-행렬 곱셈에 대한 기본 법칙을 정의하며, 행렬 W가 데이터 점들인 x로부터 y로의 하나의 공간 변환(spatial transformation)을 정의함을 보여준다.

벡터-행렬 곱의 전치 다음 식과 같은 벡터-행렬 곱이 주어진다면

$$\mathbf{y} = \mathbf{Wx} \tag{A.41}$$

이에 대한 전치(transpose) $\mathbf{y}^T$는 다음과 같이 됨을 주목하기 바란다.

$$\mathbf{y}^T = (\mathbf{Wx})^T = \mathbf{x}^T \mathbf{W}^T \tag{A.42}$$

여기서, 행렬의 전치는 다음과 같이 정의된다.

$$\mathbf{W}^T = \begin{pmatrix} \alpha & \beta \\ \gamma & \delta \end{pmatrix}^T = \begin{pmatrix} \alpha & \gamma \\ \beta & \delta \end{pmatrix} \tag{A.43}$$

부록 B

사영 추적 기울기 상승법

혼합신호들의 집합 $\mathbf{x}$와 그 집합으로부터 복원벡터 $\mathbf{w}$에 의해 추출된 신호 $y = \mathbf{w}^T\mathbf{x}$가 주어질 때, 추출된 신호의 첨도(kurtosis)는 다음과 같다.

$$K = \frac{E[(\bar{y} - y)^4]}{(E[(\bar{y} - y)^2])^2} - 3 \tag{B.1}$$

기울기 상승법(gradient ascent)을 수행하기 위해서는 $\mathbf{w}$에 대한 식 (B.1)의 기울기가 필요하게 된다.

관찰된 혼합신호들의 집합 $\mathbf{x}$를 사용하여 $\mathbf{w}$에 대한 첨도의 기울기를 구할 수 있지만, 먼저 $\mathbf{x}$를 서로 간에 상관성이 없는 또 다른 혼합신호들의 집합 $\mathbf{z}$로 변환시킨다면 문제가 매우 간단해진다. 여기서, 새로운 각각의 혼합신호 z_i의 분산 값은 1이다(Hyvärinen, 2001a). 이 과정을 백색화(whitening) 또는 구면화(sphering)라고 한다.

구면화(sphering) 구면화는 본질적으로 탈상관화(decorrelation)의 과정인데, 혼합신호들을 상관성이 없도록 만든 후에 이렇게 얻어진 각 혼합신호의 크기를 조정(scaling)하게 된다. 이러한 구면화는 Gram-Schmidt 직교화(Gram-Schmidt Orthogonalisation : GSO) 혹은 주성분 분석(Principal Component Analysis : PCA)에 의해 달성될 수 있다. PCA의 한 유용한 형태는 특이값 분해(Singular Value Decomposition : SVD)(Press 등, 1989, Lay, 1997) (부록 F 참조 바람)이다. 혼합신호들의 집합 $\mathbf{x} = (x_1,\ x_2,\ \ldots,\ x_M)^T$이 예를 들어 N개의 시간

스텝에서 측정된 M개의 혼합신호들로 이루어진 $M \times N$의 배열 형태로 주어질 때, SVD는 다음과 같은 형태의 분해를 제공한다.

$$\mathbf{x} = UDV^T \tag{B.2}$$

여기서, $U = (U_1, U_2, \ldots, U_M)$는 고유벡터들(eigenvectors)로 이루어진 $M \times N$ 행렬이고, $V = (V_1, V_2, \ldots, V_M)$는 고유벡터들로 이루어진 $N \times N$ 배열, 그리고 D는 특이값들(singular values)로 이루어진 $N \times N$ 대각행렬이다(여기서, 각 특이값은 U와 V 내에 있는 대응하는 고유벡터들의 전력(power), 즉 분산과 관련되어 있다).

U와 V의 열들(columns)에 있는 고유벡터들은 직교하므로 상관성이 없다. 여기서의 목적을 위해서는 단지 U만 필요한데 왜냐하면 U의 각 열벡터는 U의 모든 열들이 상호 직교하도록 $\mathbf{x}$의 열벡터들을 결합시켜 얻은 것이기 때문이다. 따라서 U의 열벡터들은 새로운 혼합신호들이지만, 이제 그것들은 직교하며 그러므로 상관성이 없는 혼합신호들이다. 약속에 의해 SVD는 U 안에서 길이가 1인 단위길이의 고유벡터들을 제공하는데, 여기서는 분산 값이 1인 벡터들(혼합신호들)이 필요하다. 이는 각 벡터들을 $U_i = U_i / E(U_i^2)$와 같이 재조정(re-scaling)함으로써 달성된다. 여기서는 표기상 편리성을 위하여 $z = U$로서 정의한다. 여기서, $\mathbf{z} = (z_1, z_2, \ldots, z_M)^T$는 M개의 구면화된(sphered) 혼합신호들의 집합이다.

하나의 가중치 벡터 $\mathbf{w}$에 의해서 추출되는 신호는 $y = \mathbf{w}^T\mathbf{z}$이고, y의 첨도는 다음과 같이 쓸 수 있다.

$$K = \frac{E[y^4]}{(E[y^2])^2} - 3 \tag{B.3}$$

만일 가중치 벡터가 단위길이를 갖는다면 즉, 길이가 1이라면 $E[(\mathbf{w}^T\mathbf{z})^2] = 1$이다. 따라서 첨도는 다음 식과 같이 쓸 수 있다.

$$K = E[(\mathbf{w}^T\mathbf{z})^4] - 3 \tag{B.4}$$

그러면 추출되는 신호 $y = \mathbf{w}^T\mathbf{z}$에 대한 첨도의 기울기는 다음과 같다.

$$\frac{\partial K(\mathbf{w}^T\mathbf{z})}{\partial \mathbf{w}} = cE[\mathbf{z}(\mathbf{w}^T\mathbf{z})^3] \tag{B.5}$$

여기서, c는 비례상수이며, 편의상 1로 놓기로 한다. 이 기울기는 $\mathbf{w}$의 각(angle) 뿐만 아니라 길이(length)도 변화시킴을 주목하기 바란다. 그런데 길이의 변화는 추출되는 신호의 형태에 영향을 끼치지 않는다(4.2.1절 참조). $\mathbf{w}$의 길이를 1로 한정하면 $\mathbf{w}$에 대한 갱신 규칙은 다음과 같다.

$$\mathbf{w}_{new} = \mathbf{w}_{old} + \eta E[\mathbf{z}(\mathbf{w}_{old}^T \mathbf{z})^3] \tag{B.6}$$

여기서, $\mathbf{w}_{new}$는 식 (B.6)에 의해 매번 갱신한 후에 길이가 1이 되도록 다음과 같이 정규화시킨다.

$$\mathbf{w}_{new} = \mathbf{w}_{new} / |\mathbf{w}_{new}| \tag{B.7}$$

그런 후 다음과 같이 놓고, 식 (B.6)에 의해 갱신을 반복한다.

$$\mathbf{w}_{old} = \mathbf{w}_{new} \tag{B.8}$$

사영 추적 MatLab 코드

이 코드는 사영 추적(projection pursuit) 알고리듬의 핵심 부분을 MatLab으로 프로그래밍한 것이다. 이 코드를 실행시킨 결과들이 그림 B.1에 주어져 있다. 이 코드는 하나의 원신호만을 추출하는데, 사영 추적법이 간단한 문제에 대해서 어떻게 작용하는지를 보여주기 위한 것이다. 연속적으로 원신호들을 추출하기 위해서는 GSO가 필요하다. 부록 C와 Hyvärinen, 2001a를 참조하기 바란다.

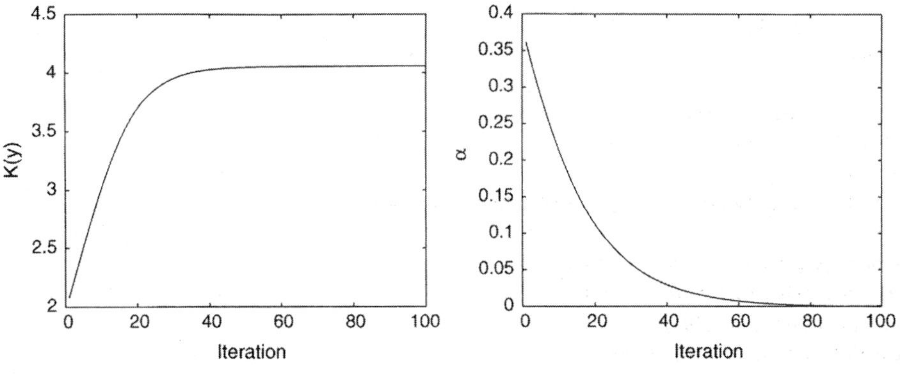

그림 B.1
2개의 음원들(sound sources)에 의해 생성된 2개의 혼합신호들에 대하여 본문에 기술되어 있는 사영 추적(PP) MatLab 코드를 실행한 결과들.
왼쪽 : 기울기 상승법이 수행되는 동안의 첨도 함수 K의 그래프.
오른쪽 : 기울기 상승법이 수행되는 동안의 최적 가중치 벡터와 기울기 벡터 사이의 각(angle)에 대한 그래프.
추출된 신호와 2개의 원신호들 사이의 초기 상관계수의 값은 각각 0.8241과 0.5679이고, 최종 상관계수의 값은 각각 1.0000과 0.0086이다.

아래의 코드는 http://jim-stone.staff.shef.ac.uk/bookica.html로부터 제공받을 수 있다.

```
% Basic projection pursuit algorithm demonstrated on 2 sound signals,
% only one signal is extracted here.
% The default value of each parameter is given in [] brackets.

% [0] Set to 1 to hear signals.
listen=0; % set to 1 if have audio.

% [1] Set random number seed.
seed=99; rand('seed',seed);  randn('seed',seed);

% [2] M = number of source signals and signal mixtures.
M = 2;
% [1e4] N = number of data points per signal.
N = 1e4;

% Load data, each of M=2 columns contains a different source signal.
% Each column has N rows (signal values).

% Load standard matlab sounds (from MatLab's datafun directory)
% Set variance of each source to unity.
load chirp; s1=y(1:N); s1=s1-mean(s1); s1=s1/std(s1);
load gong;  s2=y(1:N); s2=s2-mean(s2); s2=s2/std(s2);

% Combine sources into vector variable s.
s=[s1,s2];

% Make mixing matrix.
A=randn(M,M);

% Listen to source signals ...
% [10000] Fs Sample rate of sound.
Fs=10000;
if listen   soundsc(s(:,1),Fs);  soundsc(s(:,2),Fs);end;

% Plot histogram of each source signal -
% this approximates pdf of each source.
figure(3);hist(s(:,1),50); drawnow;
figure(4);hist(s(:,2),50); drawnow;

% Make M mixures x from M source signals s.
x = s*A;

% Listen to signal mixtures signals ...
if listen   soundsc(x(:,1),Fs);  soundsc(x(:,2),Fs); end;

% Sphere mixtures using SVD.
[U D V]=svd(x,0);
```

```
% Set new x to be left singular vectors of old x.
z=U;
% Each eigenvector has unit length,
% but we want unit variance mixtures ...
z=z./repmat(std(z,1),N,1);

% Initialise unmixing vector to random vector ...
w = randn(1,M);
% ... with unit length.
w=w/norm(w);

% Initialise y, the estimated source signal.
y = z*w';

% Print out initial correlations between
% each estimated source y and every source signal s.
fprintf('Initial correlations of source and extracted signals\n');
%rinitial=abs(r(M+1:2*M,1:M))
r1=corrcoef([y s1]); r2=corrcoef([y s2]);
rinitial=abs([r1(1,2) r2(1,2)])

maxiter=100;    % [100] Maximum number of iterations.
eta=2e-2;    % [1e-2 /2] Step size for gradient ascent.

% Make array hs to store values of function and gradient magnitude.
Ks=zeros(maxiter,1);
gs=zeros(maxiter,1);

% Begin gradient ascent on K ...
% Define known optimal weight vector ...
wopt=[-0.6125    0.7904];
for iter=1:maxiter
% Get estimated source signal, y.
y = z*w';

% Get estimated kurtosis.
K = mean(y.^4)-3;

% Find gradient @K/@w ...
y3=y.^3;
yy3 = repmat(y3,1,2);
g = mean( yy3.*z );

% Update w to increase K ...
w = w + eta*g;
% Set length of w to unity ...
w = w/norm(w);
% Record h and angle between wopt and gradient ...
Ks(iter)=K; gs(iter)=subspace(g',wopt');
```

```
end;

% Plot change in K and gradient/wopt angle during optimisation.
figure(1);plot(Ks,'k');
title('Function values - Kurtosis');
xlabel('Iteration');ylabel('K(y)');
figure(2);plot(gs,'k');
title('Angle \alpha Between Gradient g and Final Weight Vector w');
xlabel('Iteration');ylabel('\alpha');

% Print out final correlations ...
r=corrcoef([y s]);
fprintf('FInal correlations between source and extracted signals ...\n');
r1=corrcoef([y s1]);
r2=corrcoef([y s2]);
rfinal=abs([r1(1,2) r2(1,2)])

% Listen to extracted signal ...
if listen          soundsc(y,Fs);       end;
%%%%%%%%%%%%%%%%%%%%%%%%%%%%%%%%%%%%%%%%%%%%%%%%%%%%%%%%%%%%%%%
```

부록 C

사영 추적: 단계적 원신호 분리

사영 추적법(projection pursuit)으로, M개의 혼합신호들 $\mathbf{x} = (x_1, x_2, ..., x_M)^T$로부터 추정 원신호들(estimated source signals)인 $\mathbf{y} = (y_1, y_2, ..., y_M)^T$를 Gram-Schmidt 직교화(GSO)를 이용하여 단계적으로 추출할 수 있다. 즉 이 방법에서는 단일 신호 y_i를 추출한 후 잔여(remaining) 혼합신호들의 집합으로부터 이 신호를 빼는 순환 작업이 반복적으로 수행된다. 이 작업은 모든 추정 원신호들이 추출될 때까지 반복된다.

사영 추적법이 초기의 혼합신호들의 집합 $\mathbf{x}(0) = (x_1(0), ..., x_M(0))^T$에 적용되면 가중치 벡터 $\mathbf{w}_1$이 얻어지고 이에 의해 신호 $y_1 = \mathbf{w}_1^T\mathbf{x}(0)$이 추출된다. 여기서, 괄호 (0)은 원래의(original) 혼합신호들의 집합임을 나타낸다. 그런 후 다음과 같이 GSO를 이용하여 각 혼합신호 $x_i(0)$으로부터 y_1을 효과적으로 뺄 수 있다.

$$x_i(1) = x_i(0) - \frac{E[y_1 x_i(0)]y_1}{E[y_1^2]} \tag{C.1}$$

여기서, E는 기대값을 나타내고, 소괄호 안의 숫자는 원래의 혼합신호 $x_i(0)$으로부터 얼마나 많이 복원된 신호들이 빼졌는가를 나타낸다. 이와 같이 한 신호 y_1이 추출된 후에 GSO는 y_1이 빠진 새로운 혼합신호들의 집합 $\mathbf{x}(1)$을 생성한다.

GSO는 추출된 신호 y_1이 향후 추출되어질 신호들에 의한 모든 혼합신호에 대하여, 즉 새로운 혼합신호들에 대하여 직교하도록 한다. 따라서 $i = \{1, \ldots, M\}$에 대해서 $E[x_i(1)y_1] = 0$이다.

이제 사영 추적법이 수정된 혼합신호들의 집합 $\mathbf{x}(1) = (x_1(1), \ldots, x_M(1))^T$에 적용되면 가중치 벡터 $\mathbf{w}_2$이 얻어지고 이에 의해 신호 $y_2 = \mathbf{w}_2^T\mathbf{x}(1)$이 추출(또는 복원) 된다. 그런 다음 GSO를 이용하여 각 혼합신호 $x_i(1)$으로부터 y_2를 빼서 새로운 혼합신호들의 집합 $\mathbf{x}(2)$를 생성한다.

$$x_i(2) = x_i(1) - \frac{E[y_2 x_i(1)]y_2}{E[y_2^2]} \tag{C.2}$$

이러한 순차적인 추출 및 빼기 과정은 M개의 추정 원신호들이 모두 추출될 때까지 반복될 수 있다.

부록 D

ICA 기울기 상승법

M개의 미지의 원신호들 $\mathbf{s}=(s_1, s_2, ..., s_M)^T$가 공통의 확률분포 함수(cumulative density function: cdf) g와 pdf p_s를 갖는다면, 관찰된 혼합신호들의 집합 $\mathbf{x}$로부터 M개의 신호들 $\mathbf{y}=(y_1, y_2, \cdots y_M)^T$를 추출하는 복원행렬 $\mathbf{W}$가 주어질 때 신호들 $Y=g(\mathbf{y})$에 대한 엔트로피는 다음과 같다.

$$H(\mathbf{Y})=H(\mathbf{x})+E\left[\sum_{i=1}^{M}\ln p_s(y_i)\right]+\ln|\mathbf{W}| \tag{D.1}$$

여기서, $y_i=\mathbf{w}_i^T\mathbf{x}$는 i번째 신호이고 복원행렬의 i번째 행에 의해서 추출된다. 그리고 기대값(expected value)은 혼합신호들 $\mathbf{x}$에 대한 N개의 샘플 값들을 사용하여 계산된다.

정의에 의하여, 임의의 확률 변수의 pdf p_s는 그 확률 변수의 cdf g에 대한 도함수이다.

$$p_s(y)=dg(y)/dy \tag{D.2}$$

여기서, 이 도함수를 $g'(y)=p_s(y)$로 나타내면 식 (D.1)은 다음과 같이 된다.

$$H(\mathbf{Y})=H(\mathbf{x})+E\left[\sum_{i=1}^{M}\ln g'(y_i)\right]+\ln|\mathbf{W}| \tag{D.3}$$

지금 $\mathbf{Y}$의 엔트로피를 최대화시키는 복원행렬을 찾기로 한다. 혼합신호들 $\mathbf{x}$에 대한 엔트로피 $H(\mathbf{x})$는 W에 의해 영향을 받지 않으므로 $H(\mathbf{Y})$에 대한 기여는 일정하게 된다. 따라서 $H(\mathbf{x})$를 무시할 수 있으므로 다음의 함수를 최대화시키는 행렬을 찾으면 된다.

$$h(\mathbf{Y}) = E\left[\sum_{i=1}^{M} \ln g'(y_i)\right] + \ln|\mathbf{W}| \tag{D.4}$$

이것은 x로부터 Y로의 사상과 관련된 엔트로피의 변화량이다. 함수 h를 최대화시키기 위해서 기울기 상승법을 이용하여 h에 대해 W를 반복적으로 조정함으로써 최적 행렬 W*를 구할 수 있다. 기울기 상승법을 효과적으로 수행하기 위해서 행렬 W에 대한 h의 기울기에 관한 식이 요구된다.

엔트로피의 기울기 구하기 : 일반적인 경우

먼저 W의 한 스칼라 요소 $\mathbf{W}_{ij}$에 대한 h의 편도함수(partial derivative)[1]를 구하기로 한다. 여기서, $\mathbf{W}_{ij}$는 W의 i번째 행과 j번째 열에 있는 요소이다. 가중치 $\mathbf{W}_{ij}$는 i번째 추출신호 y_i에서의 j번째 혼합신호의 비율[2]을 결정짓는다.

$\mathbf{y} = \mathbf{W}\mathbf{x}$이고 모든 원신호가 동일한 pdf g'을 갖는다면, W의 ij번째 요소에 대한 h의 편도함수는 다음과 같다.

$$\frac{\partial h}{\partial \mathbf{W}_{ij}} = \mathrm{E}\left[\sum_{i=1}^{M} \frac{\partial \ln g'(y_i)}{\partial \mathbf{W}_{ij}}\right] + \frac{\partial \ln|\mathbf{W}|}{\partial \mathbf{W}_{ij}} \tag{D.5}$$

식 (D.5)의 오른쪽에 있는 2개의 편도함수 각각에 대해서 살펴보기로 한다. 먼저 첫 번째 항은 다음과 같다.

$$\mathrm{E}\left[\sum_{i=1}^{M} \frac{\partial \ln g'(y_i)}{\partial \mathbf{W}_{ij}}\right] \tag{D.6}$$

위에서 덧셈 기호 안의 항을 다음과 같이 다시 쓸 수 있다.

$$\frac{\partial \ln g'(y_i)}{\partial \mathbf{W}_{ij}} = \frac{1}{g'(y_i)} \frac{\partial g'(y_i)}{\partial \mathbf{W}_{ij}} \tag{D.7}$$

연쇄 법칙(chain rule)을 사용하면

1 편도함수에 대한 간단한 설명은 9장을 참조하기 바란다.

2 엄밀히 말하면, $\mathbf{W}_{ij}$는 y_i에 기여하는 가중치들의 합이 1이 되는 경우에만 비율을 결정짓는다. 그러나 이것은 우리의 목적상 중요한 사항이 아니다.

$$\frac{\partial g'(y_i)}{\partial \mathbf{W}_{ij}} = \frac{dg'(y_i)}{dy_i}\frac{\partial y_i}{\partial \mathbf{W}_{ij}} \tag{D.8}$$

이다. 위 식의 오른쪽에 있는 첫 번째 도함수는 다음과 같이 다시 쓸 수 있다.

$$\frac{dg'(y_i)}{dy_i} = g''(y_i) \tag{D.9}$$

여기서, $g''(y_i)$는 y_i에 대한 g의 2차 도함수이다. 그리고

$$\frac{\partial y_i}{\partial \mathbf{W}_{ij}} = x_j \tag{D.10}$$

이다. 식 (D.9)와 식 (D.10)을 식 (D.8)에 대입하면 다음과 같다.

$$\frac{\partial g'(y_i)}{\partial \mathbf{W}_{ij}} = g''(y_i)x_j \tag{D.11}$$

식 (D.11)을 식 (D.7)에 대입하면

$$\frac{\partial \ln g'(y_i)}{\partial \mathbf{W}_{ij}} = \frac{1}{g'(y_i)}\, g''(y_i)x_j \tag{D.12}$$

이고, 식 (D.12)를 식 (D.6)에 대입하면 다음과 같다.

$$\mathrm{E}\left[\sum_{i=1}^{M}\frac{\partial \ln g'(y_i)}{\partial \mathbf{W}_{ij}}\right] = \mathrm{E}\left[\sum_{i=1}^{M}\frac{g''(y_i)}{g'(y_i)}x_j\right] \tag{D.13}$$

표기상의 편의를 위하여 다음과 같이 정의하면

$$\psi(y_i) = \frac{g''(y_i)}{g'(y_i)} \tag{D.14}$$

위 식 (D.13)은 아래 식 (D.15)와같이 다시 쓸 수 있다.

$$\mathrm{E}\left[\sum_{i=1}^{M}\frac{\partial \ln g'(y_i)}{\partial \mathbf{W}_{ij}}\right] = \mathrm{E}\left[\sum_{i=1}^{M}\psi(y_i)x_j\right] \tag{D.15}$$

이제, 식 (D.5)의 오른쪽에 있는 두 번째 항에 대해 살펴보기로 한다. 이 항은 다음 식과 같이 표현할 수 있다.

$$\frac{\partial \ln|\mathbf{W}|}{\partial \mathbf{W}_{ij}} = [\mathbf{W}^{-T}]_{ij} \tag{D.16}$$

여기서, $\mathbf{W}^{-T}$는 다음을 의미한다.

$$\mathbf{W}^{-T} = \left[\mathbf{W}^{T}\right]^{-1} \tag{D.17}$$

따라서 $[\mathbf{W}^{-T}]_{ij}$는 복원행렬 $\mathbf{W}$의 전치행렬에 대한 역행렬의 ij번째 요소이다. 식 (D.16)과 식 (D.15)를 식 (D.5)에 대입하면 다음 식과 같다.

$$\frac{\partial h}{\partial \mathbf{W}_{ij}} = [\mathbf{W}^{-T}]_{ij} + \mathrm{E}\left[\sum_{i=1}^{M} \psi(y_i) x_j\right] \tag{D.18}$$

$\mathbf{W}$의 모든 요소를 고려하면 다음을 얻는다.

$$\nabla h = \mathbf{W}^{-T} + E[\psi(\mathbf{y})\mathbf{x}^{T}] \tag{D.19}$$

위의 식 (D.19)에서 ∇h는[3] 도함수들로 이루어진 $M \times M$ Jacobian 행렬이고, 그의 ij번째 요소는 $\partial h / \partial \mathbf{W}_{ij}$이다.[4]

혼합신호들에 대한 N개의 유한개의 관찰된 샘플 값들 $\mathbf{x}^{t}\,(t = 1, \ldots, N)$과 복원행렬 $\mathbf{W}$가 주어질 때, 기대값 $E[\,\bullet\,]$는 다음과 같은 평균(mean)에 의해서 추정할 수 있다.

$$E[\psi(\mathbf{y})\mathbf{x}^{T}] = \frac{1}{N}\sum_{t=1}^{N} \psi(\mathbf{y}^{t})[\mathbf{x}^{t}]^{T} \tag{D.20}$$

여기서, $\mathbf{y}^{t} = \mathbf{W}\mathbf{x}^{t}$이다.

그러므로 아래 식과 같은 일반적인 형태의 기울기 상승법을

$$\mathbf{W}_{new} = \mathbf{W}_{old} + \eta \nabla h \tag{D.21}$$

다음 식 (D.22)와 같이 쓸 수가 있다.

$$\mathbf{W}_{new} = \mathbf{W}_{old} + \eta\left(\mathbf{W}^{-T} + \frac{1}{N}\sum_{t=1}^{N} \psi(\mathbf{y}^{t})[\mathbf{x}^{t}]^{T}\right) \tag{D.22}$$

여기서, η는 하나의 작은 상수이다. $\mathbf{W}$를 갱신시키는 이 규칙이 $\mathbf{Y} = g(\mathbf{y})$에 대한 엔트로피를 최대화시킨다.

---

3 기호 ∇는 나블라(nabla)라고 읽으며, ∇h는 흔히 *grad h*로서 불리운다.

4 M개의 요소를 갖는 열벡터와 M개의 요소를 갖는 행벡터와의 곱(예를 들어, $\psi(\mathbf{y})\mathbf{x}^{T}$)은 $M \times M$ 행렬을 생성하는데, 이는 외적(outer product)으로서 알려져 있다.

좁은 가우시안(super-gaussian) 분포를 갖는 신호들에 대한 기울기 구하기

이제 특정 cdf를 갖는 원신호들에 대한 ∇h의 식을 유도해 보기로 한다. 좁은 가우시안 분포를 갖는 원신호들을 추출하는데 일반적으로 사용되는 cdf는 tanh 함수이다. 다음과 같은 cdf가 주어지면

$$g(\mathbf{y}^t) = \tanh(\mathbf{y}^t) \tag{D.23}$$

이에 대한 1차 도함수로 주어지는 pdf g'은 다음 식과 같다.

$$g'(\mathbf{y}^t) = 1 - \tanh^2(\mathbf{y}^t) \tag{D.24}$$

또한 2차 도함수는 다음 식과 같이 된다.

$$g''(\mathbf{y}^t) = dg'(\mathbf{y}^t)/d\mathbf{y}^t \tag{D.25}$$

$$= \frac{d(1-\tanh^2(\mathbf{y}^t))}{d\mathbf{y}^t} \tag{D.26}$$

$$= -2\tanh(\mathbf{y}^t)\frac{d\tanh(\mathbf{y}^t)}{d\mathbf{y}^t} \tag{D.27}$$

$$= -2\tanh(\mathbf{y}^t)\, g'(\mathbf{y}^t) \tag{D.28}$$

따라서, 다음 식을 얻는다.

$$\psi(\mathbf{y}^t) = \frac{g''(\mathbf{y}^t)}{g'(\mathbf{y}^t)} \tag{D.29}$$

$$= \frac{-2\tanh(\mathbf{y}^t)\, g'(\mathbf{y}^t)}{g'(\mathbf{y}^t)} \tag{D.30}$$

$$= -2\tanh(\mathbf{y}^t) \tag{D.31}$$

식 (D.31)을 식 (D.19)에 대입하면 다음 식 (D.32)가 얻어진다.

$$\nabla h = \mathbf{W}^{-T} + E[-2\tanh(\mathbf{y}^t)[\mathbf{x}^t]^T] \tag{D.32}$$

혼합신호들에 대한 N개의 유한개의 관찰된 샘플 값들 $\mathbf{x}^t\ (t=1, \ldots, N)$과 $\mathbf{y}=\mathbf{W}\mathbf{x}$를 만족하는 복원행렬 $\mathbf{W}$가 주어질 때, 기대값 $E[\bullet]$는 다음과 같은 평균에 의해서 추정할 수 있다.

$$E[-2\tanh(\mathbf{y})\mathbf{x}^T] = \frac{-2}{N}\sum_{t=1}^{N}\tanh(\mathbf{y}^t)[\mathbf{x}^t]^T \tag{D.33}$$

그러므로 $\mathbf{Y}=g(\mathbf{y})$에 대한 엔트로피를 최대화시키기 위하여 $\mathbf{W}$를 갱신시키는 규칙은 다

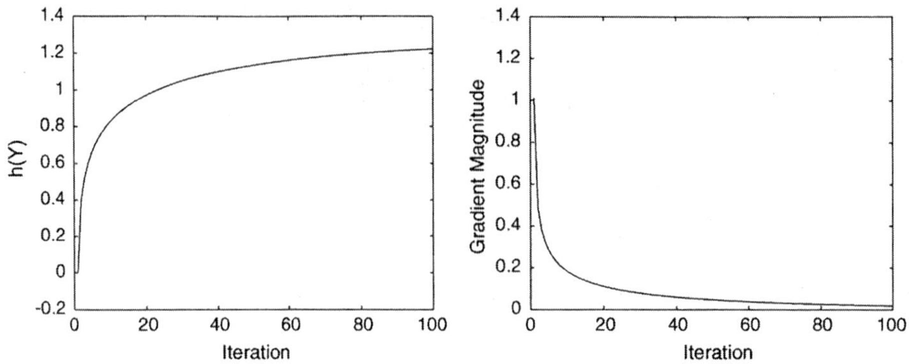

그림 D.1
2개의 음원들(sound sources)에 의해 생성된 2개의 혼합신호들에 대하여 본문에 기술되어 있는 ICA MatLab 코드를 실행한 결과들.
왼쪽 : 기울기 상승법이 수행되는 동안의 함수 h의 그래프. 이것은 신호들 $\mathbf{Y} = g(\mathbf{y})$에 대한 엔트로피를 근사화시킨 것이다. 여기서, $\mathbf{y} = \mathbf{W}\mathbf{x}$이다.
오른쪽 : 기울기 상승법이 수행되는 동안의 함수 h에 대한 기울기의 크기. h의 임의의 극대점에서 기울기의 크기는 0이 된다. 보는 바와 같이 기울기의 크기가 0으로 수렴한다는 것은 임의의 극대점에 도달하였음을 의미한다.

음 식과 같이 된다.

$$\mathbf{W}_{new} = \mathbf{W}_{old} + \eta\left(\mathbf{W}^{-T} - \frac{2}{N}\sum_{t=1}^{N} \tanh(\mathbf{y}^t)[\mathbf{x}^t]^T\right) \tag{D.34}$$

여기서, η는 하나의 작은 상수이다.

ICA MatLab 코드

이 코드는 핵심 ICA 알고리듬을 MatLab으로 프로그래밍한 것으로 Bell & Sejnowski, 1995에 기술된 ICA 알고리듬을 기반으로 하였다. 이 코드를 실행시킨 결과들이 그림 D.1에 나타나 있다. 그리고 추출된 신호들과 원신호들 사이의 최종 상관계수의 값은 비교적 짧은 100번의 반복 횟수(iteration)에 대해서도 > 0.99이다. 다음의 MatLab 코드는 http://jim-stone.staff.shef.ac.uk/bookica.html로부터 제공받을 수 있다.

```
% Basic Bell-Sejnowski ICA algorithm demonstrated on 2 speech signals.
% The default value of each parameter is given in [] brackets.

% [0] Set to 1 to hear signals.
listen=0; % set to 1 if have audio.

% [1] Set random number seed.
```

```
seed=9; rand('seed',seed);   randn('seed',seed);

% [2] M = number of source signals and signal mixtures.
M = 2;
% [1e4] N = number of data points per signal.
N = 1e4;

% Load data, each of M=2 columns contains a different source signal.
% Each column has N rows (signal values).

% Load standard matlab sounds (from MatLab's datafun directory)
% Set variance of each source to unity.
load chirp; s1=y(1:N); s1=s1/std(s1);
load gong;  s2=y(1:N); s2=s2/std(s2);

% Combine sources into vector variable s.
s=[s1,s2];

% Make new mixing matrix.
A=randn(M,M);

% Listen to speech signals ...
% [10000] Fs Sample rate of speech.
Fs=10000;
if listen   soundsc(s(:,1),Fs);   soundsc(s(:,2),Fs);end;

% Plot histogram of each source signal -
% this approximates pdf of each source.
figure(1);hist(s(:,1),50); drawnow;
figure(2);hist(s(:,2),50); drawnow;

% Make M mixures x from M source signals s.
x = s*A;

% Listen to signal mixtures signals ...
if listen   soundsc(x(:,1),Fs); soundsc(x(:,2),Fs); end;

% Initialise unmixing matrix W to identity matrix.
W = eye(M,M);

% Initialise y, the estimated source signals.
y = x*W;

% Print out initial correlations between
% each estimated source y and every source signal s.
r=corrcoef([y s]);
fprintf('Initial correlations of source and extracted signals\n');
rinitial=abs(r(M+1:2*M,1:M))
```

```
maxiter=100;   % [100] Maximum number of iterations.
eta=1;   % [0.25] Step size for gradient ascent.

% Make array hs to store values of function and gradient magnitude.
hs=zeros(maxiter,1);
gs=zeros(maxiter,1);

% Begin gradient ascent on h ...
for iter=1:maxiter
% Get estimated source signals, y.
y = x*W; % wt vec in col of W.
% Get estimated maximum entropy signals Y=cdf(y).
Y = tanh(y);
% Find value of function h.
% h = log(abs(det(W))) + sum( log(eps+1-Y(:).^2) )/N;
detW = abs(det(W));
h = ( (1/N)*sum(sum(Y)) + 0.5*log(detW) );
% Find matrix of gradients @h/@W_ji ...
g = inv(W') - (2/N)*x'*Y;
% Update W to increase h ...
W = W + eta*g;
% Record h and magnitude of gradient ...
hs(iter)=h; gs(iter)=norm(g(:));
end;

% Plot change in h and gradient magnitude during optimisation.
figure(1);plot(hs);title('Function values - Entropy');
xlabel('Iteration');ylabel('h(Y)');
figure(2);plot(gs);title('Magnitude of Entropy Gradient');
xlabel('Iteration');ylabel('Gradient Magnitude');

% Print out final correlations ...
r=corrcoef([y s]);
fprintf('FInal correlations between source and extracted signals ...\n');
rfinal=abs(r(M+1:2*M,1:M))

% Listen to extracted signals ...
if listen         soundsc(y(:,1),Fs);  soundsc(y(:,2),Fs);end;
%%%%%%%%%%%%%%%%%%%%%%%%%%%%%%%%%%%%%%%%%%%%%%%%%%%%%
```

부록 E

복잡도 추적 기울기 상승법

단일 신호 추출하기[1]

M개의 혼합신호들의 집합 $\mathbf{x} = (x_1, x_2, \ldots, x_M)^T$에 가중치 벡터 $\mathbf{w}_i$를 적용함으로써 형성된 스칼라 신호 y_i에 대해서 생각해보기로 한다. $y_i = \mathbf{w}_i^T \mathbf{x}$로 주어질 때, 식 (8.2)는 다음과 같이 다시 쓸 수 있다.

$$F = \ln \frac{\mathbf{w}_i \overline{C} \mathbf{w}_i^T}{\mathbf{w}_i \hat{C} \mathbf{w}_i^T} \tag{E.1}$$

여기서, $\overline{C}$는 혼합신호들 사이의 장구간 공분산들(long-term covariances)로 이루어진 $M \times M$ 행렬이고, $\hat{C}$는 단구간 공분산들(short-term covariances)로 이루어진 $M \times M$ 행렬이다(8장 참조). i번째 혼합신호와 j번째 혼합신호 사이의 장구간 공분산 $\overline{C}_{ij}$와 단구간 공분산 $\hat{C}_{ij}$는 다음 식들로 정의된다.

$$\hat{C}_{ij} = \sum_{\tau}^{n} (x_{i\tau} - \hat{x}_{i\tau})(x_{j\tau} - \hat{x}_{j\tau}) \tag{E.2}$$

---

1 이 부록은 Stone, 2001에 제시된 해석에 기반을 한 것이다.

$$\overline{C}_{ij} = \sum_{\tau}^{n}(x_{i\tau} - \overline{x}_{i\tau})(x_{j\tau} - \overline{x}_{j\tau}) \tag{E.3}$$

Eglen 등, 1997에 기술된 것처럼(또한 이 부록의 뒤에 있는 MatLab 코드를 보기 바란다) $\hat{C}$와 $\overline{C}$는 주어진 혼합신호들의 집합에 대해서 단지 한 번만 계산하면 되고, $(x_{i\tau} - \overline{x}_{i\tau})$와 $(x_{i\tau} - \hat{x}_{i\tau})$는 고속 필터링 연산에 의해 미리 계산될 수 있음을 주목하기 바란다.

F를 최대화시키기 위해서, 즉 y_i의 예측가능성을 최대화시키기 위해서 기울기 상승법을 사용할 수가 있다. $\mathbf{w}_i$에 대한 F의 도함수는 다음과 같다.

$$\nabla_{\mathbf{w}_i} F = \frac{2\mathbf{w}_i}{V_i}\overline{C} - \frac{2\mathbf{w}_i}{U_i}\hat{C} \tag{E.4}$$

함수 F의 최대값에 도달할 때까지 다음 식과 같이 $\mathbf{w}_i$를 반복적으로 갱신한다.

$$\mathbf{w}_i = \mathbf{w}_i + \eta \nabla_{\mathbf{w}_i} F \tag{E.5}$$

여기서, η는 하나의 작은 상수(전형적으로, $\eta = 0.001$)이다.

불행하게도, 위의 과정을 하나의 단일 혼합신호들의 집합에 반복적으로 적용하더라도 동일한(가장 예측가능성이 큰) 원신호가 추출된다. 이는 빼기(deflation) 과정들(예를 들어, Gram-Schmidt 직교화(GSO) 과정, 부록 C 참조)을 사용하여 방지할 수 있지만, 다음에 기술한 것처럼 모든 원신호들을 동시에 추출하기 위한 좀 더 멋진 방법이 존재한다.

모든 신호들의 동시 추출

임의의 해에서 F의 기울기(gradient)는 0이며, 이때 식 (E.4)로부터 다음이 성립된다.

$$\mathbf{w}_i \overline{C} = \frac{V_i}{U_i}\mathbf{w}_i \hat{C} \tag{E.6}$$

F의 극점들(extrema)은 일반 고유값 문제(generalized eigenproblem)(Borga, 1998)의 형태를 갖는 식 (E.6)을 만족하는 $\mathbf{w}_i$의 값들과 일치한다. 그러므로 $\mathbf{w}_i$에 대한 해들은 고유값들이 $\gamma_i = V_i / U_i$인 경우에 대한 행렬 $(\hat{C}^{-1}\overline{C})$의 고유벡터들로서 얻어질 수 있다. 첫 번째 고유벡터는 F의 최대점을 정의하고 나머지 고유벡터들은 F의 안장점들(saddle points)을 정의한다.

행렬 $\mathrm{W} = (\mathbf{w}_1, \mathbf{w}_2, \ldots, \mathbf{w}_M)^T$는 일반 고유값 문제를 푸는 프로그램(routine)을 사용하여 구할 수 있다. 8장에 제공된 결과들은 MatLab의 고유값 함수 $\mathrm{W}^T = eig(\overline{C}, \hat{C})$를 사용하여 얻어졌다. 그런 다음 모든 M개의 신호들을 다음 식에 의해 복원할 수 있다.

$$\mathbf{y} = \mathbf{W}\mathbf{x} \tag{E.7}$$

여기서, **y**의 각 행은 각각의 추출된 신호 y_i이다. 일반 고유값 문제에 대해서 다시 살펴보기 위해서는 Borga, 1998을 참조하기 바란다.

혼합신호들의 수 M이 원신호들의 수보다 많다면 M을 줄이기 위한 표준 과정은 주성분 분석(PCA)을 이용하는 것이다. PCA는 0에 가까운 고유값들을 가지는 **x**에 대한 고유벡터들을 버림으로써 혼합신호들의 차원(dimensionality)을 줄이는데 사용되어진다(부록 F 참조).

복잡도 추적 MatLab 코드

이 코드는 핵심 복잡도 추적 알고리듬을 MatLab으로 프로그래밍한 것이다. 이 코드를 실행시킨 결과들이 그림 E.1에 주어져 있다. 코드의 첫 번째 부분은 한 개의 원신호만을 추출하며, 복잡도 추적법이 간단한 문제에 대하여 어떻게 작용하는지를 보여주기 위한 것이다. 원신호들을 순차적으로 추출하기 위해서는 Gram-Schmidt 직교화 같은 과정이 필요하다(부록 C 참조). 코드의 두 번째 부분은 위에 기술된 것처럼 3개의 모든 신호들을 동시에 추출한다.

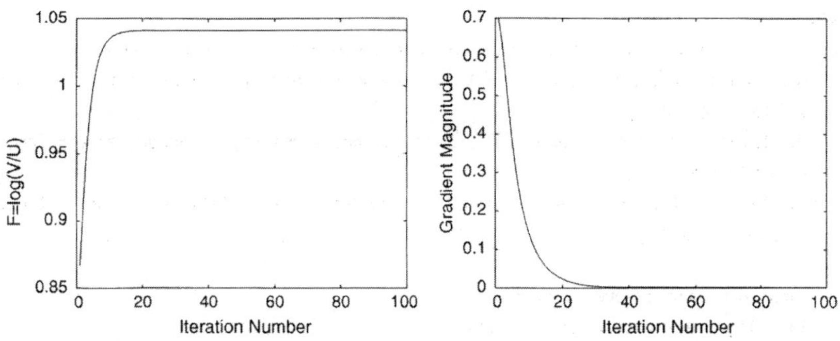

그림 E.1

3개의 음원들에 의해 생성된 3개의 혼합신호들에 대하여 본문에 기술되어 있는 복잡도 추적(complex pursuit: CP) MatLab 코드를 실행한 결과들.

왼쪽 : 기울기 상승법이 수행되는 동안의 추출되는 신호 y의 예측가능성을 나타내는 함수 F에 대한 그래프. 여기서, F는 복잡도에 반비례한다.

오른쪽 : 기울기 상승법이 수행되는 동안의 기울기의 크기에 대한 그래프. 추출된 신호와 3개의 원신호들 사이의 초기 상관계수의 값들은 [0.597 0.724 0.409]이고, 최종 상관계수의 값들은 [0.075 0.972 0.252]이다. 이는 기울기 상승법에 의해 2번째의 원신호가 추출되었음을 암시한다. 이 추출신호에 대해서 동시 추출방법에 의한 결과가 더 우수하다. 이 경우의 상관계수의 값들은 [0.015 0.999 0.004]이다.

아래의 MatLab 코드는 http:/jim-stone.staff.shef.ac.uk/bookica.html로부터 제공받을 수 있다.

```
%%%%%%%%%%%%%%%%%%%%%%%%%%%%%%%%%%%%%%%%%%%%%%%%%%%%%%%%%%%%%%%%%%%%%%%%%%%%%%%%%%%%%%
% Complexity pursuit: Gradient ascent code to extract one signal, and
% code for parallel extraction of all source signals using eig function.
%%%%%%%%%%%%%%%%%%%%%%%%%%%%%%%%%%%%%%%%%%%%%%%%%%%%%%%%%%%%%%%%%%%%%%%%%%%%%%%%%%%%%%

% Set rand number seeds.
seed=1;randn('state',seed);rand('state',seed);

num_sources  = 3;
num_mixtures = num_sources;
num_samples  = 5000;

%%%%%%%%%%%%%%%%%%%%%%%%%%%%%%%%%%%%%%%%%%%%
% GET DATA.
%%%%%%%%%%%%%%%%%%%%%%%%%%%%%%%%%%%%%%%%%%%%

% Define max mask len for convolution.
max_mask_len= 500;
% [8] n = num half lives to be used to make mask.
n = 8;

% Make source signals as set of increasingly smooth signals.

% Make mask.
% h= half-life of exponential in mask which is then convolved with random signal.
h=2; t = n*h; lambda = 2^(-1/h); temp = [0:t-1]'; lambdas = ones(t,1)*lambda; mask = lambda.^temp;
mask1 = mask/sum(abs(mask));
h=4; t = n*h; lambda = 2^(-1/h); temp = [0:t-1]'; lambdas = ones(t,1)*lambda; mask = lambda.^temp;
mask2 = mask/sum(abs(mask));
h=8; t = n*h; lambda = 2^(-1/h); temp = [0:t-1]'; lambdas = ones(t,1)*lambda; mask = lambda.^temp;
mask3 = mask/sum(abs(mask));

sources = randn(num_samples,num_sources);
sources(:,1)=filter(mask1,1,sources(:,1));
sources(:,2)=filter(mask2,1,sources(:,2));
sources(:,3)=filter(mask3,1,sources(:,3));

% Make mixing matrix.
A = randn(num_sources,num_sources);

% Make mixtures.
mixtures = sources*A;

%%%%%%%%%%%%%%%%%%%%%%%%%%%%%%%%%%%%%%%%%%%%
% COMPUTE V AND U.
%%%%%%%%%%%%%%%%%%%%%%%%%%%%%%%%%%%%%%%%%%%%
```

```
% Set short and long half-lives.
shf = 1;
lhf = 900000;

%%%%%%%%%%%%%%%%%%%%%%%%%%%%%%%%%%%%%%%%%%%
% Get masks to be used to find (x_tilde-x) and (x_bar-x)
% Set mask to have -1 as first element, and remaining elements must sum to unity.

% Short-term mask.
h=shf; t = n*h; lambda = 2^(-1/h); temp = [0:t-1]';
lambdas = ones(t,1)*lambda; mask = lambda.^temp;
mask(1) = 0; mask = mask/sum(abs(mask));  mask(1) = -1;
s_mask=mask; s_mask_len = length(s_mask);

% Long-term mask.
h=lhf;t = n*h; t = min(t,max_mask_len); t=max(t,1);
lambda = 2^(-1/h); temp = [0:t-1]';
lambdas = ones(t,1)*lambda; mask = lambda.^temp;
mask(1) = 0; mask = mask/sum(abs(mask));  mask(1) = -1;
l_mask=mask; l_mask_len = length(l_mask);
%%%%%%%%%%%%%%%%%%%%%%%%%%%%%%%%%%%%%%%%%%%%%%%

% Filter each column of mixtures array.
S=filter(s_mask,1,mixtures);
L=filter(l_mask,1,mixtures);

% Find short-term and long-term covariance matrices.
U=cov(S,1);
V=cov(L,1);

%%%%%%%%%%%%%%%%%%%%%%%%%%%%%%%%%%%%%%%%%%%%%%%%%%%%
% FIND **SINGLE** SOURCE SIGNAL USING GRADIENT ASCENT.
%%%%%%%%%%%%%%%%%%%%%%%%%%%%%%%%%%%%%%%%%%%%%%%%%%%%
cl=V;
cs=U;

% Make initial weight vector.
w=randn(1,num_sources);
w=w/norm(w);
w0=w;

% Use initial w0 to extract source
y0=mixtures*w0';

% Find correlation of y0 with sources
rs0=corrcoef([y0,sources]);
fprintf('Using Grad ascent: Correlation of single with sources extracted by initial w ...\n');
abs(rs0(1,2:4))
```

```
% Set learning rate ...
eta=1e-1;
% Set max number of iterations ...
maxiter=100;

% Make arrays to store results.
gs=zeros(maxiter,1); % gradient magnitude |g|
Fs=zeros(maxiter,1); % function value F

%%%%%%%%%%%%%%%%%%%%%%%%%%%%%%%%
% Do gradient ascent ...
for i=1:maxiter

% Get value of function F
Vi = w*cl*w';
Ui = w*cs*w';
F = log(Vi/Ui);

% Get gradient
g = 2*w*V./Vi - 2*w*U./Ui;

% Update w
w = w + eta*g;

% Record results ...
Fs(i)=F;
gs(i)=norm(g);

end;
%%%%%%%%%%%%%%%%%%%%%%%%%%%%%%%%

% Plot results ...
figure(1); plot(Fs); xlabel('Iteration Number'); ylabel('F=log(V/U)');
figure(2); plot(gs); xlabel('Iteration Number'); ylabel('Gradient Magnitude');

% Use w to extract source
y1=mixtures*w';

% Find correlation of y1 with sources
rs=corrcoef([y1,sources]);
fprintf('Using Grad ascent: Correlation of single with sources extracted by initial w ...\n');
abs(rs(1,2:4))

%%%%%%%%%%%%%%%%%%%%%%%%%%%%%%%%%%%%%%%%%%%%%%%%%%%%%%%%%%%%%%%%%%%%%%%%
% NOW USE W MATRIX FROM EIG FUNCTION TO EXTRACT **ALL** SOURCES.
%%%%%%%%%%%%%%%%%%%%%%%%%%%%%%%%%%%%%%%%%%%%%%%%%%%%%%%%%%%%%%%%%%%%%%%%
%%%%%%%%%%%%%%%%%%%%%%%%%%%%%%
% Find optimal solution as eigenvectors W.
%%%%%%%%%%%%%%%%%%%%%%%%%%%%%%
```

```
[W d]=eig(V,U); W=real(W);

ys = mixtures*W;
a=[sources ys]; c=corrcoef(a);
rs=c(1:num_sources,num_sources+1:num_sources*2);
fprintf('Using EIG: Correlations between sources and all recovered signals ...\n');
abs(rs)
%%%%%%%%%%%%%%%%%%%%%%%%%%%%%%%%%%%%%%%%%%%%%%%%%%%%
```

위의 코드에 대한 출력은 다음과 같다.

```
Using Grad ascent: Correlation of single with sources extracted by initial w ...
ans =
   0.5974    0.7237    0.4092
Using Grad ascent: Correlation of single with sources extracted by initial w ...
ans =
   0.0750    0.9720    0.2521
Using EIG: Correlations between sources and all recovered signals ...
ans =
   0.9919    0.0153    0.1334
   0.0026    0.9995    0.0396
   0.0397    0.0044    0.9988
```

부록 F

데이터 전처리를 위한 주성분 분석

ICA를 수행하기 위해서는 대부분 $M \times M$의 정방(square) 복원행렬 W가 필요하다. 여기서, M은 혼합신호의 개수이다. 그러나 이는 매우 큰 행렬이 될 수 있다. W의 크기를 줄이기 위해서는 주성분 분석(PCA)이 사용될 수 있다(Stone 등, 2002 참조). 이것에 의해 M개의 혼합신호들에 대한 근사로서 $K < M$개의 새로운 혼합신호들이 구해진다. 여기서, 이 K개의 새로운 혼합신호들을 주성분들(principal components)이라고 한다. 이제 데이터가 K개의 주성분들(PCs)로 근사화되었으므로 이전보다 크기가 작은 $K \times K$의 복원행렬이 필요하게 된다. ICA는 M개의 관찰된 혼합신호들 $\mathbf{x}$에 대해서처럼 M개의 새로운 혼합신호들(PCs)에 대해서도 똑같이 동작을 잘 하는데, $\mathbf{x}$를 주성분들의 집합으로 나타냄으로써 데이터의 부적절한 면들을 버릴 수 있음을 주목하기 바란다.

$M \times N$의 데이터 배열 $\mathbf{x}$가 주어질 때, $\mathbf{x}$에 있는 N개의 요소들(elements)을 갖는 M개의 행벡터 각각은 N차원 공간에서 한 점을 정의한다. 이 점 대부분이 K차원 부공간(여기서, $K \ll N$)에 놓인다면 적절하게 택한 K개의 기저(basis) 벡터들을 사용하여 $\mathbf{x}$에 있는 M개의 행들을 나타낼 수 있다. 예를 들어, 어떤 정육면체(즉, $M=3$차원 공간)에서 모든 N개의 점들이 정육면체 한쪽 면에 놓여있다면 그 면의 $K=2$개의 모서리들에 의해서 정의되는 2개의 기저 벡터들에 의해 그 모든 점들을 나타낼 수가 있다. 그러한 N개의 요소들을 갖는 K개의 기저 벡터들의 집합은 PCA를 사용하여 구해지는 고유벡터들에 의해 얻을 수가 있다.

하나의 매우 일반적이면서도 유용한 형태의 PCA는 특이값 분해(singular value decomposition : SVD) (Press 등, 1989, Lay, 1997 참조)이다.

구체적인 한 예를 다루기 위해서 **x**의 열들에 영상들의 시간 시퀀스, 즉 7장에서처럼 각 열에 시간 t와 관련된 영상이 들어있다고 가정한다. **x**의 각 열이 M개의 화소들로 이루어진 하나의 영상 벡터로 주어진다면, 이는 U의 각 열은 하나의 공간 고유벡터(spatial eigenvector), 즉 고유영상(eigenimage)이고 V의 각 열은 하나의 시간 고유벡터(temporal eigenvector), 즉 고유시퀀스(eigensequence)임을 의미한다.

특이값 분해

혼합신호들의 집합 $\mathbf{x}=(x_1, x_2, ..., x_N)^T$가 M개의 연속적인 시점에서 측정된 N개의 시간 혼합신호들로 이루어진 $M \times N$의 배열 형태로 주어질 때, SVD는 다음과 같은 형태의 분해를 제공한다.

$$\mathbf{x} = UDV^T \tag{F.1}$$

여기서, $U=(U_1, U_2, ..., U_N)$는 N개의 (공간) 열 고유벡터들로 이루어진 $M \times N$ 행렬이고, $V=(V_1, V_2, ..., V_N)$는 N개의 (시간) 열 고유벡터들로 이루어진 $N \times N$ 배열, 그리고 D는 크기순으로 정렬된 N개의 특이값들(singular values)로 이루어진 $N \times N$ 대각행렬이다. 각 특이값은 $\lambda^{1/2}$과 같은데, 여기서 λ는 U와 V에 있는 각 고유벡터의 고유값이다. 보다 분명히 얘기하면, U의 열들은 **x**의 좌측 특이벡터들(left singular vectors)이고 V의 열들은 **x**의 우측 특이벡터들(right singular vectors)이다. U와 V의 열들에 있는 고유벡터들은 직교하므로 상관성이 없다. 관례상 SVD는 U와 V에 단위길이의 고유벡터들을 제공한다. 고유벡터들에 대한 공식적인 정의를 알아보기 위해서는 10.3절을 참고하기 바란다.

각 고유값은 U와 V 안의 대응하는 고유벡터에 의해 정의된 방향과 관련된 분산의 양을 나타낸다. 그러므로 작은 고유값을 갖는 고유벡터들은 데이터 집합에서 사소한 영향을 미치므로 버릴 수가 있다. 어떤 값 아래의 고유값을 갖는 모든 데이터를 버린다면, 원래의 데이터 **x**에 대한 적당한 근사인 $\tilde{\mathbf{x}}$를 제공하는 K개의 고유벡터들만이 남게 된다.

$$\mathbf{x} \approx \tilde{\mathbf{x}} = \tilde{U}\tilde{D}\tilde{V}^T \tag{F.2}$$

$\tilde{U}$는 K개의 열 고유벡터들로 이루어진 $M \times K$ 행렬이고, $\tilde{V}^T$는 K개의 행 고유벡터들로 이루어진 $K \times M$ 행렬이다. 그리고, $\tilde{D}$는 K개의 특이값들로 이루어진 $K \times K$ 대각행렬이다.

독립성분들을 추출하기 위해서 U에 대해 ICA를 수행할 수가 있다. 그러나 그 결과들은 **x**에 대해 ICA를 수행한 것과 동일하게 될 것이다. 이것은 U가 **x**의 선형 변환이고, 그 결과

U의 각 열이 $\mathbf{x}$에 있는 열들의 선형 결합이기 때문이다. 그러므로 U의 각 열은 단순히 원신호들에 대한 하나의 새로운 혼합신호이다. 그러나 U에 대해 ICA를 수행하더라도 $\mathbf{W}$의 크기는 줄어들지 않는다.

작은 크기의 복원(unmixing) 행렬 $\mathbf{W}$가 요구된다면, 공간 ICA(sICA)에 대해서는 $\mathbf{x}$(또는 동등하게 U) 대신에 $\tilde{U}$를 사용하고, 시간 ICA(tICA)에 대해서는 $\mathbf{x}^T$(또는 동등하게 V) 대신에 $\tilde{V}$를 사용하는 것이 바람직하다. 기본적인 방법은 $\tilde{U}$ 또는 $\tilde{V}$에 대해 ICA를 수행하여 K개의 신호들을 얻고, 그런 다음 관계식 $\tilde{\mathbf{x}} = \tilde{U}\tilde{D}\tilde{V}^T$를 사용하여 미지의 혼합(mixing) 행렬 $\mathbf{A}$를 복원하는 것으로 구성된다.

SVD를 이용한 tICA

tICA를 사용할 때, $\mathbf{x}$의 각 행은 시간(temporal) 혼합신호라고 생각되어진다.

$$\mathbf{y} = \mathbf{W}\mathbf{x} \tag{F.3}$$

여기서, N개의 요소들로 이루어진 $\mathbf{y}$의 각 행은 추출된 신호이고 $\mathbf{W}$는 $N \times N$ 행렬이다. 식 (F.3)에서 $M \times N$ 데이터 배열 $\mathbf{x}$를 $K \times N$ 행렬 $\tilde{V}^T$로 대치하면 다음과 같다.

$$\mathbf{y} = \mathbf{W}\tilde{V}^T \tag{F.4}$$

여기서, $\mathbf{W}$는 이제 $K \times K$ 행렬이고, $K \times N$ 행렬 $\tilde{V}^T$의 각 행은 하나의 고유시퀀스(eigen-sequence)이다. 이 경우 ICA는 각기 N개의 요소들을 갖는 K개의 시퀀스들로 이루어진 $\mathbf{y}$를 추출한다.

쌍대적인(dual) 영상들의 집합은 정상적으로 행렬 $\mathbf{A} = \mathbf{W}^{-1}$에서 찾을 수가 있는데, 여기서 각 영상은 추출된 K개의 시간 신호들의 하나에 대응한다. 그러나 $\mathbf{W}$는 $K \times K$ 행렬이고 그의 역행렬 $\mathbf{A} = \mathbf{W}^{-1}$도 동일한 크기를 가지므로 $\mathbf{A}$에 있는 각 영상 벡터는 단지 K개의 화소들만을 가진다. M개의 화소들을 갖는 영상들은 다음과 같이 추정할 수가 있다.

$\mathbf{y} = \mathbf{s}$라고 가정하면,

$$\tilde{V}^T = \mathbf{A}\mathbf{y} \tag{F.5}$$

$$= \mathbf{W}^{-1}\mathbf{y} \tag{F.6}$$

이다. 그리고 다음 식과 같이 주어지므로

$$\tilde{\mathbf{x}} = \tilde{U}\tilde{D}\tilde{V}^T \tag{F.7}$$

식 (F.6)를 식 (F.7)에 대입하면 다음을 얻는다.

$$\tilde{\mathbf{x}} = \widetilde{U}\widetilde{D}\mathbf{W}^{-1}\mathbf{y} \tag{F.8}$$

$$= \mathbf{A}\mathbf{y} \tag{F.9}$$

위의 식으로부터 다음과 같이 됨을 알 수 있다.

$$\mathbf{A} = \widetilde{U}\widetilde{D}\mathbf{W}^{-1} \tag{F.10}$$

여기서, A는 $M \times K$ 행렬이고 이 행렬의 각 열은 하나의 영상이다. 이와 같이 $K \times K$ 복원 행렬 W를 사용하여 각기 N개의 요소들을 갖는 독립적인 K개의 시퀀스들과 그들에 대응하는 각기 M개의 요소들을 갖는 쌍대적인 영상들을 추출할 수가 있다.

SVD를 이용한 sICA

sICA를 사용할 때 $\mathbf{x}^T$의 각 행은 공간(spatial) 혼합신호, 즉 영상이라고 생각되어진다. SVD를 사용하여 다음과 같이 K개의 독립적인 영상들과 그들에 대응하는 쌍대적인 시간 시퀀스들을 얻을 수가 있다.

$\mathbf{y} = \mathbf{W}\mathbf{x}^T$에서 $\mathbf{x}^T$ 대신에 $\widetilde{U}^T$를 대입하면 다음과 같이 된다.

$$\mathbf{y} = \mathbf{W}\widetilde{U}^T \tag{F.11}$$

여기서, $K \times M$ 행렬 $\widetilde{U}^T$의 각 행은 하나의 고유영상(eigenimage)이고, W는 $K \times K$ 행렬이다. 이 경우에, ICA는 각기 M개의 요소들을 갖는 K개의 영상을 복원(추출)한다.

추출된 K개의 공간 신호들에 대응하는 쌍대적인 시간 시퀀스들의 집합은 다음과 같이 구할 수가 있다. 추출된 신호들 y가 K개의 원신호들 s와 같다면, $\mathbf{A} = \mathbf{W}^{-1}$이므로

$$\widetilde{U}^T = \mathbf{A}\mathbf{y} \tag{F.12}$$

$$= \mathbf{W}^{-1}\mathbf{y} \tag{F.13}$$

이다. 그리고 다음 식과 같이 주어지므로

$$\tilde{\mathbf{x}}^T = \widetilde{V}\widetilde{D}\widetilde{U}^T \tag{F.14}$$

식 (F.13)을 식 (F.14)에 대입하면 다음을 얻는다.

$$\tilde{\mathbf{x}}^T = \widetilde{V}\widetilde{D}\mathbf{W}^{-1}\mathbf{y} \tag{F.15}$$

$$= \mathbf{A}\mathbf{y} \tag{F.16}$$

위의 식으로부터 다음과 같이 됨을 알 수 있다.

$$\mathbf{A} = \widetilde{V}\widetilde{D}\mathbf{W}^{-1} \tag{F.17}$$

여기서, **A**는 각 열이 하나의 시간 시퀀스인 행렬이다. 이와 같이 $K \times K$ 복원행렬 **W**를 사용하여 각기 M개의 화소들을 갖는 K개의 영상들과 그들에 대응하는 각기 N개의 요소들을 갖는 쌍대적인 시간 시퀀스들을 추출할 수가 있다.

이러한 방식으로 SVD를 사용하려면 보통 무시되는 상대적으로 작은 고유벡터들 속에 원 신호들이 분포되어 있지 않다는 가정이 필요함을 주목하기 바란다. 이 가정에 대한 유효성은 결코 보장되지 않는다(예 : Green 등, 2002 참고). 이러한 이유 때문에 비정방(non-square) $M \times K$ 복원행렬을 이용하여 원래의 데이터 집합으로부터 ICA에 의해 추출되어질 신호들의 정확한 개수 K(여기서, K는 혼합신호들의 개수 M보다 많지 않게 된다)를 명확히 하는 것이 바람직할 수 있다(Porrill & Stone, 1997, Amari, 1999, Penny 등, 2001).

부록 G

독립성분분석 자료 출처

책

Barlett, M. S., (2001), Face Image Analysis by Unsupervised Learning. Kluwer Academic Publishers; International Series on Engineering and Computer Science, Boston.

Chichoki, A., and Amari, S-I., (2002), Adaptive Blind Signal and Image Processing-Learning Algorithms and Applications. New York, John Wiley and Sons.

Girolami, M., (1999), Self-Organising Neural Networks: Independent Component Analysis and Blind Source Separation. London, Springer-Verlag.

Girolami, M., editor, (2000), Advances in Independent Component Analysis, (Perspectives in Neural Computing). London, Springer-Verlag.

Haykin, S., editor, (2000), Unsupervised Adaptive Filtering: Blind Source Separation. John Wiley and Sons.

Hyvärinen, A., Karhunen, J., and Oja, E., (2001), Independent Component Analysis. London, John Wiley and Sons.

Lee, T. W., (1999), Independent Component Analysis: Theory and Applications. Kluwer Academic Publishers.

Roberts S., and Everson, R., editors, (2001), Independent Component Analysis: principles and practice Cambridge UK, Cambridge University Press.

메일링 리스트

http://tsi.enst.fr/~cardoso/icacentral/mailinglist.html

연례 학술회의

제5회 국제 모임인 ICA2004에 제출된 논문들을 http://ica2004.ugr.es에서 찾을 수 있다. 여기에는 이전의 학술회의 모임에 제출되었던 논문들로의 링크도 포함되어 있다.

웹상의 데모 및 소프트웨어

첫출발을 하기 좋은 곳: http://www.cnl.salk.edu/~tony/ica.html

2차원 영상에 대한 ICA MatLab 코드. 여기에는 영상 분석을 위한 비대칭(skew)-pdf 모델과 시공간 ICA 옵션들이 포함되어 있다. 2차 방법(공액 기울기법)이 사용됨: http://www.shef.ac.uk/~pc1jvs

ICA MatLab 코드: http://mole.imm.dtu.dk/toolbox/

광범위한 ICA MatLab 패키지(fastICA 알고리듬이 포함되어 있음): http://www.bsp.brain.riken.go.jp/ICLAB/

EEG 분석을 위한 MatLab 코드: http://sccn.ucsd.edu/~scott/ica.html

사영 추적을 위한 fastICA MatLab 패키지: http://www.cis.hut.fi/projects/ica/fastica/

복잡도 추적: 시간상(temporal) 예측가능성을 이용한 블라인드 신호원 분리. MatLab 코드를 입수할 수 있음: http:/jim-stone.staff.shef.ac.uk/bookica.html

블라인드 신호원 분리를 위한 상대(relative) Newton 방법: MatLab 코드와 논문을 입수할 수 있음: http://iew3.technion.ac.il/~mcib

부록 H

추천 도서

입문서

Abbot, P., (1977). Calculus. Teach Yourself Series, London, Hodder and Stoughton.
원래 1940년에 출판되었으며, 여전히 미적분학에 대한 훌륭한 입문서이다.

Ballard, D., (1997). An Introduction to Natural Computation. MIT Press, Cambridge, MA.
벡터 행렬 대수 및 주성분 분석과 같은 몇몇 핵심적인 방법들에 대한 포괄적인 입문서이다.

Bishop C.M., (1996). Neural Networks for Pattern Recognition. Oxford UK, Oxford University Press.
이 책은 주로 인공 신경 회로망들에 관한 책이지만 최대 우도 추정(maximum likelihood estimation)과 베이즈 방법들(Bayesian methods)에 대한 훌륭하고 완전한 입문서이다.

Cowan, G., (1998). Statistical Data Analysis. Oxford, UK, Clarendon Press.

Sivia, D.S., (1996). Data Analysis: A Bayesian Tutorial. Oxford, UK, Clarendon Press.
이 얇은 두 책들은 베이즈 방법들, 최대 우도 추정 그리고 확률밀도 함수에 대해 단계적으로 설명이 잘 되어있는 훌륭한 입문서이다.

Lay, D.C., (1997). Linear Algebra and its Applications. New York, Addison-Wesley.
벡터 행렬 대수와 주성분 분석에 대한 완전한 기하학적 입문서이다.

참고서

Cover, T.M., and Thomas, J.A., (1991). Elements of Information Theory. New York, John Wiley and Sons.
정보 이론에 대한 가장 보편적인 참고서

DeGroot, M.H., (1986). Probability and Statistics, 2nd Edition, Addison-Wesley, London.
확률과 확률밀도 함수들에 대해 수학적으로 좀 어렵기는 하지만 매우 상세하게 설명이 되어 있음.

Everitt, B.S. and Dunn, G., (2001). Applied Multivariate Analysis. New York, Oxford University Press.
주성분 분석과 인자 분석에 대한 상세한 설명이 포함되어 있음.

Everitt, B.S., (1984). An Introduction to Latent Variable Methods, London, Chapman and Hall.
인자 분석에 대한 일반적인 참고서

Press, W.H., and Flannery, B.P., and Teukolsky, S.A., and Vetterling, W.T., (1989). Numerical Recipes in C. Cambridge UK, Cambridge University Press.
원래 다양한 컴퓨터 언어로 된 실제적인 컴퓨터 프로그램들을 모아 놓은 책이지만 각 프로그램과 함께 설명한 내용들이 알기 쉽게 되어 있어 이 책은 기울기 상승 최적화, 공액 기울기들과 같은 주제에 대해 훌륭한 참고서 역할을 한다.

Reza, F.M., (1961). An Introduction to Information Theory, McGraw-Hill Inc. Reprint, New York, Dover Publications, 1994.
원래 1961년에 출판된 좀 오래된 책이지만 지금도 Cover와 Thomas의 책을 대체할 수 있는 좋은 안내서이다.

참고문헌

Amari, A, Cichocki, A, & Yang, HH. 1996. A new learning algorithm for blind signal separation. *Pages 757-763* of: Touretzky DS, Mozer MC, & Hasslemo ME (eds), *Advances in neural information processing systems 8*. Cambridge, MA, MIT Press.

Amari, S. 1998. Natural gradient works efficiently in learning. *Neural computation* **10**, 251-276.

Amari, S. 1999. Natural gradient learning for over- and under-complete bases in ica. *Neural computation*, **11**, 1875-1883.

Araujo, D., Barros, A. K., Baffa, O., Wakai, R., Zhao, H., & Ohnishi, N. 2003 (April). Fetal magneto-cardiographic source separation using the poles of the autocorrelation function. *Pages 833-836 of: Ica03: Fourth international symposium on ica and blind signal separation.*

Attias, H. 2000. Independent factor analysis with temporally structured factors. *In*: Solla, SA, Leen, TK, & Mller KR (eds), *Advances in neural information processing systems 12*. Cambridge MA, MIT Press.

Back, AD, & Weigend, AS. 1997. A first application of independent component analysis to extracting structure from stock returns. *International journal of neural systems*, 8(4), 473-484.

Barlow, HB. 1981. Cortical limiting factors in the design of the eye and the visual cortex. *Proceedings royal society london b*, **212**, 1-34.

Bartlett, MS. 2001. *Face image analysis by unsupervised learning*. Boston, Kluwer Academic Publishers.: Kluwer International Series on Engineering and Computer Science.

Bell, AJ, & Sejnowski, TJ. 1995. An information-maximization approach to blind separation and blind deconvolution. *Neural computation*, **7**, 1129-1159.

Bell, AJ, & Sejnowski, TJ. 1997. The independent components of natural scenes are edge filters. *Vision research*, **37**(23), 3327-3338.

Borga, M. 1998. Learning multidimensional signal processing. *Linkoping university, sweden.*

Brown, GD, Yamada, S, & Sejnowski, TJ. 2001. Independent components analysis (ica) at the neural cocktail party. *Trends in neuroscience*, **24**(1), 54-63.

Cardoso, J. 2000. On the stability of source separation algorithms. *Journal of vlsi signal processing systems*, **26**(1/2), 7-14.

Cardoso, J-F. 1997. Infomax and maximum likelihood for blind source separation. *Ieee signal processing letters*, **4**(4), 112-114.

Chatfield, C, & Collins, AJ. 2000. *Introduction to multivariate analysis*. London Chap-manand Hall/CRC.

Cichocki, A, & Amari, S. 2002. *Adaptive blind signal and image processing-learning algorithms and applications*. London, John Wiley and Sons.

Cover, TM, & Thomas, JA. 1991. *Elements of information theory*. New York, John Wiley and Sons.

DeGroot, MH. 1986. *Probability and statistics, 2nd edition*. UK, Addison-Wesley.

Eglen, S, Bray, A, & Stone, JV. 1997. Unsupervised discovery of invariances. *Network* **8**, 441-452.

Everitt, BS. 1984. *An introduction to latent variable methods*. London, Chapman and Hall.

Friedman, JH, & JW, Tukey. 1974. A projection pursuit algorithm for exploratory data analysis. *Ieee transactions on computers*, **23**(9), 881-890.

Fyfe, C, & Baddeley, R. 1995. Non-linear data structure extraction using simple hebbian networks. *Biological cybernetics*, **72**, 533-541.

Green, CG, Nandy, RR, & Cordes, D. 2002. Pca-preprocessing of fmri data adversely affects the results of ica. *Proceedings of international society of magnetic resonance in medicine*, **10**.

Hyvärinen, A. 2001. Complexity pursuit: Separating interesting components from time series. *Neural computation*, **13**, 883-898.

Hyvärinen, A, & Oja, E. 1997. A fast fixed-point algorithm for independent component analysis. *Neural computation*, **9**(7), 1483-1492.

Hyvärinen, A, Karhunen, J, & Oja, E. 2001a. *Independent component analysis*. New York, John Wiley and Sons.

Hyvärinen, A, Hoyer, PO, & Inki, M. 2001b. Topographic independent component analysis. *Neural computation*, **13**(7), 1527-1574.

Jessop, A. 1995. *Informed assessment: An introduction to information, entropy and statistics*. London, Ellis Horwood.

Kruskal, JB. 1969. Toward a practical method which helps uncover the structure of a set of observations by finding the line transformation which optimizes a new "index of condensation". *Pages 427-440 of:* Milton, RC, & Nelder, JA (eds), *Statistical computation*. New York, Academic Press.

Lay, DC. 1997. *Linear algebra and its applications*. New York Addison-Wesley.

Lee, T-W. 2001. *Independent component analysis*. London Kluwer Academic Press.

Lee, T-W, Bell, AJ, & Lambert, R. 1997. Blind separation of delayed and convolved sources. *Pages 758-764 of: Neural information processing systems 9*. Cambridge, MA, MIT Press.

Lewicki, MS. 1998. A review of methods for spike sorting: the detection and classification of neural action potentials. *Network: Computation in neural systems*, **9**(4), 53-78.

Lewicki, MS, & Sejnowski, TJ. 2000. Learning overcomplete representations. *Neural computation*, **12**, 337-365.

Makeig, S, Jung, T, Bell, AJ, Ghahremani, D, & Sejnowski, TJ. 1997. Blind separation of auditory event-related brain responses into independent components. *Proceedings national academy of sciences of the united states of america*, **94**, 10979-10984.

McKeown, MJ, Makeig, S, Brown GG, Jung, TP, Kindermann, SS, & Sejnowski, TJ. 1998. Spatially independent activity patterns in functional magnetic resonance imaging data during the stroop color-naming task. *Proceedings national academy of sciences of the united states of america*, **95**(Feburary), 803-810.

Molgedey, L, & Schuster, HG. 1994. Separation of a mixture of independent signals using time delayed correlations. *Physical review letters*, **72**(23), 3634-3637.

Pearlmutter, BA, & Parra, LC. 1996. A context-sensitive generalization of ica. *In*: *International conference on neural information processing, hong kong*. Available from http://www.cs.unm.edu/~bap/publications.html#journal.

Penny, WD, Roberts, SJ, & Everson, RM. 2001. Ica: Model order selection and dynamic source models. *Pages 299-314 of*: Roberts, S, & Everson, R (eds), *Independent component analysis* : principles and practice. Cambridge, UK, Cambridge University Press.

Polder, G, & van der Heijden, GWAM. 2003. Estimation of compound distribution in spectral images of tomatoes using independent component analysis. *Pages 57-64 of*: Leitner, R. (ed), *Spectral imaging international workshop of the carinthian tech research*. Austrian Computer Society.

Porrill, J, & Stone, JV. 1997 (August). *Independent components analysis for signal separation and dimension reduction*. Tech. rept. 124. Psychology Department, Sheffield University, Sheffield, UK, available from http://www.shef.ac.uk/~rpcljvs.

Press, WH, Flannery, BP, Teukolsky, SA, & Vetterling, WT. 1989. *Numerical recipes in c*. Cambridge, UK, Cambridge University Press.

Reza, FM. 1961. *Information theory*. New York McGraw-Hill.

Sivia, DS. 1996. *Data analysis: A bayesian tutorial*. Oxford, UK, Clarendon Press.

Stone, JV. 1996a. A canonical microfunction for learning perceptual invariances. *Perception*, **25**(2), 207-220.

Stone, JV. 1996b. Learning perceptually salient visual parameters through spatiotemporal smoothness constraints. *Neural computation*, **8**(7), 1463-1492.

Stone, JV, & Lister, R. 1994. On the relative time complexities of standard and conjugate gradient back-propagation. *Pages 84-87 of : Proceedings of the ieee international conference on neural networks, orlando, fl*.

Stone, JV. 1999. Learning perceptually salient visual parameters using spatiotemporal smoothness constraints. *Pages 71-100 of* : Hinton, G, & Sejnowski, T (eds), *Unsupervised learning: foundations of neural computation*. London, MIT Press.

Stone, JV. 2001. Blind source separation using temporal predictability. *Neural computation*, **13**(7), 1559-1574.

Stone, JV, & Porrill, J. 1999. Regularisation using spatiotemporal independence and predictability. *Sheffield university technical report* 201.

Stone, JV, Porrill, J, Porter, NR, & Wilkinson, IW. 2002. Spatiotemporal independent component analysis of event-related fmri data using skewed probability density functions. *Neuroimage*, **15**(2), 407-421.

Xie, S, He, Z, & Fu, Y.(in press). A note on stone's conjecture of blind signal separation. *Neural computation*.

찾아보기

[역자약력]

변윤식

- 1978년 연세대학교 전기공학과(공학사)
- 1981년 연세대학교 대학원 전기공학과(공학석사)
- 1985년 연세대학교 대학원 전기공학과(공학박사)
- 1990-1991년 미국 Stanford 대학교 전자공학과 객원교수
- 2004-2005년 고려대학교 전파통신공학과 객원교수
- 1987-현재 국립 인천대학교 전자공학과 교수

관심분야 : 디지털 통신 및 신호처리 응용

이메일 : byun@incheon.ac.kr

윤태성

- 1978년 연세대학교 전기공학과(공학사)
- 1980년 연세대학교 대학원 전기공학과(공학석사)
- 1988년 연세대학교 대학원 전기공학과(공학박사)
- 1994-1995년 미국 Vanderbilt 대학교 전기공학과 객원교수
- 1989-현재 국립 창원대학교 전기공학과 교수

관심분야 : 자기위치추정, 필터링알고리듬, 신호처리

이메일 : tsyoon@changwon.ac.kr

정가 25,000원

독립성분분석 입문

2014년 8월 25일 초판 인쇄

2014년 9월 5일 초판 발행

저 자 : James V. Stone

역 자 : 변 윤 식 · 윤 태 성

발행자 : 우 명 찬 · 송 준

발행처 : 홍릉과학출판사

주 소 : ㉾ 142-885 서울시 강북구 인수봉로 50길 10

등 록 : 1976년 10월 21일 제5-66호

전 화 : 999-2274~5, 903-7037

팩 스 : 905-6729

ISBN : 979-11-5600-318-2

hongpub@hongpub.co.kr

www.hongpub.co.kr

역자와의 협의하에 인지생략